新农村快速致富宝典丛书

家兔规模化安全养殖
新技术宝典

陈宝江 主编

U0376446

化学工业出版社

·北京·

内容简介

《家兔规模化安全养殖新技术宝典》共六章,第一章概述了我国养兔业发展概况、安全养兔概念和我国养兔业存在的问题;第二章介绍了家兔品种安全选育与繁殖技术,包括家兔安全引种和繁殖新技术;第三章介绍了家兔兔场设计与环境安全控制新技术;第四章介绍了家兔饲料安全配制加工新技术,包括家兔营养需要、常用饲料原料评价和开发、饲料配方设计及饲料加工等新技术;第五章介绍了家兔安全生产管理新技术,包括仔兔、育肥兔和种兔安全生产技术;最后第六章介绍了兔场卫生防疫新技术。全书言简意赅,通俗易懂,通过总结家兔安全养殖新技术,以期能对科研工作者、广大家兔养殖企业和专业户有一定的指导作用。

《家兔规模化安全养殖新技术宝典》可作为家兔养殖者、相关企业管理者的参考用书,也可作为农林院校动物科学、动物医学等相关专业师生的参考用书。

图书在版编目(CIP)数据

家兔规模化安全养殖新技术宝典/陈宝江
主编.—北京:化学工业出版社,2022.1
(新农村快速致富宝典丛书)
ISBN 978-7-122-40144-1

Ⅰ.①家… Ⅱ.①陈… Ⅲ.①兔-饲养管理
Ⅳ.①S829.1

中国版本图书馆 CIP 数据核字(2021)第 215411 号

责任编辑:尤彩霞　　　　　　　　装帧设计:张　辉
责任校对:张雨彤

出版发行:化学工业出版社(北京市东城区青年湖南街 13 号　邮政编码 100011)
印　　装:大厂聚鑫印刷有限责任公司
850mm×1168mm　1/32　印张 9¼　字数 265 千字
2022 年 6 月北京第 1 版第 1 次印刷

购书咨询:010-64518888　　　　　售后服务:010-64518899
网　　址:http://www.cip.com.cn
凡购买本书,如有缺损质量问题,本社销售中心负责调换。

定　　价:48.00 元　　　　　　　　版权所有　违者必究

《家兔规模化安全养殖新技术宝典》

本书编写人员名单

主　编　　陈宝江

副主编　　陈赛娟　　刘亚娟　　刘树栋　　韩帅娟

参　编　　常兴发　　崔　嘉　　党国旗　　谷新晰

　　　　　贾丽楠　　李　冲　　李　牧　　刘静慧

　　　　　刘婷婷　　孙　磊　　王浩男　　魏宇超

　　　　　吴峰洋　　夏雪茹　　杨新宇

丛书序

多年来，养殖业一直作为我国广大农村的支柱产业，在增加农民收入、促进农村脱贫致富方面发挥了积极作用。随着我国城镇化进程的加快和居民生活水平的提高，人们对肉、蛋、奶的消费需求越来越大，对肉、蛋、奶质量安全水平的要求也越来越高。如何指导养殖场（户）生产出高产、优质、安全、高效的畜产品的问题就摆在了畜牧科技工作者的面前。

近两年，部分畜产品行情不是很乐观，养殖效益偏低或是亏损，除了市场波动外，主要原因还是供给结构问题，普通产品多，优质产品少，不能满足消费者对畜产品优质、安全的需要。药物残留、动物疫病、违禁投入品、二次污染等已经成为养殖者不得不面对、不得不解决的问题。

养殖业要想生存就必须实行标准化健康养殖，走生态循环和可持续发展之路。生态养殖是在我国农村大力提倡的一种生产模式，其最大的特点就是在有限的空间范围内，利用无污染的天然饲料为纽带，或者运用生态技术措施，改善养殖方式和生态环境，形成一个循环链，目的是最大限度地利用资源，减少浪费，降低成本。按照特定的养殖模式进行增殖、养殖，投放无公害饲料，目标是生产出无公害食品、绿色食品和有机食品。生态养殖的畜禽产品因其品质高、口感好而备受消费者欢迎，供不应求。

基于这一消费需求，生态养殖、工厂化养殖逐渐被引入主流农业生产当中，并受到国家高度重视。同时，基于肉、蛋、奶等农产品的消费需求及国家对农业养殖的重视、补贴政策，化学工业出版社与河北农业大学动物科技学院、动物医学院（中兽医学院）等相关专业老师合作组织了"新农村快速致富宝典丛书"。每本书的主编均为科研、教学一线的专业老师，长期深入到养殖场、养殖户进行技术指导，开展科技推广和培训，理论和实践经验较为丰富，每本书的编写都非常注重实用性、针对性和先进性相结合，突出问题导向性和可操作性，根据养殖场（户）的需要展开编写，注重养殖细节，争取每一个知识点都能解决生产中的一个关键问题。本套丛书采取滚动出版的方式，逐年增加新的版本，相信本套丛书的出版会为我国的畜牧养殖业做出应有的贡献。

丛书编委会主任：

河北农业大学动物科技学院　教授

2017 年 7 月

《家兔规模化安全养殖新技术宝典》

前　言

中国是世界养兔第一大国，2020 年家兔年存栏常量超过 2.1 亿只，年出栏量约 4.9 亿只，均居世界第一位。

"飞禽莫如鸪，走兽莫如兔"是古人对家兔营养价值、保健作用的概括和评价。兔肉具有"四高四低"营养特点，即高蛋白、高赖氨酸、高卵磷脂、高吸收率，低脂肪、低胆固醇、低尿酸、低热量。同时，兔肉中烟酸含量是其他畜禽肉的 2~3 倍，有益于人体肌肤健美，被称为"美容肉"。

兔毛是优质毛纺织材料，其纤维细长，卷曲少，表面光滑，颜色柔和，光泽好，柔软蓬松，保暖性强，是一种接近驼绒的保暖材料。

獭兔是人工选育而成的特殊的皮毛兼用家兔品种，其皮张具有短、细、密、平、美、牢的明显特点，可以作为各种皮草服装的材料。

家兔是一种以粗饲料为主的小型草食动物，在我国具有悠久历史，由于其养殖周期短、固定投入少而深受欢迎，家兔养殖是一种较好的农民脱贫致富养殖项目。近年来，随着人们需求的改变和社会经济的发展，家兔养殖也从原来小规模散养，逐渐向规模化、集约化、自动化模式转变；同时，由于各级政府重视和科研投入加大，家兔养殖获得了一系列重大进展和重要成果。

本书编写获得：

国家农业产业技术体系-兔体系（CARS-43-01A）；

国家重点研发项目-兔高效养殖技术应用与示范（2018YFD0502203）；

河北省创新能力提升计划项目-涿鹿县獭兔科技示范基地建设（20536603D）等项目的支持。

为更快、更好地将这些成果转化到实际生产中，我们组织本领域专家和研究人员，总结近几年本领域研究成果，编成此书，希望能对广大家兔养殖企业和专业户有一定指导作用。由于编者水平有限，不当之处在所难免，敬请广大读者批评指正。

附本书中单位说明对照表：

单位名称	吨	千克	克	毫克	微克	米	厘米	毫米	微米
对应国际标准符号	t	kg	g	mg	μg	m	cm	mm	μm
单位名称	纳米	转/分	公顷	平方米	平方厘米	立方米	升	毫升	天
对应国际标准符号	nm	r/min	hm^2	m^2	cm^2	m^3	L	mL	d
单位名称	小时	分钟	秒	摄氏度	千焦	兆焦	国际单位	瓦	勒克斯
对应国际标准符号	h	min	s	℃	kJ	MJ	IU	W	lx

2022 年 2 月

《家兔规模化安全养殖新技术宝典》

目 录

第一章　概述 ………………………………… **1**

　第一节　我国养兔业发展概况………………………… 1
　　一、我国养兔业的发展特点 ……………………… 1
　　二、我国养兔业取得的主要成绩 ………………… 5
　　三、安全养兔的概念和基本内涵 ………………… 7
　第二节　我国养兔业存在的问题……………………… 8
　　一、优良的地方培育品种欠缺 …………………… 8
　　二、存在重引种、轻保种现象 …………………… 8
　　三、兔场设计不合理、疾病频发 ………………… 9
　　四、饲料资源短缺，饲料质量不稳定 …………… 9
　　五、存在科技含量较低、"三低一高"现象 …… 9
　　六、生产规模较小，规范化养殖有待加强 …… 9

第二章　家兔品种安全选育与繁殖技术 …………… **11**

　第一节　家兔安全引种技术 ………………………… 11
　　一、品种概念及品种分类 ………………………… 11
　　二、常见国外引进品种 …………………………… 14
　　三、家兔优良品种的鉴别 ………………………… 30
　　四、引种原则 ……………………………………… 35
　　五、家兔品种的引进 ……………………………… 36

第二节　家兔繁殖新技术 …………………………………… 42

一、家兔的繁殖 ……………………………………………… 42

二、家兔的性成熟、初配年龄、发情、发情周期及利

用年限 …………………………………………………… 43

三、家兔的配种技术 ………………………………………… 45

四、家兔的受精、妊娠、分娩与接产 ……………………… 49

五、家兔繁育新技术 ………………………………………… 54

第三章　家兔兔场设计与环境安全控制新技术 …… **65**

第一节　兔场设计新技术 …………………………………… 65

一、兔场规划原则及要点 …………………………………… 65

二、兔场建设 ………………………………………………… 67

第二节　兔场设施与设备选择 ……………………………… 79

一、笼具 ……………………………………………………… 79

二、饲喂设备 ………………………………………………… 90

三、供水设备及饮水器 ……………………………………… 94

四、清粪设备 ………………………………………………… 97

五、饲料加工机械 …………………………………………… 100

六、编号工具 ………………………………………………… 101

第三节　兔场环境控制新技术 ……………………………… 102

一、兔场环境对家兔生产的影响 …………………………… 102

二、兔舍的环境控制 ………………………………………… 106

三、兔场污物减量化及无害化处理 ………………………… 129

第四章　家兔饲料安全配制加工新技术 ………… **131**

第一节　家兔营养的需要 …………………………………… 131

一、家兔对能量的需要 ……………………………………… 131

二、家兔对蛋白质及氨基酸的营养需要 …………………… 132

三、家兔对碳水化合物的需要 ……………………………… 134

四、家兔对脂肪的需要 ……………………………………… 134

五、家兔对矿物质的需要 …………………………………… 135

六、家兔对维生素的需要 …………………………………… 137

七、家兔对水分的需要 ……………………………………… 138

第二节　家兔常用饲料原料评价及开发新技术 …………… 138

一、粗饲料原料评价 ………………………………………… 139

二、能量饲料原料评价 ·································· 141

三、蛋白质饲料原料评价 ····························· 145

四、青绿饲料原料评价 ······························· 147

五、矿物质饲料原料评价 ····························· 148

六、饲料原料开发新技术 ····························· 149

第三节　家兔安全饲料配方设计 ······················· 153

一、家兔安全饲料配方设计的基本原则 ··············· 153

二、合理的家兔饲养标准和配方设计方法 ············· 154

三、家兔安全饲料配方设计及应用时应注意的问题 ······ 155

四、安全饲料配方设计的关键技术 ··················· 155

第四节　家兔安全饲料加工新技术 ····················· 162

一、进料 ··· 162

二、粉碎 ··· 162

三、混合 ··· 163

四、液体添加 ······································· 164

五、制粒 ··· 166

第五章　家兔安全生产管理新技术 ············ **172**

第一节　家兔消化特点及生活习性 ····················· 172

一、家兔的消化系统 ································· 172

二、家兔的消化特点 ································· 176

三、家兔的生活习性 ································· 180

第二节　仔兔安全管理技术 ··························· 182

一、睡眠期仔兔的饲养管理 ··························· 182

二、开眼期仔兔的饲养管理 ··························· 187

三、追乳期仔兔的饲养管理 ··························· 187

第三节　育肥兔安全管理技术 ························· 190

一、影响育肥的因素 ································· 190

二、一般饲养原则 ··································· 191

三、育肥兔的肥育方法及饲养管理措施 ··············· 191

第四节　种兔安全生产技术 ··························· 196

一、种兔选育 ······································· 197

二、种公兔饲养管理 ································· 198

三、种母兔的饲养管理 ······························· 202

四、种兔配种的注意事项 ····························· 207

　　五、种兔场养殖规范 ……………………………………… 208
　　六、我国种兔业存在的问题及发展对策 ………………… 211

第六章　兔场卫生防疫新技术 ……………… 215

第一节　兔场卫生防疫新概念 …………………………… 215
　　一、卫生防疫概念 ……………………………………… 215
　　二、免疫接种 …………………………………………… 215
　　三、免疫接种类型 ……………………………………… 216
　　四、疫苗的使用 ………………………………………… 216
　　五、免疫程序 …………………………………………… 218
　　六、免疫接种的注意事项 ……………………………… 219
　　七、影响免疫效果的因素 ……………………………… 219
　　八、疾病防治的重要措施 ……………………………… 221
　　九、疫苗接种方法 ……………………………………… 223
　　十、疫情的控制和扑灭 ………………………………… 225
第二节　兔场卫生消毒技术 ……………………………… 228
　　一、消毒概念 …………………………………………… 228
　　二、常用的化学消毒药物 ……………………………… 229
　　三、消毒方式 …………………………………………… 231
　　四、消毒注意事项 ……………………………………… 233
　　五、不同消毒对象的消毒操作程序 …………………… 234
　　六、影响消毒效果的因素 ……………………………… 237
第三节　兔场发病规律及综合防控技术 ………………… 238
　　一、防止疫病传播 ……………………………………… 238
　　二、加强饲养管理 ……………………………………… 239
　　三、常见传染性疾病防控技术 ………………………… 241
　　四、常见普通病防控技术 ……………………………… 251
　　五、神经系统疾病防控技术 …………………………… 258
　　六、生殖系统和产科疾病防控技术 …………………… 259
　　七、维生素缺乏病防控技术 …………………………… 266
　　八、矿物元素缺乏症防控技术 ………………………… 271
　　九、兔中毒病防控技术 ………………………………… 274

参考文献 …………………………………… 280

第一章 概述

第一节 我国养兔业发展概况

养兔业是我国畜牧业中的一个特色产业，起步较晚，但近年来发展迅速，基本形成了育种、养殖、饲料生产、环境控制、疫病防治、产品加工、销售各环节紧密相连的完整产业链格局。我国家兔饲养量和各类兔产品产量均居世界首位，兔肉、兔毛、獭兔皮及其制品出口量也居世界首位。经过几十年的稳步发展，我国名副其实地成为了世界养兔生产大国。尽管兔产业在我国畜牧产业中总体占比较小，但优势特色明显，兔舍占地少、养殖周期短、投资见效快，前景十分光明，是畜牧业中不可或缺的一部分。

一、我国养兔业的发展特点

1. 产业起步较晚

据文字记载，早在 2000 多年前的先秦时代中国就已经开始养兔，但是在实现规模化养殖，将其作为产业发展方面，家兔养殖远远落后于猪、牛、羊、禽等其他畜禽养殖。中华人民共和国成立初期，为满足出口创汇需要，兔肉和兔毛相继出口，拉开了我国家兔商品化生产

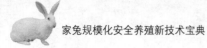

的序幕，促进了兔产业的发展。

2. 市场波动频繁

养兔业的发展在我国外贸系统中发挥了积极的作用。由于出口创汇的需要，国家制定了一系列鼓励养兔的政策，刺激了养兔产业的发展和提高。同时，在全国兴建了众多的兔肉和兔毛加工厂，形成了初级的一条龙产业。但是，国际市场的有限性和波动性加上国内生产的盲目性，导致国内生产和国际市场需求之间产生了巨大的供需矛盾。1994 年外贸体制改革之后，外贸依赖性强的家兔产业逐渐改善自己的发展道路，尽管仍有波动，但是在波动中呈上升、螺旋式发展。

3. 区域分布明显

家兔按照经济用途大体分为三类，即肉用兔（简称肉兔）、毛用兔（简称毛兔）和皮用兔（简称皮兔）。从总体来看，在我国，肉兔比重最大，皮兔发展迅速，毛兔比例较低，肉兔、皮兔、毛兔的饲养量比例保持在 6：3：1。肉兔以兔肉消费市场发育较好的四川、重庆、福建为主，外向型企业发达的山东以及具有外贸出口基础的江苏、河南、河北和山西等省份也有饲养，分布较广；以獭兔为代表的皮兔，则以兔皮加工业较发达的河北为中心，东北三省、内蒙古、山西等地均大量饲养，全国其他地区也有饲养；毛兔主要集中在浙江一带，江苏、安徽、山东、河南和四川均有一定养殖量。

4. 地区间发展不平衡

表 1-1 为 2016 年我国兔肉产量排名前 10 位的省（自治区、直辖市）和人均消费量（占有量）。中国养兔发展很不平衡，80％以上的饲养量集中在华北、华东和西南三个大区，这与当地的市场发育、传统习惯、经济发展状况、科技发展水平和消费结构有很大关系。

表 1-1　2016 年我国兔肉产量排名前 10 位的省市和人均消费量（占有量）

地　区	出栏量/万只	兔肉产量/($\times 10^4$ t)	产量占比/%	人口/万人	人口占比/%	人均消费量/(kg/人)
四川	23490.4	34.29	39.46	8262.00	5.98	4.15
山东	6772.1	11.23	12.93	9947.00	7.19	1.13

地 区	出栏量 /万只	兔肉产量 /(×10⁴ t)	产量占 比/%	人口 /万人	人口占比 /%	人均消费量 /(kg/人)
河南	3884.8	8.51	9.79	9532.00	6.89	0.89
重庆	5142.5	7.28	8.38	3048.00	2.20	2.39
江苏	3687.1	7.07	8.14	7999.00	5.79	0.88
河北	3175.6	5.37	6.18	7470.00	5.40	0.72
福建	1927.6	2.84	3.27	3874.00	2.80	0.73
广西	643.2	1.30	1.50	4838.00	3.50	0.27
吉林	609.7	1.23	1.42	2733.00	1.98	0.45
内蒙古	588.5	1.18	1.36	2520.00	1.82	0.47
上述合计	49921.5	80.31	92.42	60223.00	43.55	1.33
全国总计	53688.6	86.89	100.00	138271.00	100.00	0.63
全国占比/%	92.98	92.43	92.42	43.55	43.55	2.12

资料来源：出栏量和肉兔产量来自《中国畜牧兽医年鉴2017》，人口数据来自《中国统计年鉴2017》，表格汇总来自武拉平等，2019。

四川省、重庆市是我国肉兔养殖最多的地区，主要原因在于当地人有吃兔肉的传统习惯，兔肉的市场消费发展较好，不仅促进了肉兔的养殖，同时带动了兔肉的加工；福建省部分地区居民喜食兔肉的传统也带动了当地的兔产业；山东省家兔数量位居全国第二，其特点是以外向型经济为主，兔肉和兔毛的出口企业较多，促进了省内养殖业的规模化发展；江苏、河南、河北等省是传统的兔产品外贸出口基地；吉林省兔业产业化的起步和形成则源于大型集团公司的助推，2008年青岛康大集团"千万只商品肉兔养殖加工"项目选择落户吉林，项目设计生产能力为年加工活兔1000万只，年生产兔肉10000t，极大地促进了吉林省养兔业的发展。

5. 产业比重较低

我国是世界第一养兔大国和兔产品出口大国，但是在我国畜牧产业中，兔业比重较低（表1-2）。

表 1-2 我国主要肉类产品产量比较

名称	1985 年	1999 年	2007 年	2016 年
肉类总量/万吨	1926.5	5949.0	6865.7	8540.0
兔肉/万吨	5.6	31.0	60.4	90.5
猪肉/万吨	1760.7	4005.6	4287.3	5299.0
牛肉/万吨	46.7	505.4	613.4	717.0
羊肉/万吨	160.2	251.3	382.6	459.0
兔肉占肉类比重/%	0.29	0.52	0.88	1.06

资料来源：国家统计局。

6. 发展速度快

我国兔业的发展速度极不均衡，呈现前期缓慢、近年发展迅速的特点，尤其是近 20 年的增长速度十分惊人。1985 年兔肉产量占当年我国肉类总产量的 0.29%，经过 30 年的发展，2016 年兔肉产量占当年我国肉类总产量的比重已增长到 1.06%；从人均占有量来看，1999 年，我国年人均兔肉占有量不足 250g，2013 年年人均兔肉占有量近 570g；我国兔肉产量占全国肉类总产量的比重，从 2007 年的 0.88% 增长到 2016 年的 1.06%，年平均增长率远高于其他肉类。

7. 养殖模式与产业格局逐渐转变

改革开放前，养兔在我国广大农村只是作为一项副业进行分散户养，近年来随着畜牧业的快速发展，特别是畜牧产业化和规模化迅速推进，我国养兔业已经从小户散养发展到集约化规模生产，从产品初级生产到精深加工，从内销市场到外贸出口，无论是数量还是质量都有了显著的进步，养兔业由原来的副业逐渐转变为主产区畜牧的支柱产业，为当地发展畜牧业经济作出了重要贡献。

8. 出口占比较高，受国际市场影响较大

我国养兔最初是以外贸换汇为主要目的逐渐发展起来的，肉兔出口高峰时期，全国兔肉产量的 79% 用于出口，在很长一段时间内兔毛和兔皮产量的 90% 以上均出口国外。近几年，随着外国经济形势的变化和国内市场的开拓，肉兔的出口比例已经很少，但兔毛和兔皮产量的 50% 左右仍用于出口，所以国际市场兔产品的行情和需求量，

仍对我国养兔形势产生着重大影响。我国兔产品以出口为主，销售渠道单一，对国际市场的依赖性极强。

二、我国养兔业取得的主要成绩

1. 育种工作成绩显著

我国在家兔育种方面，围绕着提高质量、增加效益进行了广泛研究，取得了可喜的成绩。肉兔育种在 20 世纪 80 年代开了个好头，虎皮黄（太行山兔）、塞北兔、大耳黄兔、哈尔滨白兔、安阳灰兔、豫丰黄兔等相继培育而成，改造了肉兔配套系齐卡（德国）-齐兴（四川）；毛兔也相继培育了几个中系新品系（皖系、镇海巨高、珍珠、白中王、黑耳、唐行、6735 等）；獭兔也有新的突破（VC、金星、四川白等）。近年，福建黄兔列入国家地方遗传资源保护清单，浙系长毛兔通过国家畜禽遗传资源委员会审定，康大 1 号、2 号（三系杂交配套系）、3 号（四系杂交配套系）通过国家畜禽遗传资源委员会现场审定，这标志着我国家兔育种工作上了一个新的台阶。

2. 人工授精技术不断完善和应用

人工授精技术是规模化养兔必须采用的关键技术之一。过去，由于我国养兔业以家庭为主体，中小规模比重较大，人工授精技术没有得到很好的推广。近年来，伴随着规模化养兔业的快速发展，以人工授精技术为核心的"五同期"（同期发情、同期配种、同期产仔、同期断奶、同期出栏）生产技术在一些现代化规模化兔场得到应用，为粗放型养兔业向集约化养兔业的过渡奠定了基础。

3. 家兔饲养标准的制定和全价颗粒饲料得到普及推广

饲养标准是建立在满足饲养对象营养需求的基础上，通过试验和生产实践提出的一系列相关营养指标，也是设计饲料配方的依据，以往我国多参考美国和欧洲（法国和德国）的饲养标准。近年来，我国兔业科技工作者针对我国兔业的具体情况研发了一系列的饲养标准（包括肉兔、獭兔和毛兔），尽管这些标准尚未通过国家审定，但是在生产中已经被广泛应用。伴随着规模化养兔业的发展，我国家兔饲料业发展突飞猛进。据统计，我国各种类型的兔场颗粒饲料使用率达到

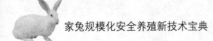

85%以上，规模化兔场颗粒饲料使用率达到100%。

4. 养殖技术水平大幅提高

中华人民共和国成立初期，家兔生产水平极低，例如：肉兔平均体重仅2~2.5kg，饲养周期为120~180d，饲料报酬比为（5~6）∶1，成年毛兔平均体重仅2.5kg，年产毛量仅200g/只。随着我国养兔技术的不断发展，兔全产业链逐渐完善，总体养兔水平得以大幅提高，肉兔75日龄平均体重已达2.5kg，饲养周期缩短至90d以下，饲料报酬比提高到（3~4）∶1，成年毛兔平均体重达4kg左右，年产毛量达800~1000g/只，这标志着我国家兔生产已由低产进入高产的新阶段。

5. 兔病防治取得突破

家兔疾病是兔业发展的限制性因素，对生产造成极大的影响。为了有效控制家兔的主要传染病，我国兽医科技工作者先后研制了兔瘟疫苗、A型魏氏梭菌疫苗、肺炎克雷伯氏疫苗、大肠杆菌疫苗、巴氏-波氏杆菌疫苗、葡萄球菌疫苗等。这些疫苗的研发和投入使用对于以上疾病尤其是兔瘟的有效控制和保障兔业的健康发展起到重要作用。此外，在家兔的消化道、呼吸道、体内外寄生虫病的药物研制方面，也均取得一定成效。尤其是微生态制剂和中草药制剂在养兔业中的应用，对于开展家兔的生态养殖、降低抗生素的使用、减少药物残留、保障消费者健康，发挥了积极作用。

6. 兔产品加工全面发展

过去由于我国家兔产业发展以国际市场为依托，出口的兔产品多以原料或初级加工品为主，如：原毛、生皮和冻兔肉等，不仅效益低下，而且受制于人的局面难以摆脱，兔产品加工滞后成为兔业发展的瓶颈。随着我国外贸体制的改革，兔产品市场由国际转向国内，加工业得到发展。目前，原料出口比例越来越小，初级加工、精深加工乃至成品投向市场比例逐年增加。比如：兔毛或兔绒产品多以服装、面料等形式出现，獭兔皮制品多以服装服饰形式投入市场，少量兔皮以熟皮或初级加工品（褥子）形式出口。兔肉出口目前仍以整形或分割为主，但熟食加工品或半成品成为国内市场的主打商品，也是未来发展的主要方向。

7. 产、加、销一条龙格局初步形成

中国兔业近十年的最大变化在于投资主体的改变。经过多年的发展，中国兔业由散养逐渐向规模化发展，投资主体也悄然变化。以其他行业涉足兔业的集团公司（如青岛康大集团、内蒙古东达蒙古王集团）、以兔业为主体的大型公司（如四川哈哥集团、江苏东方兔业集团、河南阳光兔业公司）、以其他行业跨越发展的兔业公司（如重庆阿兴记产业有限公司、福建丙午绿洲兔业发展有限公司）等加盟兔业，为中国兔产业质的飞跃奠定了良好基础。这些有实力的企业，在兔业发展方面，均形成了产、加、销一条龙，农、工、贸一体化。企业吸纳了大量的高科技人才，引进先进技术、设备和优良种兔，融入先进的管理理念和方式，大大增强自身的创造力和发展潜力，成为养兔先进生产力的集中地、优秀成果的创造地和示范地，引领中国兔业发展的方向。

三、安全养兔的概念和基本内涵

安全养殖是指将可传播的传染性疾病、寄生虫和害虫等排除在畜禽场之外的养殖技术。安全养殖是一个综合性系统理念，着眼于养殖生产过程的整体性（整个养殖行业）、系统性（养殖系统的所有组成部分）和生态性（环境的可持续发展），关注动物健康、环境安全、人类食品安全和产业链健康，确保生产系统内外物质和能量流动的良性循环、养殖对象的正常生长以及产出产品的优质、安全。安全养殖包括了畜禽场隔离、防疫、消毒以及良好饲养管理所应采取的一切措施，通过系统科学的饲养技术和安全高效的饲养方法，排除可控的养殖隐患和危害，进而提高畜禽的健康水平和养殖收益，实现养殖场的良性可持续发展。

发展安全养殖，需统筹考虑养殖效益、动物健康、环境保护以及畜产品品质安全等四个方面，推广环保养殖，发展资源节约型、环境友好型养殖业；就是建设人与自然和谐、以人为本的健康型养殖业；就是将养殖业自身的发展和生态经济有机结合，实现资源高效转化、可持续利用和以环境保护为目的的循环型养殖业。

安全养兔具有"安全、优质、高效与无公害"的特点，是通过科

学合理地规划设计养兔场，筛选成熟的健壮无病、抗逆性强的家兔品种，营造良好的饲养环境，投喂能满足家兔健康生长需求的饲料，采用安全高效的饲养管理方法，制定科学合理的疾病防治措施，使养殖的家兔保持最适宜生长和发育的状态，实现最大程度的节能减排，减少养殖环节病害发生，确保兔产品质量安全可靠、无公害的一种养殖方式。在实施安全养殖的过程中，安全高效是目的，安全高效既包括生产的安全高效，不因养殖过程而减产；又包括产品的安全高效，不因产品质量而减收；同时要保持良好的空间环境、水体环境和生态环境。

安全养殖并不是我国畜牧业发展的终极目标，而是结合我国的人口数量、国土资源、经济状况、可持续发展等因素制定的一个畜牧养殖业中长期发展目标。安全养殖的目的是生产无公害动物性产品，这种无公害产品是最基础的安全保障性食品，而绿色食品、有机食品则是在无公害产品的基础上衍生出来的两种更高端产品。大力发展安全养殖符合现阶段我国的国情，将是我国的一个中长期畜牧发展战略。

第二节　我国养兔业存在的问题

一、优良的地方培育品种欠缺

当前我国养兔业在品种的性能方面不突出，品种的寿命较短。因此，我国应借鉴国外发达国家畜禽育种模式，以企业为主体，产、学、研结合，在品种培育之后由企业继续选育，以满足市场需求。

二、存在重引种、轻保种现象

我国先后从国外引入多个优良品种，包括长毛兔、肉兔、獭兔以及肉兔配套系，但在种畜使用管理方面存在一些问题，如缺乏引种保种组织和稳定的技术队伍，保种设施和设备不足，没有详尽的保种方案和繁殖档案等，导致良种退化或不纯，陷入了引种-退化-再引种-再退化的恶性循环。

三、兔场设计不合理、疾病频发

部分养兔场存在兔场设计不科学、硬件设施落后和建造质量差等现象。尤其是在兔场布局方面，存在排污系统不健全等问题，兔的粪尿对大气、土壤和水源造成一定威胁。

随着规模化养兔的发展，兔群饲养密度越来越大，常易引起家兔消化道和呼吸道疾病、饲料霉菌毒素中毒、球虫病和皮肤真菌病等。养殖户在兔病防治方面存在重治轻防的思想，普遍存在无病不防、有病治疗的做法，对兔病的预防和扑灭还没有一套切实可行的方法。抗生素滥用易导致细菌耐药性的产生和兔产品中药物残留，威胁消费者健康，同时给生态环境造成污染。

四、饲料资源短缺，饲料质量不稳定

随着规模养兔的发展，饲料资源短缺，尤其是优质粗饲料成为家兔规模化养殖发展的瓶颈，必须抓好非常规饲料资源的开发，以解决粗饲料资源匮乏的问题。在养兔生产中，商品饲料质量参差不齐，制约养兔业的健康发展。

五、存在科技含量较低、"三低一高"现象

部分大型养兔企业为转产企业即非动物养殖企业投资，没有养殖基础，须从头摸索；多数中小型兔场，以农民为主体，从小到大滚动发展，依靠精细饲养积累经验，缺乏现代科学意识和现代技术。技术投入不足，养殖效果不佳，"三低一高"的现象严重，具体表现在繁殖率低、出栏率低、饲料报酬比低和死亡率高，阻碍了养兔业的健康发展。

六、生产规模较小，规范化养殖有待加强

尽管我国家兔养殖总体数量世界首位，大型养殖企业规模世界第一。但是，总体来说，当前仍然以家庭为单元，以农民为主体，饲养规模以中小型为主。养殖户在养殖技术的规范化上存在很多问题。比如：品种、兔舍、笼具、饲料、环境控制、繁育和疾病防控等方面没

有统一的规范和标准。品种多样，同一品种差异很大；商品兔出栏时间长短不一，产品规格差异较大；饲料种类繁多，尚无统一标准，因此，效果难以确定；笼具不仅在用材上，在样式和规格上也千差万别；环境控制问题最为突出，由于我国南北环境不同，养殖方式不同，环境控制能力有限，北方的冬季保温、南方的夏季降温降湿、全国各地的通风控制等方面的技术，与养兔发达的国家有相当大的差距；由于规模较小，绝大多数兔场采取自然繁殖，也就是自然发情、本交配种、零散繁殖，无计划生产。"五统一"（统一配种、统一产仔、统一断奶、统一育肥、统一出栏）和全进全出的养殖模式的应用推广有相当的难度。

第二章　家兔品种安全选育与繁殖技术

第一节　家兔安全引种技术

　　引种是家兔育种工作的一项重要举措，也是家兔生产中必不可少的一项技术工作。家兔生产实践表明，引进种兔的品质好坏，不但直接关系到产品的质量和数量，而且对整个兔业发展有至关重要的影响。我国从国外引进了很多家兔品种，国内的良种调运也很频繁，这在我国家兔育种工作及家兔生产实践中都起了很好的作用。但由于某些地区和部门对于引种工作的一些规律缺乏认识，盲目引种，也造成了一些不应有的损失。为了发挥引进种兔的生产效益，需要注意规范引种技术，使引种在生产中发挥切实作用。

一、品种概念及品种分类

1. 品种的概念

（1）品种

　　品种是畜牧学上的概念，它不同于生物学分类单位中的种。家畜品种是家畜物种在长期的人工干预，如饲养、选种选配等条件下发生内部分化，形成表型一致并具有稳定遗传的生态、生理特征，在经济用途及产品的数量和质量上符合人们要求的一类群体。在自然条件下，野生动物只有种和变种，它们是自然选择的产物。而品种则是经过长期的人工选育，将动物家养成各具特色的类型。因此，在有些家畜的品种中，还有称为品系的类群，有些品种是由某一品系逐渐形成的。

（2）品系

品系属品种内的一种结构形式，在育种学上，指遗传性状比较稳定一致而起源于共同祖先的一群个体。在遗传学上，一般指自交或近亲繁殖若干代所获得的某些遗传性状相当一致的一群后代，也可以是源于同一头种畜的畜群，具有系祖类似的特征和特性，并且符合该品种的标准。

2. 家兔品种分类

（1）按家兔被毛的生物学特性分类

① 长毛类型　其被毛特征为：第一，毛纤维长，成熟毛的长度10cm以上，生长速度快，每年可采毛4～5次；第二，绒毛多、粗毛少。安哥拉兔属于此类型。

② 标准毛类型（普通毛型）　其被毛特征为：第一，毛纤维长度中等，为3～3.5cm；第二，粗毛与细毛的长度相差悬殊，粗毛一般长3.5cm，细毛一般长2.2cm；第三，粗毛在被毛中所占比例大。常见的肉兔和皮肉兼用兔均属于这种类型，如新西兰兔、加利福尼亚兔、青紫蓝兔等。

③ 短毛类型　其被毛特征为：第一，被毛纤维短、密、直立，毛纤维长1.3～2.2cm，平均毛长1.6cm左右；第二，粗毛和细毛的长度几乎相等，被毛平齐，粗毛率低。属于这种类型的兔主要是皮用兔，如力克斯兔（獭兔）。

（2）按家兔的经济用途分类

① 毛用型　适于生产兔毛为主的家兔，毛长在5cm以上，毛密度大，毛产量高；毛品质好，毛纤维生长速度快，70d毛长可达5cm以上，每年可采毛4～5次；绒毛多，粗毛少，细毛型兔粗毛率在5%以下，粗毛型兔粗毛率在15%以上。如安哥拉兔。

②皮用型　适于生产兔皮（制裘）为主的家兔，被毛具有短、平、密、细、美、牢等特点，粗毛分布均匀，理想毛长为1.6cm，被毛平整，枪毛（一般理解为比较硬的毛）分布均匀，光泽鲜艳；皮肤组织致密。体型多为中、小型，头清秀，体躯结构匀称，各部位轮廓清楚，四肢强健有力，一般颌下无髯，如力克斯兔、亮兔、银狐兔等。力克斯兔除毛皮品质优良外，亦有较高的肉用价值。

③肉用型　适于生产兔肉为主的家兔，现代肉用品种兔体躯较宽大，肌肉丰满，骨细皮薄，肉质鲜美，繁殖能力强，早期生长速度快，一般3个月可达2kg以上；成熟早，屠宰率高，全净膛屠宰率在50%以上；饲料报酬高。如新西兰白兔、加利福尼亚兔、所有的肉兔配套系。

④实验型　被毛白色，耳大且血管明显，便于注射、采血，在试验研究中以新西兰白兔、日本大耳白兔用得较多。

⑤观赏型　外貌奇特或毛色珍稀或体格特殊（微型或巨型），满足人们观赏娱乐的需要，如小型公羊兔、彩色安哥拉兔、小型荷兰兔、垂耳兔、猫眼兔。

⑥兼用型　经济特性具有适于两种或两种以上利用价值的家兔。如青紫蓝兔、中国白兔、日本大耳兔、美国花巨兔、喜马拉雅兔等。

（3）按家兔的体型大小分类

①大型兔　成年体重5kg以上。体型硕大，成熟较晚，生长速度快。如比利时的弗朗德巨兔、德国花巨兔等。

②中型兔　成年体重4~5kg，体型中等，结构匀称，体躯发育良好。如新西兰兔、德系安哥拉兔。

③小型兔　成年体重2~3kg。性成熟早，繁殖力高。如俄罗斯兔、四川白兔。

④微型兔　成年体重在2kg以下，体型微小。如小型荷兰兔。

（4）按品种形成过程中人和自然的作用分类

①培育品种　也称育成品种，是指经过人们按照明确目标的选择，创造优良的环境条件，采取特定的育种手段（常规的或现代生物技术等）培育出的特定高产家兔群体，具有专门经济用途且生产效率高的品种。如以产毛量高而著称的德系安哥拉兔、以产肉性能优异而

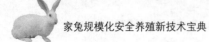

闻名的新西兰白兔、以胎产仔数多而受到欢迎的德国花巨兔。一般来说，培育品种需要的环境条件高，育种价值较高，适应性和抗病力不如地方品种。

② 地方品种　地方品种一般都是较古老的品种，是驯化以后在长期放牧或家养条件下，未经严格的人工选择，以自然选择为主而形成的特定家兔群体。由于社会经济条件的限制，家兔在品种形成过程中受自然因素影响较大。一般来说，这类品种生产性能不是很高，但适应性强，耐粗饲，繁殖力高，对疾病的抵抗力也较强。如中国白兔等。

③ 过渡品种　有些品种尚达不到培育品种应具备的条件，品种特性介于培育品种和地方品种之间，既要注意精心选择和培育，又要注意对当地自然条件的适应和锻炼，人们称这类品种为过渡品种。它们既具有一定的经济专门化用途，又表现出较强的适应性。如比利时兔等。

二、常见国外引进品种

1. 生产用兔

（1）新西兰兔

新西兰兔（图 2-1）原产于美国，是当代著名的中型肉用品种。由弗兰德兔、美国大白兔和安哥拉兔等杂交选育而成。新西兰兔体型

图 2-1　新西兰兔

中等，头圆额宽，耳较小而直立，耳尖钝圆，耳稍厚。背宽、腰肋肌肉丰满、后躯发达、臀圆，是典型肉用体型。四肢粗壮有力，脚底有浓密、耐磨的粗毛，可预防脚底皮肤病，很适于笼养。新西兰兔早期生长发育快，2月龄体重1.5～2.0kg，3月龄体重2.7kg以上，成年母兔体重4.0～5.0kg，公兔4.0～4.5kg。肉质细嫩，屠宰率52%左右。繁殖力较高，年产5胎以上，胎均产仔7～9只。

新西兰兔的缺点是毛皮品质欠佳、不耐粗饲，对饲养管理技术水平要求较高；在中等偏下饲养水平下，早期增重快的特点得不到充分发挥。

（2）比利时兔

比利时兔（图2-2）是英国育成的大型肉用型品种。比利时兔外貌酷似野兔，被毛深红带黄褐色或深褐色，单根毛纤维的两端色深，中间色浅；体格健壮，头型似"马头"，颊部突出，额宽圆，鼻梁隆起，颈短粗，颌下有肉髯但不发达，眼黑色，耳较长，耳尖有光亮的黑色毛边，体躯较长，后躯较高，胸腹紧凑。骨骼较细，肌肉较丰满，肉质细嫩，屠宰率52%左右。中型成年体重2.7～4.1kg，大型5.5～6.0kg，生长发育较快，40日龄断奶体重1.2～1.3kg，90日龄体重2.5～2.8kg。适应性强，泌乳力高，胎均产仔8只左右。

图2-2 比利时兔

比利时兔的优点是产肉率及饲料报酬高于其他大型兔。母兔母性

15

强，泌乳力高，不易退化，毛色遗传稳定，将父本与中、小型母兔杂交可产生明显的杂种优势。耐粗饲，能吃各种青草。在相同的饲养管理条件下，其发病率较低。

（3）弗朗德巨兔

弗朗德巨兔（图 2-3）起源于比利时北部弗朗德一带，是最早、最著名、体型最大的肉用型品种。弗朗德巨兔体型大，结构匀称，骨骼粗重，背部宽平，根据毛色分为钢灰色、黑灰色、黑色、蓝色、白色、浅黄色和浅褐色 7 个品系。

美国弗朗德巨兔多为钢灰色，体型稍小，背偏平，成年母兔体重 5.9kg，公兔 6.4kg。英国弗朗德巨兔成年母兔体重 6.8kg，公兔 5.9kg。法国弗朗德巨兔成年母兔体重 6.8kg，公兔 7.7kg。白色弗朗德巨兔为白毛红眼，头耳较大，被毛浓密，富有光泽；黑色弗朗德巨兔眼为黑色。

弗朗德巨兔生长速度快，产肉性能好，肉质优良。成熟较晚，遗传性能不稳定，母兔繁殖力低。该兔适应性强，耐粗饲。

图 2-3 弗朗德巨兔

（4）日本白兔

日本白兔（图 2-4）原产于日本，由中国白兔和日本兔杂交选育而成，又称日本大耳兔。

日本大耳兔属中型皮肉兼用品种，外貌特征为：被毛纯白，紧密而柔软，头小而清秀，两耳直立，耳大，耳端尖，形似柳叶，眼为粉红色。日本大耳兔体型有大、中、小三个类型。成年体重：大型兔为5～6kg，中型兔3～4kg，小型兔2～2.5kg。繁殖力较高，年产繁殖5～6胎，平均产仔数8～10只。

该品种早期生长速度快，初生重平均60g，2月龄平均重1.4kg，4月龄3kg，成年体长44.5cm，胸围33.5cm。适应性好，耐寒、耐粗饲，我国各地都有饲养，泌乳量大，母性好，肉质较佳，产肉性能较好，板皮良好。缺点是骨骼较大，胴体欠丰满，屠宰率低，为44%～47%。该品种耳大皮白、血管清晰，是理想的实验用兔。

图2-4　日本白兔

（5）艾哥肉兔配套系

艾哥肉兔配套系（图2-5），在我国又称为布列塔尼亚兔，是由法国艾哥（ELCO）公司培育的肉兔配套系。

艾哥肉兔配套系由4个系组成，即GP111系、GP121系、GP172系和GP122系。

GP111系公兔与GP121系母兔杂交生产父母代公兔（P231），GP172系公兔与GP122系母兔杂交生产父母代母兔（P292），父母代公、母兔交配得到商品代兔（PF320）。

GP111 系兔，毛色为白化型或有色，性成熟期 26～28 周龄，成年体重 5.8kg 以上，70 日龄体重 2.5～2.7kg，28～70 日龄饲料报酬 2.8：1。

　　GP121 系兔，毛色为白化型或有色，性成熟期 121 日龄，成年体重 5.0kg 以上，70 日龄体重 2.5～2.7kg，28～70 日龄饲料报酬比 3.0：1，母兔平均年产仔兔 40 只以上。

　　GP172 系兔，毛色为白化型，性成熟期 22～24 周龄，成年体重 3.8～4.2kg。

　　GP122 系兔，毛色为白化型，性成熟期 117 日龄，成年体重 4.2～4.4kg，母兔年生产仔兔 50～60 只。

　　父母代公兔，毛色为白色或有色，性成熟期 26～28 周龄，成年体重 5.5kg 以上，饲料报酬 2.8：1。

　　父母代母兔，毛色白化型，性成熟期 117 日龄，成年体重 4.0～4.2kg，胎产活仔 9.3～9.5 只。

　　商品代兔，35 日龄断奶重 900～980g，70 日龄体重 2.4～2.5kg，饲料报酬（2.8～2.9）：1。

图 2-5　艾哥肉兔配套系

　　（6）齐卡肉兔配套系

　　齐卡肉兔配套系（图 2-6）由德国齐卡种兔公司用 10 年时间选育

而成。该配套系由 G、N、Z 三系组成。

G 系，体型较大，自德国巨型白兔选育。全身被毛纯白色，红眼，耳大而直立，头型粗壮，体躯长大而丰满。成兔平均体重 6～7kg，初生个体重 70～80g，35 日龄断奶重 1～1.2kg，90 日龄体重 2.7～3.4kg，日增重 35～40g，饲料报酬 3.2∶1，生产中用作杂交父本。该系耐粗饲，适应性较好，纯繁每年产 3～4 胎，胎均产仔 6～10 只。性成熟较晚，6～7.5 月龄才能配种，夏季不孕期较长。

N 系，体型中等，自新西兰白兔选育。全身被毛白色，红眼，头型粗壮，耳短、宽、厚而直立，体躯丰满，呈典型的肉用砖块形。成兔平均体重 4.5～5kg。该兔早期生长发育快，肉用性能好，饲料报酬高。据德国品种标准介绍，56 日龄体重 1.9kg，90 日龄体重 2.8～3.0kg，纯繁每年可产仔 50 只。该系对饲养管理要求较高。

Z 系，体型较小，为德国合成白兔。被毛白色，红眼，头清秀，耳短薄直立，体躯长而清秀。繁殖性能好，母兔年产仔 60 只，平均每胎产仔 8～10 只。幼兔成活率高，适应性好，耐粗饲。成兔平均体重 3.5～4.0kg，90 日龄体重 2.1～2.5kg。

图 2-6　齐卡肉兔配套系

齐卡三系配套肉兔品系繁殖生产中，首先出 G 系作为父本与 N 系杂交，选取杂交后代公兔作为父本再与 Z 系母兔杂交生产商品肉兔。在德国的生产标准为：年产商品活仔 60 只，胎均产仔 8.2 只，

28 日龄断奶重 650g，56 日龄体重 2.0kg；84 日龄体重 3.0kg，日增重 40g，饲料报酬 2.8∶1。据四川省畜牧兽医研究所在开放式自然条件下测定的结果为：商品兔 90 日龄体重 2.58kg，日增重 32g 以上，饲料报酬（2.75～3.3）∶1。

(7) 伊普吕配套系

伊普吕配套系（图 2-7）由法国克里莫公司培育而成，是目前国际上优良的肉兔品系之一。该兔体躯被毛白色，耳、鼻端、四肢及尾部为黑褐色，随年龄、季节及营养水平变化有时可为黑灰色，俗称"八点黑"。眼球粉红色，耳小、绒毛密，体质结实，胸、背和后躯发育良好，肌肉丰满。体型优美，成年体重可达 6.0kg 以上。

该兔具有四大特点：一是繁殖能力强，平均每年产仔 8 窝，每窝 8～9 只，断奶成活率为 95％；二是生长速度快，84 日龄体重可达 2.5～2.8kg；三是抗病力强，适应性强，易饲养；四是肉质鲜嫩，屠宰率 52％～57％。

图 2-7　伊普吕配套系

20 世纪 80 年代前后我国批量引进伊普吕配套系，通过各地的引种观察、扩繁选育、杂交组合试验，证明该兔生长发育快、早熟易肥、繁殖性能及杂交效果好，现已广泛应用到国内生产中。生产中多作父本或母本与其他家兔品种进行杂交，均能取得明显的杂交优势。在长毛兔或獭兔市场，多利用其作为保姆兔。伊普吕配套系已成为我国提高商品肉兔生产水平和效益的重要品种资源，在我国肉兔新品种及配套系的培育、商品兔的生产方面得到了广泛的应用和推广。

（8）伊拉配套系

伊拉配套系兔（图2-8）（HYLA）来自法国欧洲兔业公司。1969年法国选育专家进行家兔杂交繁殖和选种研究时，从来源于世界各地的不同品种的家兔中，根据繁殖率、生长速度等方面的性能，最终选出了9个品种的兔作为杂交基础群，由9个原始品种经不同杂交组合和选育试验，从试验培育出的杂交品种中筛选出A、B、C、D四个品系组成伊拉配套系兔。

在配套系生产中充分利用杂交优势，使各品系具有遗传性稳定、生长发育快、饲料转化率高、抗病能力强、产仔率高、出肉率高及肉质鲜嫩等特点。但不耐粗饲，对饲养条件要求较高，粗放的饲养条件不利于发挥其早期生长发育快的优势。伊拉配套系各系具有不同的生产性能特点，在生产中可利用各系的不同性能特点作育种素材，培育抗病、高繁品种。

图 2-8　伊拉配套系

（9）力克斯兔

力克斯兔（图2-9）（Rex rabbit）又称獭兔，于1919年由法国普通家兔中出现的突变种培育而成，因被毛短密、平整可与水獭媲美而得名，是世界著名的毛皮用兔品种。最初育成的力克斯兔，背部绒毛呈深红褐色，从体侧至胸腹部颜色渐淡，腹部基本为浅黄色，被毛为单一的海狸毛色。1924年，首次在巴黎国际家兔展览会展出后，引起极大的轰动，之后，被其他国家纷纷引进，德、英、日、美等国经70年的选育，又培育出了许多不同毛色类型：白色、黑色、海狸色、八点黑、红棕色、青紫蓝色、巧克力色、巧克力水獭色、蓝色、银灰色、猞猁色、山猫色、紫丁香色、宝石花色、乳白色、黑貂色、海豹色等，其中以纯白、蓝和红棕色较为名贵。

力克斯兔在我国通称为"獭兔"，我国饲养的獭兔品种主要有美系、德系和法系，以及国内培育的一些品系（如四川白、金星、吉戎等）。獭兔体型匀称而清秀，腹部紧凑，后躯丰满，头小而尖，眼大，不同品系的眼睛色泽不同，有粉红色、棕色、深褐色等；耳长中等，竖立呈"V"型，有些成年兔有肉髯，四肢强健，活泼敏捷。被毛短而平齐，竖立，柔软而浓密，具有绢丝光泽，见日光永不褪色，且保暖性强。全身被毛呈现不同的颜色，共有二十多种，枪毛少，且与绒毛等长，出锋整齐、坚挺有力、毛被平整、手感舒适，被毛标准长度1.3～2.2cm，以往认为理想长度1.6cm，但是近年来随着皮毛加工业技术的进步和对制裘材料的新要求，被毛长度在2.0～2.2cm更受市场欢迎。

(a)　　　　　　　(b)

图2-9　力克斯兔

（10）青紫蓝兔

青紫蓝兔（图2-10）（Chinchilla）原产于法国，是古老而著名的皮肉兼用品种，该品种是用灰色野生穴兔、喜马拉雅兔和蓝色贝韦伦兔等品种杂交育成。有三种体型，标准型兔（小型兔）、中型兔（美国型）和巨型兔，成年体重分别为2.5～3kg、4～5kg、6～7kg。其毛色很像产于南美洲的珍贵毛皮兽青紫蓝，并由此而得名。

青紫蓝兔虽然有体型之分，但三种类型的被毛有共同特点：被毛总体呈蓝灰色，并夹杂有全黑或全白的枪毛，每根毛纤维由毛尖到毛根依次为黑色、白色、珠灰色、乳白色、深灰色，风吹被毛时呈彩色漩涡，十分美观。该品种头粗短，耳厚直立，耳尖与耳背为黑色，尾底、腹下及眼圈为灰白色，体型较丰满，背部宽，臀部发达。仔兔初生重50～60g，90日龄体重2～2.5kg，平均胎产仔数7～8只。

该品种我国引进较早，已完全适应我国的自然条件，深受生产者欢迎，全国各地均有饲养。该兔毛皮品质好，适应性和繁殖力较强，肉质好，但生长速度较其他肉用品种慢，近年有逐渐被取代的趋势。

图 2-10　青紫蓝兔

（11）垂耳兔

垂耳兔（图2-11）是世界著名的大型肉皮兼用品种，因头型似公羊而得名"公羊兔。"据报道，垂耳兔先出现于北非，后输入法国、比利时、荷兰、英国和德国，由于引入国选育方式不同，各国品系之间体型差异较大。目前主要有法系、英系和德系3种，其中法系和德系在体型上较接近。

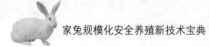

垂耳兔（公羊兔）的主要特点是耳大而下垂，尤以英系耳朵较长，耳朵最长者可达70cm，耳宽20cm，两耳尖之间的直线距离可达60cm。法系垂耳兔（公羊兔）体型较大。垂耳兔（公羊兔）毛色有白、黑、棕、灰、黄等。体型疏松，头粗糙，眼较小，颈短，背腰宽，臀圆。该兔早期生长快，成兔5kg以上，有的达6～8kg，少数可达10～11kg。胎均产仔7～8只，仔兔初生重80～100g。

该兔性情温驯，适应性强，较耐粗饲，但由于皮松骨大，出肉率不高，肉质较差；繁殖方面，受胎率低，母兔哺育力不强，纯繁效果不佳；易患脚皮炎。

图2-11 垂耳兔

（12）德国花巨兔

德国花巨兔（图2-12）又名巨型花斑兔，是德国著名的集皮用、肉用、观赏于一体的大型兼用兔品种，有中型（莱茵花斑兔）、小型（英国花斑兔）和侏儒型之分。

该兔体躯大而窄长，较一般大型兔种多一对肋骨。骨架较大但体躯欠丰满，背腰微成弓形。毛色特点是除嘴环、眼圈、耳廓、尾部被毛呈黑色外，全身被毛为白底黑斑，背部从颈部至尾根有一条不规则的黑斑"线"，两侧镶嵌着多个形状不一的黑色花斑。双耳直立，眼球呈黑色。德国花巨兔因幼兔阶段成活率低、饲养成本较高等因素，在国内肉兔生产中不受重用，推广利用较少。

图 2-12　德国花巨兔

（13）安哥拉兔

我国目前引进的安哥拉兔（图 2-13）多为德系安哥拉兔和法系安哥拉兔。

图 2-13　安哥拉兔

德系安哥拉兔体型较长大，肩宽，背线平直，后躯丰满，结构匀称。眼睛呈红色，两耳中等偏大、直立、呈 V 形；全身密被白色绒毛，毛丛结构及毛纤维的波浪形弯曲明显，不易缠结，枪毛量较少

25

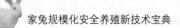

（3％～7％），腹部、四肢、脚趾部及脚底均密生绒毛；具有年产毛量高、松毛率高、绒毛含量高、毛品质优良等特性，符合国际兔绒贸易市场和精纺产品加工需要，为提高我国毛兔生产水平和商品兔毛品质及新品种培育方面做出了杰出贡献。

法系安哥拉兔与德系安哥拉兔的主要区别是法系安哥拉兔毛质较粗，毛纤维波浪形弯曲不明显，枪毛含量明显高于德系安哥拉兔，体格较粗壮，面长鼻高，只在鼻尖处有极少量长毛，额、颊部位均无长毛，形似"光头"，脚毛以短毛为主。法系安哥拉兔是世界著名的粗毛型长毛兔，是生产家兔粗毛产品的重要兔种，是培育和改良我国粗毛型长毛兔难得的遗传资源。

2. 宠物兔

（1）垂耳系列

① 英国迷你垂耳兔　英国迷你垂耳兔（图 2-14）是一种比较新的兔品种。1970 年在荷兰由体型较小的荷兰垂耳兔交配发展培育而成。大部分的英国迷你垂耳兔从正面看都有两个饱满的包子型脸蛋。英国迷你垂耳兔的头和身体的比例是 1∶2，脖子一般情况下是看不

图 2-14　英国迷你垂耳兔

到的。英国迷你垂耳兔的头很圆像个球。从侧面看，头顶到鼻子的曲线是稍微往外凸出的，年龄越大的兔子，这个凸出的曲线幅度愈大。鼻子到嘴巴的部分比较长（1~2cm长）并且是完全垂直、扁平的（甚至凹陷的）。英国迷你垂耳兔的全身的被毛大约为2cm长，毛质有点粗，但却非常茂密。

②极品垂耳兔 极品垂耳兔（图2-15）原产于阿尔及尔，全身通体白色，被毛较短，体型较大。耳朵较大并向前下垂盖过眼睛，性格温顺。

图 2-15 极品垂耳兔

（2）猫猫系列

①凤眼猫猫兔 凤眼猫猫兔（图2-16）原产于美国，身圆毛长，毛色为白色，耳朵短小且竖直，主要特征是眼睛周边的毛为黑色，故又称眼带。

②纯白猫猫兔 纯白猫猫兔（图2-17）原产于美国，身圆且毛较长，耳朵短小竖直，身体通体为白色，头上的毛盖住眼睛。

③道奇猫猫兔 道奇猫猫兔（图2-18）原产于荷兰，体型适中、浑圆，耳朵较短，由鼻子的周围和头部开始到前肢的部分呈白色，呈V字形的白色区块要相当整齐才称得上是高档的道奇兔，其他部分为

灰色。成兔一般体重 1.6～2.5kg，属中型兔。远远看时道奇兔就像是帅气的小绅士，模样相当可爱。

图 2-16　凤眼猫猫兔

图 2-17　纯白猫猫兔

图 2-18 道奇猫猫兔

（3）其他

① 巧克力狮头兔 巧克力狮头兔（图 2-19）原产于荷兰，头圆身圆，鼻子较扁，毛短；耳朵比较宽，像三角形；通体毛色为巧克力色，前脚较长，颈部、脸颊部、头顶的毛发较长，在颈四周长有一圈

图 2-19 巧克力狮头兔

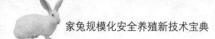

长毛（围住颈部）。

②侏儒海棠兔 侏儒海棠兔（图 2-20）又名侏儒荷达特兔，原产于德国，体型较小，纯白色，属于小型的宠物兔品种。两耳直立，浑身雪白，只有眼睛周围的毛是黑色的，非常乖巧可爱。身长仅 10余厘米，头大身子小，耳朵比一般兔子短小，性格温和友善，精力旺盛。

侏儒海棠兔可分为两种，一种是全身为纯白体色，在眼睛部位带有黑色眼线；另一种同样有黑眼线，只是雪白体身上还带有些许斑点。侏儒海棠兔的体型娇小，肩部至臀部呈圆弧状，头大且耳短（理想的长度约 6cm）、眼珠深啡色、全身白色或白色带斑点，围着眼睛的毛是黑色的，耳朵不长于 7cm，体重一般小于 1.36kg。

图 2-20 侏儒海棠兔

三、家兔优良品种的鉴别

1. 品种应具备的条件

（1）相同的来源

凡属一个品种的家兔应具有基本相同的血统来源，例如新西兰白兔的共同祖先是弗朗德兔、美国白兔和安哥拉兔；塞北兔的共同祖先是法系垂耳兔（公羊兔）和比利时的弗朗德巨兔。由于血统来源基本相同，其遗传基础也极为相似，这也是构成一个"基因库"的基本条件。因此，一个家兔的品种群体中，每一个个体都应具有共同的来源。

（2）相似的性状和适应性

由于血统来源、培育条件、选育目标和选育方法相同，这就使同一品种的家兔在体型结构、生理功能、重要经济性状以及对自然条件的适应性方面都很相似，构成该品种的特征，据此很容易与其他品种相区别。没有显而易见的共同特征，就不能称为一个品种。例如新西兰白兔的重要特点是在良好的饲养管理条件下，早期生长发育快，兔肉品质好；加利福尼亚兔特点是具有明显的"八点黑"特征，且母性和产肉性能都较好。

（3）稳定的遗传性

品种必须具有稳定的遗传性才能将典型的优良性状一代一代遗传下去。这不仅使品种得以保持，而且在与其他品种杂交时能起到改良作用，即具有较高的种用价值。这是品种兔与杂种兔的最根本区别。

（4）独特的性状和较高的生产性能

品种应具有独特的性状，如产毛、产皮、产肉等，并具有较高的生产性能，能满足人类一定的要求。

（5）一定的结构

一个品种应由若干各具特点的类群所构成，而不是由一些家兔简单地汇集而成。据全国家兔育种委员会推荐（1990），在新品种选育时，每个品种应建立3～5个品系，品系是品种的结构单位。品种内存在这些各具特点的品系，就是品种的异质性，从而使一个品种在纯种繁育条件下仍能得到改进和提高。

（6）足够的数量

数量是质量的保证，数量是决定能否维持品种结构、保持品种特性、不断提高品种质量的重要条件，个体数量不足不能称为一个品种。只有当个体数量足够多时才能保持品种的生命力和广泛的适

31

应性，进行合理选配而不致被迫近交，并保持品种内的异质性和广泛的利用价值，否则难以保证质量。据全国家兔育种委员会推荐（1990），每个品系有基础母兔群200～300只，每个品种有基础母兔群600～1500只，推广群生产母兔20000只以上。目前，世界上各国饲养的家兔品种被公认的有60多个。此外，还有许多品系或品种群。

2. 家兔良种的必备条件

（1）血统来源

凡家兔品种均应具备基本相同的血统来源。地方品种应分布于相对隔离的区域，未与其他品种杂交。育成品种、品系规定其初始品种（品系）明确；品系必须经过至少4个世代的连续选育；品种须在建立至少3个品系的基础上经过至少5个世代的连续选育；品系核心群拥有至少3个世代的系谱记录，品种核心群拥有至少4个世代的系谱记录。

（2）外貌特征

家兔品种外貌特征应相对一致，要求对毛色、毛型、眼球颜色、体型、耳型、成年体重和体尺（体长、胸围）等基本特征进行准确的描述，对特殊的外貌特征部分应做详细的描述。

（3）生产性能

良种家兔生产性能应具有一定的特色和较高的生产性能，主要经济性状遗传性能稳定，无明显的遗传缺陷，能满足人们一定的要求。

① 肉用兔应测定母兔胎产仔数（前3胎平均值）、3周龄窝重，母兔年产活仔数、年育成断奶仔兔数，仔兔4周龄断奶体重、10周龄体重，仔兔断奶至10周龄成活率、料重比，13周龄体重，仔兔断奶至13周龄成活率、料重比，屠宰率（全净膛）、肉质等。

② 皮用兔应测定母兔胎产仔数（前3胎平均值），3周龄窝重，4周龄体重，13周龄体重，22周龄体重及体尺（体长、胸围），22周龄成活率，被毛品质（绒毛长度、绒毛含量、被毛密度）、料重比等。

③ 毛用兔应测定母兔胎产仔数（前3胎平均值）、3周龄窝重、4

周龄体重，8 周龄剪毛量（实测值），成年公母兔年产毛量（以养毛期 13 周一次剪毛量乘以 4 估测）、产毛率、料毛比、粗毛率、兔毛品质（长度、细度、强度、伸度）等。

（4）品种结构

家兔良种必须有一定的品种结构及数量要求。

① 地方品种　凡地方良种，种群应不少于 2000 只，保种选育群应不少于 100 只（公兔 20 只，母兔 80 只）。

② 育成品种、品系　每个品系至少应有 15 个家系，基础测定兔应不少于 240 只（公兔 40 只，母兔 200 只），其中核心群种兔不少于 120 只（公兔 20 只，母兔 100 只），生产群母兔不少于 3000 只。每个品种至少应建立 3 个品系，基础测定兔不少于 720 只（公兔 120 只，母兔 600 只），其中核心群种兔不少于 360 只（公兔 60 只，母兔 300 只），生产群母兔不少于 10000 只。配套系至少应具有 3 个专门化品系；明确其性能特点及用途（用作父系或母系）；明确杂交配套模式；提供父母代及商品代生产性能测定结果且具有显著特点；用于配套的专门化品系其种群数量要求与品系相同。

（5）健康水平

家兔良种健康水平必须符合兽医管理规程的要求，并依照《家畜家禽防疫条例》及有关兽医卫生规定建立和实施防疫制度。

（6）适应性强

优良种兔不但应具有较大的体型和良好的生产性能，而且应对周围环境应有较强的适应能力，对饲料营养有较高的利用转化能力。我国目前的长毛兔市场普遍反映德系长毛兔较难饲养，对于饲料条件要求较高，耐粗性和耐热性较差；法系长毛兔则适应性较强，耐粗性较好；浙江宁波镇海多种经营种兔场培育的良种兔系选用国外良种，经杂交、选育而成，据山东、安徽、江苏、福建、江西、河南、河北等引种饲养的场户反映，对各地环境均有良好的适应能力。

3. 筛选良种的依据

（1）毛色标准

毛色既是区别家兔不同品系的重要标志，也是人们评定商品价值高低的主要依据。目前獭兔的色型已达到数十种，从选种要求而言，

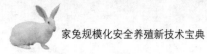

无论何种色型都要求毛色纯正，色泽光亮，具有该品系特定的色型标准。毛色混杂就会降低毛皮质量和商品价值。

（2）体重标准

要求成年母兔体重达 3.4～4.3kg，平均为 3.6kg；成年公兔体重达 3.6～4.8kg，平均为 4.1kg。体重大的兔毛皮面积大，则可利用面积大，商品价值高。所以，当前家兔选种的体重标准已逐渐从重色型转向重体型发展。

（3）体质标准

凡优良的种兔均要求体质健壮，各部位发育均匀，肌肉丰满，臀部发达，腰部肥壮，肩宽广，与体躯结合良好。

达到种用体况的标准如下：

① 一类膘　用手抚摸腰部脊椎骨，无算盘珠状颗粒凸起，双脊背，均为 9～10 成膘，属于过肥，不宜留作种用，需改善饲养管理后方可留作种用。

② 二类膘　用手抚摸腰部脊椎骨，无明显颗粒凸起，用手抓起颈背部皮肤，兔子挣扎有力，说明体质健壮，均为 7～8 成膘，是最适宜的种用体况。

③ 三类膘　用手抚摸腰部脊椎骨，有算盘珠状颗粒凸起，用手抓颈背部皮肤，兔子挣扎无力，均为 5～6 成膘，需加强饲养管理后方可留作种用。

④ 四类膘　全身皮包骨头，用手抚摸腰部脊椎骨，有明显算盘珠状颗粒凸起，手抓颈背部皮肤，挣扎无力，均为 3～4 成膘，不宜留作种用，酌情淘汰。

（4）头型标准

理想种兔头部要求宽大，与体躯各部位比例相称；两耳厚薄适中，直立挺拔不下垂；眼睛明亮有神，无眼泪和眼屎，眼球颜色应与本品种一致。凡头部狭长，鼻部尖细；耳过大或过薄，竖立无力或出现下垂现象；眼睛无神迟钝，眼球颜色与本品种不一致，均属于严重缺陷。

（5）腿爪标准

优良种兔要求四肢健壮有力，肌肉发达，前后肢毛色与躯体部分基本一致。趾爪的弯曲度随年龄的增长而变化，年龄越大弯度越弯。

四、引种原则

1. 执行国家法规

引进良种要贯彻《种畜禽管理条例（2011 年修正版）》（国务院令第 153 号），到有经营许可的单位引种，生产经营种畜禽的单位和个人必须遵守种畜禽繁育、生产的技术规程，建立生产和育种档案，并依照《中华人民共和国动物防疫法》及有关兽医卫生规定建立和实施防疫制度。

2. 遵循畜牧气候相似原则

根据农业气候相似理论在大农业生产中的应用，结合畜牧业生产中对国内外优良家畜品种的引种、推广、杂交改良工作的实践，用家畜引种工作成功与失败的许多例证，从气候条件角度分析，得出引种工作成败的重要原因之一是与两地主要气候条件的异同有关，这就是"畜牧气候相似理论"。

一般来说，新引入地与原产地的纬度、海拔、温度和湿度等主要自然气候条件差别不大，则引种易于成功；如果差别过大，风土驯化比较困难，易引起品种退化，难以生存。在实践中大多数引种者往往只重视引进兔种本身的生产性能，而忽视了兔种本身原产地生态环境，因而在引种后不能达到预想的引种效果。因此，兔场引种时要综合考虑本兔场与供种兔场的气候大环境和兔场小环境的差别，尽可能保持或创造与供种场一致的生态环境。

3. 严格认真选择个体

（1）观察健康状况

引种时应注意种兔的健康状况，主要注意以下几点：

① 精神状态　健康种兔应活动自如，反应敏捷。

② 观察口鼻　健康种兔口鼻部略显湿润但无鼻涕等分泌物，不打喷嚏，不流口水，口鼻周围皮毛干燥，可以根据口鼻周围皮毛状况判断是否有呼吸道疾病。

③ 观察后驱　健康的兔子肛门周围清洁无粪便，可依此判断是否患有肠道疾病。

④ 检查外生殖器、口腔和鼻端　检查种兔外生殖器、肛门、鼻

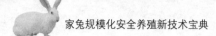

端皮肤与黏膜是否有炎症、结节和溃疡，判断是否患有兔梅毒病。

⑤ 观察皮毛　健康的兔子，被毛润滑、富有光泽，皮肤无外伤、疥癣和外寄生虫。脚掌（趾）无炎症。

（2）不能有明显缺陷

体型外貌应符合品种特征。每个品种都有自己的明显特征，否则品种不纯或退化。生长发育不正常的种兔不能达到种用要求，其生产性能不能凸显出来。外形缺陷是先天遗传和后天造成的，将引起家兔机能不良。选择种兔时应避免以下缺陷：门齿过大、垂耳（特殊品种除外）、划水腿（兔的两后腿、两前腿或四肢向外伸出，呈"八"字形）、乳头数过少（少于 4 对）、生殖器官畸形（如母兔外阴闭锁或发育不全，公兔小睾丸、隐睾或单睾）、短肢短趾、后躯尖斜。

（3）审查系谱

要求种兔有系谱档案，个体间无亲缘关系。特别是对同品种公兔的选择，应从不同品系、所有种兔系谱中挑选亲代和同胞中生产性能优良的个体。加强系谱的审查，了解亲代和同胞的生产性能，防止带入有害基因和遗传病，避免近交系数过高，以免引起品种的退化。

4. 严格执行检疫

为了防止疾病的传入、提高种兔的成活率，种兔必须进行防疫检查，确认健康无病时方可引种和运输。起运前要有当地畜牧主管部门的检疫证明书，以确保质量并减少运输中的麻烦。所有要引种运回的种兔，都应在起运前进行兔瘟、A 型魏氏梭菌病等疫苗注射，待种兔产生免疫后才可起运。

五、家兔品种的引进

引种兔场本身定位要明确，所引种兔能为本场今后的发展带来最大预期经济利益，也能符合当地市场需求。引种时应考虑到本场的生产目的，是输出种兔还是商品用兔，是建立新厂还是更新血缘。不同的目的，引进的兔品种及数量各有不同。因此，应在引种前根据当地气候和本场的规模、饲养水平以及饲养目标确定引进的兔品种和种的级别。

1. 引种前准备

（1）确定引进品种及个体

引进家兔的品种，要依据当地自然条件、市场需求、本厂饲养管理条件，结合考虑不同家兔品种的特性尤其是其适应性，对引进品种的生产性能、饲料营养、适应性充分了解，掌握其外貌特征、遗传性能稳定性、饲养管理特点和抗病力等资料，做到有目的、有计划地进行家兔的引种。

同一品种不同个体的表现不尽相同。所选种兔要符合该品种的特性、体质健康。引种兔年龄以 3～4 月龄青年兔为宜，可依据牙齿核实年龄，检查生殖器有无炎症。公兔阴茎正常，阴囊不可过分松弛下垂；母兔奶头应在 4 对以上，饱满均匀。引种时切忌选购老年兔、病兔、杂种兔和低产兔。

在选择优良家兔个体时，要查阅欲引种兔的生产水平情况档案资料，查阅内容至少要 3 代及以上，分析该品种是否能满足生产需求、是否能达到生产标准。在选择同一品系的家兔时应考虑引入生产性能高的品系，对系谱要清晰地了解，遗传性能稳定、血统纯正。

（2）确定引种数量

一般销售种兔按公母比例搭配销售，有的 1∶2 或 1∶4。而实际生产中本交以 1∶8 到 1∶10 为宜，人工授精的公兔还要少。所以引种时，可向对方提出要求，公母比例一定要合理，避免引入公兔过多而造成浪费。

（3）确定引种的兔场

引种前详细了解种兔场的情况，如是否具有当地畜禽生产许可证、系谱是否完整，是否发生过疫情及种兔月龄、体重、性别比例、价格等。一般大型兔场的技术水平高、经营管理规范，所提供的种兔有质量保证。严禁从疫区或饲养管理差的兔场引种。

尽量多场引种。如果一次引种较多，建议种兔不要全部在一个种兔场引种，最好到 2～3 个种兔场去引种，因为在一个种兔场引多了以后，质量不易保障。分别从不同种兔场引进种兔，可彻底避免近亲繁殖。

注意识别是否有炒种行为。炒种者一般有以下几个特点：一是种

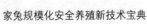

兔来历不明；二是种兔质量参差不齐；三是夸大养兔效益；四是重母轻公；五是缺乏技术服务；六是打着回收招牌引诱人；七是缺乏"三证"，即种畜禽生产许可证、动物防疫合格证、动物及其产品检疫合格证。

（4）检疫申报

运输种兔前，应要求供种场地向当地动物卫生监督机构或者其派出机构申报产地检疫，取得《动物检疫合格证明》。到达目的地后，应在24h内向本地动物卫生监督机构报告。如跨省引种，还需通过本地动物卫生监督机构向本省省级动物卫生监督机构申请办理检疫审批手续，取得许可后方可外出引种。

（5）接兔准备

安排好引种季节。家兔怕热，引种尽量避开夏季，选择适宜的春秋季节。如果夏季确需引种，做好防暑降温工作。

安排好引进种兔的兔舍、兔笼、饲料，且准备好流动资金以备不时之需。种兔入舍前一定做好消毒措施。

2. 不同用途的种兔在引种时的区别

（1）肉兔的标准

饲养肉兔的目的是获得数量多、肉质好的兔肉产品。因此，生长速度快、育肥时间短、产肉性能好、饲料转化率高、产仔多、成活率高、抗病力强是肉兔引种的主要标准。

① 生长速度快　肉兔的生长速度主要看其早期的生长速度，即处于70日龄的平均体重。一般好的肉兔70日龄体重达2~2.5kg，85日龄可达2.5~3kg。

② 饲料转化率高　肉兔的饲料转化率是衡量肉兔的另一个重要指标，饲料转化率越高的品种越好。优良的肉兔品种饲料转化率一般在（2.8：1）~（3.2：1）。

③ 繁殖性能好　优良的肉兔品种必须具备较高的繁殖性能。具体体现在以下三个方面：

a. 受胎率　指一个发情期怀孕母兔占配种母兔数的百分比。好的种兔受胎率应在85%以上。

b. 产仔数　指母兔的平均窝产仔数。好的种兔窝产仔数应平均

6～8 只及以上。

c. 成活率　指断奶兔成活率。好的种兔断奶兔成活率应高达80％以上。另外，肉兔还要看屠宰率、出肉率等各项性能指数。

（2）毛兔的标准

兔毛的产量与兔毛的品质是毛兔选种的主要性能指标。

① 产毛性能　长毛兔是不是良种，最重要的是看它的产毛性能如何。其产毛性能主要通过以下几个方面进行评定：

a. 产毛量　以 5 月龄的毛兔 73d 养毛期剪毛量乘以 5，或者 91d 养毛期剪毛量乘以 4，作为年产毛量。良种毛兔的产毛量应不低于 1kg。

b. 被毛密度　以手抓、口吹法检查，高产毛量毛兔被毛浓厚均匀，口吹不见皮肤。若被毛稀松，产毛量一定不高。

c. 被毛长度　毛兔的毛一天生长 1mm 左右，如养毛 20d 毛长应为 3cm 左右，如小于此值则不能称为良种。

d. 被毛均匀度　良种兔各部位被毛密度应均匀一致，如腹毛稀疏则不能称为良种。

② 毛型　长毛兔全身洁白、松软、浓密。根据兔毛纤维的形态特点，兔毛毛型分为细毛型、粗毛型和粗细混合型三种类型。粗毛含量在 10％以下为细毛型，15％以上为粗毛型，介于两者之间为混合型。优良毛兔品种粗毛含量 15％～20％最为适宜。

③ 毛兔的体型　优良长毛兔外观体型十分重要。体型大，头部清秀，胸部宽而深，背腰平直，臀部丰满，前后躯结合紧凑，外观雄壮，一般都为良兔。

3. 引种技术

（1）严格执行检疫制度，加强免疫

引种时必须符合国家法律法规的检疫标准，认真检疫，办齐检疫手续和出场动物检疫合格证明。严禁进入疫区引种。

（2）种兔运输

① 选择合理的运输方式，并到相关部门开具检疫证、车辆消毒证明等材料。

② 应选择较好的天气，在天气变化较大和天气情况恶劣时不要

运输。注意防寒、防暑，冬季运输要保温防寒，防贼风；在运输途中应匀速行驶减少刹车造成的不良应激。

③ 装笼前不要饲喂过饱，公母兔分开装笼。

④ 运输笼应坚固结实，便于搬动，并对笼具严格消毒。装车码放时，兔笼距离车厢壁约10cm的距离。最好采用分格笼，笼底应一律采用能漏兔粪尿的木条板。如有堆层的，在两层之间应有接粪尿的薄膜间隔，以防上层粪尿漏下污染下层兔笼，两层之间应保持一定的层间空间，以便空气流通。

⑤ 种兔运输同时应运同批饲料，约到达目的地后满足2周的饲料需要量。

⑥ 种兔运输前在饮水中可适当添加维生素C缓解应激。

⑦ 长途运输应加强途中检查，途中每4h检查一次，及时了解种兔情况。

⑧ 运输密度为平均每只兔占用$0.02\sim0.03m^2$，运输时间在1d以上的，中途适当添加饲料，以防掉膘。

⑨ 如运输途中发现传染病或可疑传染病，应立即就近报告动物卫生监督部门处理，勿宰杀出售或乱抛弃病死动物。

4. 引种后饲养管理

① 隔离饲养，新引进种兔的兔舍应远离原兔群。一般隔离1个月，经观察确认无病后，方可转入兔舍与原有饲养兔群合群饲养。

② 忌暴饮暴食。种兔到达目的地后，休息后先饮水，稍后再饲喂草料，每次饲喂七八成饱即可。

③ 在冬季，要保证隔离舍内的温度，根据所引畜禽的年龄和要求，防止温度过低引起畜禽发病。夏季注意舍内降温，及时通风。

④ 饲养制度、饲料种类尽量与原种场保持一致，如有改变须有7d适应期。在隔离期间，畜禽喂食的饲料要逐渐过渡到当地饲料，可以由畜禽输出场提供5～7d的饲料，同时，喂食时间也不要突然变更，应逐渐过渡，让畜禽适应新的饲养环境，防止发病。

⑤ 每天早晚检查引进种兔食欲、粪便和精神状态，发现问题及时处理。

⑥ 引种家兔来之不易，因此要合理使用种兔，公兔要注意配种

采精次数，母兔要注意初配年龄和繁殖胎次。引入品种要长期使用，妥善保存优良基因资源，加强保种和选育工作，防止品种退化。

5. 引种后常见问题及处理方法

（1）腹泻

多由水土不服引起，也存在应激反应。遇到这种情况，可用氟哌酸注射液1mL，加水3mL，混合后灌服，一般1～2次即可痊愈。

（2）不吃不喝，粪便细小

多为运输中缺水、缺食造成的应激反应。可给兔子灌服速补14或应激散20～40g，再放到庭院内让其自由活动2～3h，并饲喂新鲜可口的青饲料。一般2～3d即可调整过来。

（3）两耳发热，仰头呼吸，频率极快

多为热应激所致。应立刻灌服藿香正气水5～10滴。为预防继发呼吸道感染可注射青霉素200000～400000IU，并放置阴凉处自由活动2～3d，待其完全恢复后再提回笼内。

（4）疥螨病

可在装入固定笼之前，每只兔用5％的杀螨醇水溶液或耳螨一次净在耳、爪等部位涂抹一遍，再每只皮下注射灭虫丁，可有效控制疥螨病的传播。

6. 安全引种的意义和作用

（1）利用杂种优势

引入良种的一个作用就是利用杂种优势改良低劣品种。在生产实践中，利用不同组群、不同品种或品系间的个体交配所产的后代，一般情况下，其生产性能都能超过双亲的平均值，这种现象就称为杂种优势。当一种品种的生产方向仍能适应社会需求，但质量和产量等生产性能较低，且通过本品种选育提高幅度不大的情况下，在不改变生产方向的前提下，可引进生产方向相同的另一优良品种进行良种提高。近年来，全国各地引进的兔品种对我国优良品种进行了导入杂交，在保持原有品种特点的同时，大幅度提高了地方品种的生产性状，满足了市场需求。

（2）引入杂交

当某一兔品种的品质大致已符合生产的要求，但在某一形状上还

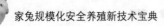

存在明显的缺陷，为了在短时间内使这一性状得到改良而其他性状基本保持原状，可以利用引入杂交，选择适宜的外来良种进行杂交，以后各代杂种都与本地品种回交，一般在回交二代的后代中选择性能良好的个体进行自群繁殖，固定性状。

（3）防止品种退化

在兔场的选种选配过程中，长期没有新的血缘注入极易发生近交衰退，致死基因和有害基因高度纯合，出现后代死亡率增长、仔兔生长性能和繁殖性能降低等表现。

现在很多肉兔、皮兔饲养者希望兔能长得快，繁殖力强，饲料转化率高，产品质量好，毛兔饲养者要求兔毛产量高，品质好，那么就需要引进良种，并做好选种选配，防止品种退化。

（4）引进良种进行纯繁，满足国内供种需要

纯繁即纯种繁育，是指在本种群范围内通过选种选配、品系繁育、改善培育条件等措施，以提高种群性能的一种繁育方法。引进良种进行纯繁，能巩固遗传性，保持和发展一个种群的优良特性，并迅速增加群体内优良个体的数量。能使亲本品种提纯复壮，使种群水平不断稳步上升，为品种间杂交利用打下良好的基础，满足国内的供种需求。

第二节　家兔繁殖新技术

一、家兔的繁殖

家兔繁殖是家兔生产的基础，它是增加兔群数量和提高兔群质量的中心环节，也是制约养兔生产水平和饲养效果的主要因素，因此必须系统地了解家兔的繁殖现象和规律，掌握好繁殖技术，进而提高繁殖效率和质量，增加经济效益。

家兔具有繁殖力强，性成熟早，妊娠期短，世代间隔短，一年四季均可繁殖，窝产仔数多的特点。家兔为刺激性排卵的动物，卵巢上的卵泡发育成熟后，必须经过与公兔交配或者药物刺激后才能排出。家兔没有明显的发情周期，因为发育成熟的卵泡没有经过交配或药物

刺激，就会产生老化衰退，经过 10～16d 逐渐被机体吸收；卵巢不会排出卵子，所以也就不会形成黄体，也不会对新卵泡的发育产生抑制作用，所以家兔没有规律的发情周期。家兔的卵子是哺乳动物中最大的、发育最快的、卵裂阶段最容易在体外培养的卵子。家兔的卵巢上有许多不同阶段的生长发育中的卵泡，前一阶段的卵泡未完全退化时，后发育阶段的卵泡已经开始发育，在前后两批卵泡的交替发育中，家兔体内的雌激素水平有明显的变化，因此，母兔发情有明显的症状。家兔假妊娠的比例高，母兔经过诱导刺激后，并没有受精，但黄体开始分泌孕酮，刺激生殖系统出现一系列与真妊娠一样的妊娠现象。

二、家兔的性成熟、初配年龄、发情、发情周期及利用年限

1. 性成熟

出生仔兔生长发育到一定的阶段，生殖器官的生长发育逐渐趋于成熟，公兔的睾丸能产生具有受精能力的精子，母兔的卵巢中产生成熟的且能与精子相结合的卵子，并伴随一系列的求偶或发情的行为，称为家兔的性成熟。一般家兔的性成熟年龄：公兔 4～4.5 月龄，母兔为 3.5～4 月龄，性成熟年龄约为体成熟的一半。

性成熟时期受家兔品种、营养水平、饲养管理、性别以及个体差异等因素影响。家兔小型品种比大型品种的性成熟早；营养水平居中的家兔的性成熟要早于营养水平太好或者太差的家兔；热带地区兔的性成熟要早于寒冷地区兔；母兔要比公兔性成熟早。

2. 初配年龄

家兔在刚达到性成熟的时候不宜立即进行配种，主要因为家兔在刚达到性成熟时还未达到体成熟，身体的各个器官依旧处于生长发育阶段，如果配种过早，则会对家兔的生长发育造成影响，容易造成早衰，且配种后的母兔受胎率低，容易出现奶水少的情况，导致仔兔体质弱，成活率也会降低。如果配种年龄过晚，容易引起家兔的肥胖症，导致家兔配不上种以及影响发情，减少种兔的终身产仔数，减少种兔的利用年限。具体的初配年龄参考月龄及体重双重标准，达到品

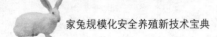

种标准体重的 70% 以上即可配种。

肉用、皮用兔的小型品种初配年龄早些，大、中型品种稍晚。小型品种 4～5 月龄，体重达到 2.5～3.0kg；中型品种 5～6 月龄，体重达到 3.5～4.0kg；大型品种 6～8 月龄，体重达到 4kg 以上即可组织配种。毛用母兔 7～8 月龄，体重 2.5kg 以上，公兔 9～10 月龄，体重达 3kg 以上。个别的体重可提高到 4～5kg 以上方可配种，如塞北兔、哈白兔。

3. 发情

母兔在性成熟以后，在下丘脑-垂体-性腺轴自上而下的内分泌激素调控和自下而上的激素反馈作用下，母兔生殖道会发生一系列生理变化以及一些精神上、行为上的异常表现，称为发情。母兔的生殖道出现一系列变化，如阴门外边潮红、湿润，有时会有黏液流出，一般这种现象会持续 3～4d，且母兔表现兴奋，采食量减少，在兔笼里来回跑，用脚爪刨地，喜欢啃咬笼子，在饲槽或其他用具上摩擦下颌，俗称为"闹圈"。母兔发情时，会主动向公兔靠拢、爬跨，有时也会爬跨其他母兔。

不发情的母兔外阴部呈苍白色，干燥且没有红肿的现象；发情期的母兔外阴部红肿，有黏液流出。发情初期母兔的外阴部呈粉红色；发情盛期的母兔外阴部呈深红色；发情后期的母兔外阴部呈紫红色，表示发情期马上就要结束，发情盛期配种受胎率和产仔数都很高，这也是民谚说的"粉红早，黑紫迟，大红正当时"。一般是在发情的第二天开始配种。部分母兔（外来有色品种居多）的外阴部并无明显的颜色变化现象，仅出现水肿、腺体分泌物等现象，此时适宜配种。

4. 发情周期

母兔的卵泡在卵巢上发育成熟后，在雌激素和孕激素的作用下促使母兔产生发情的一系列表现，然后母兔经过交配刺激，发生排卵，卵子和精子相结合后成为受精卵，受精卵在子宫内着床、发育，进入妊娠阶段，妊娠后的原卵泡处生成黄体，抑制新的卵泡发育，就不会再发情。如果卵泡发育成熟后没有进行刺激交配，那么卵泡就会逐渐被吸收，也就不会产生黄体来抑制新的卵泡的生长发育，新的卵子便会继续发育为成熟卵泡，则进入下一轮的发情。从上一次发情开始

（或结束）到下一次发情开始（或结束）的时间称为一个发情周期。

　　母兔发情周期循环不易发生，因为家兔为刺激性排卵，所以经过交配刺激后，经过 10～12h 才能将卵子排出。公兔爬跨母兔并不是刺激排卵的唯一条件，发情母兔被其他母兔反复爬跨后同样也可引起排卵。卵子在失去受精机会后经 14～16h 后会全部被自身吸收。母兔在排卵以后形成黄体，在此期间黄体分泌孕激素，能在血液中维持一定水平，抑制卵泡发育，孕激素促使子宫内膜增生并分泌出一种营养物质称为子宫乳，为受精卵的着床和分裂创造条件；如未受精，黄体经 3～5d 被子宫分泌的前列腺素所溶解，从而孕激素水平迅速下降，这种变化导致卵泡期的开始，继而重新出现发情。

　　5. 利用年限

　　家兔的繁殖潜力极大，但生产中种兔的利用期是很有限的。理论和生产的实践证明，种兔的利用年限以 2～3 年为宜。个别优良的种兔，体质健壮，遗传性稳定，后代表现好，公兔性欲旺盛，母兔产仔多，成活率高，利用年限可适当延长半年到一年。相反，如果主要指标达不到种兔的要求，也可提前淘汰作商品兔处理。为了防止公兔配种不匀，交配时每只公兔可固定轮流配母兔 8～10 只。一般早晚各配一次，连配两天要歇息一天，并要加强种公兔的营养，以保证种公兔的健康。

三、家兔的配种技术

　　1. 适配月龄

　　根据家兔生长发育规律，在正常饲养管理条件下，家兔的适配月龄，母兔为 4 月龄，公兔为 5 月龄，体重要达到 2.5kg 左右。4 月龄以下的幼兔因发育未完善不应交配繁殖，否则不仅本身的生长受影响，产后仔兔往往体质差，母兔的乳汁不足，且易发生流产和难产现象，使用年限减少。

　　2. 配种前的准备

　　配种前，首先要对种兔进行全面检查，如检查膘情、生殖器官是否正常、体质是否健壮、是否有传染病等。不到配种年龄的青年兔和三岁以上的老龄兔不能配种；患有生殖器官疾病、体质较弱、营养状况较差的公、母兔也不能配种；患有传染性疾病的母兔，应在病愈之后再配种，以防止疾病传播。

在配种前，检查母兔的发情情况，若未发情，家兔外阴部苍白而干涩，发情则家兔外阴部黏膜红肿、湿润。将公、母兔外生殖器周围的毛剪去，防止脏物进入生殖器引起疾病，同时以利交配，然后清洗和消毒兔笼，特别是公兔笼要除去粪便和污物。配种时应将母兔放入公兔笼内，以利于公兔集中精力完成配种任务，提高受胎率。对种公兔必须定期进行精液品质检查，及时淘汰生产性能低、精液品质不良（精子密度过低、畸形率高等）的公兔。在配种前要加强配种公、母兔的营养，饲喂蛋白质饲料和富含维生素的青绿饲料。

3. 配种技术

（1）自然交配

自然交配就是把公、母兔混群饲养在一起，在母兔发情期间，任凭公、母兔自由交配。自然交配的优点是家兔能及时配种，防止漏配，不用人工辅助，省时省力。但是其缺点很多：第一，无法进行选种选配，容易导致近亲交配，使品种退化、毛皮质量下降；第二，容易发生早配、早孕，影响母兔的受胎率，容易产弱小仔兔；第三，公兔多次追配母兔，体力消耗过大，容易引起早衰，缩短利用年限；第四，容易传播疾病和引起流产。这种方法比较落后，故在家兔生产中很少使用，这种方法仅适于饲养管理简单、饲养规模较小的农户。

（2）人工辅助交配技术

人工辅助交配技术就是对平时分开饲养的发情母兔进行人工干预，待其发情，将其放入公兔笼中，使其进行交配，待交配完成后，再将其取出放回原笼中的家兔配种技术。人工辅助交配优点：品系清楚，可有效地进行选种选配，防止近亲繁殖，不断提高兔群质量；有利于保持种公兔良好的性功能和合理安排配种次数，提高配种的质量和成功率；此外，还能防止疾病传播，有利于种兔的体质健康。缺点就是比较复杂，需经常放进放出，同时还需随时注意观察，防止假配和漏配。这种方法先进于自然交配，目前主要在一些大中型的家兔养殖场广泛应用。

人工辅助交配的具体操作如下：

① 配种前的准备　交配之前要先对公、母兔进行全面的检查，对于患有疥癣或者传染病的兔子，要进行隔离，禁止交配，以防传染给其他的家兔；检查母兔的发情状况，以母兔的外阴部潮红且红肿，有黏液流出时配种最佳；配种前，对家兔的兔笼进行清洗消毒，并且要将公、母兔生殖器周边的毛剪掉，方便其配种；准备好各种登记表，做好配种产仔记录。

② 配种步骤　要选择在天气温暖、公母兔精神饱满的时间来进行配种，将经过检查发情良好、适宜配种的母兔放在公兔笼内进行交配，避免公兔因为环境的改变而影响性欲。配种刚开始公、母兔会互相嗅闻，然后公兔追逐母兔、爬跨母兔。如果母兔正值发情盛期，则会稍逃两步然后伏地不动，公兔开始进行爬跨配种；如果母兔没有发情，则不接受公兔的爬跨。公兔的射精比较明显，一般公兔的尾跟抽动，然后不动，伴随公兔的一声尖叫，然后从母兔臀部滑落，表明射精结束。等过几秒，公兔会爬起来顿足，表示已经顺利地射精，把母兔抓出公兔笼，并在母兔臀部拍打几下，促使其肌肉收缩，防止精液流出体外，以增加受胎率。把交配完成的母兔放回原笼，并做好记录。

有时母兔已经发情，但不接受公兔的爬跨，可以在人工辅助下强制配种，主要操作步骤是配种员一手抓住母兔的耳朵和颈部的皮固定母兔，另一只手先托起母兔的腹部，再举起臀部，用食指和中指固定尾巴，露出阴门，让公兔爬跨交配，或者用绳子拴住母兔尾巴，一手抓住母兔耳朵和颈部皮，另一只手托起母兔的腹部，使臀部抬起并固定，迎合公兔交配。

（3）人工授精技术

人工授精是家兔配种的一种新技术。主要是通过采取公兔的精液，经过品质检查、稀释或保存等适当的处理，再用器械把精液适时地输入发情母兔的生殖道内，以代替公母兔直接交配而使其受孕的方法。人工授精可以充分利用优良种公兔的种用价值，提高精液的利用率及母兔的受胎率，有利于迅速改进兔群质量；以及减少疾病传播；同时，伴随着公兔配种能力的提高，可减少种公兔的饲养量，节省饲养成本，提高经济效益。人工授精技术从采精到输精，程序较多，技

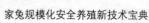

术复杂，要求严格，适合于饲养规模大、技术力量强、设施设备齐全的现代化养殖场采用。

家兔的人工授精技术的优点主要有以下五点：

① 有利于家兔种群质量提高　人工授精选用的是兔群最优秀的公兔参加配种，这样能充分发挥优良种公兔的作用，加快良种推广，防止兔群退化，保证兔群质量。人工授精是在严格的选种选配、有计划地繁殖基础上进行的，可避免家兔自由交配和无计划繁殖的缺点，有利于家兔的育种工作。

② 提高优良公兔的配种效率　采用自然交配法配种，一只公兔一次只能与一只发情母兔交配，兔群中的公母比例一般为（1∶8）～（1∶10），而用人工授精的方法配种，一只公兔一次采集的精液经稀释后可为 10～20 只母兔输精，一只公兔全年可负担 100 只以上母兔的配种任务。

③ 减少种公兔的饲养量和饲养成本　采用人工授精技术，不仅对兔场的改良发挥积极作用，而且减少了公兔的饲养数量，降低饲养成本，提高兔场的经济效益。

④ 减少疾病的传播　人工授精原则上是无菌操作，因而防止了一些由本交造成的在公、母兔之间乃至全群传播的疾病，尤其是通过交配传染的皮肤病和生殖器官疾病。

⑤ 有利于提高发情母兔的受胎率　精液采集之后要进行精液品质鉴定，凡不符合要求的精液一律不得输精，从而保证了每次为发情母兔输入所用精液的质量和配种受胎率，从而提高发情母兔的受胎率。

4. 配种注意事项

（1）选择最佳配种环境和配种时间

配种要尽量避开高温，因为母兔在 25℃ 以下环境中有较高的产仔数，最好在天气比较凉爽的时间进行配种，此时种公兔的精神状况较好，发情母兔受孕率较高。配种时要避开喂养时间，以免让公兔认为母兔是来与之抢食而无法进行交配。

（2）注意公母兔的比例以及合理的年龄选配

在一个繁殖季节里，1 只公兔可以与 8～10 只母兔进行配种，并能保持正常的体况、较高的性能力以及母兔高的受胎率。

年龄选配就是根据交配兔双方年龄而进行的选配。壮年的种兔性能力最强，老龄兔的种用性能随着年龄的增长而下降，而青年兔一般缺乏交配经验，故青年公、母兔相互交配的配怀率较低，所产仔兔也较弱小，成活率不高。实践证明，壮年公、母兔交配所生的后代生活力和生产性能表现最好。因此，在生产实践中，应尽量避免老年公兔与老年母兔或青年母兔相配，年龄过大的或未到初配年龄的青年兔则应禁止配种繁殖。一般情况下壮年公兔配壮年母兔、壮年公兔配老年母兔。

（3）注意适当的交配频率

公兔长期不配种，会使积存在附睾中的衰老或死亡精子增加，过度配种会使精子的生成跟不上，精液浓度低，未成熟或畸形精子增多。一般一只健壮而性欲好的公兔合理的配种次数是 1d 可以配 2 次，可以连配 2d 休息 1d。在特殊情况下，公兔可以连配数天，休息 1d。具体的配种强度应依据公兔的体况、性欲来实施，不要无计划地滥配，不然会影响公兔的身体健康和精液品质。

（4）母兔的重配

为了防止母兔的假妊娠以及确认母兔的怀孕，有时要对母兔进行复配。复配的方法有两种，一种是重复配种，在第一次配种后 6～8h 再用同一公兔重复配种。另一种是双重配种，在第一次配种后的 10min 再用另一只公兔来进行第二次的配种，这种方法只能限于商品兔生产，因为作种用时无法判断父亲的血缘。双重配种或重复配种可以提高母兔受孕率，并促使母兔多排卵、多怀胎。

（5）防止粗暴或惊扰

家兔生性胆怯，对一切惊扰的应激反应大于其他家畜。管理粗暴和严重惊扰往往是流产和死胎的主要原因，所以避免惊扰母兔，平时捉兔或进行检胎时也应特别小心。

四、家兔的受精、妊娠、分娩与接产

1. 家兔的受精

发情母兔接受交配刺激后 10～12h 排卵，排出的卵子经 8min 到达受精部位输卵管壶腹部与峡部结合处，遇到获能的精子即发生受精过程形成合子。合子形成后立即进行分裂，第一次分裂是在交配后的21～25h发生，之后在输卵管内继续卵裂发育到桑椹胚，在输卵管的蠕动和激素的作用下，使受精卵到达子宫，在子宫内形成胚盘且进行附植。附植指受精卵在子宫内形成胎盘并吸附在子宫内。附植时间是在交配后的7～7.5d，胚泡均匀分布于2个子宫内，家兔胚胎附植的时间给摸胎提供了理论依据。

2. 家兔的妊娠

精子和卵子结合形成受精卵，受精卵在母兔子宫内逐渐发育成胎儿，胎儿发育至产前所经历的一系列复杂生理过程称为妊娠。完成这个发育过程的整个时期就是妊娠期。家兔的妊娠期一般是30～31d，变动范围是28～34d。妊娠期的长短与品种、年龄、胎儿数量、营养水平、环境等有关。大型品种比小型品种的怀孕期更长；老年兔比幼年兔妊娠期长；胎儿数量少的比数量多的妊娠期长；营养水平高的比营养水平差的怀孕期长。正常情况下，95％以上的孕兔能够如期产仔，延迟2～3d分娩的仔兔能正常成活和发育，而提前2～3d分娩的仔兔死亡率很高。

鉴定母兔在配种以后是否受胎的技术称为妊娠检查技术。妊娠检查是保证家兔高繁殖率的重要环节。母兔在配种后，应尽快对其进行妊娠检查，以便对兔进行分类管理，并对未孕母兔给予及时配种。妊娠检查技术主要有以下几种方法：

①外观法　母兔妊娠后可见其采食量增加，配种后15d左右，妊娠兔体型明显增大，毛色光润，腹围增大，下腹突出。

②试情法　又称复配法，即在母兔配种后5～7d，将母兔放在公兔笼中，如接受交配便认为空怀，如拒绝交配便认为已孕。试情法有一定的误差，因为如果母兔交配后未孕，5～7d也不一定发情，而且已经怀孕的母兔还有可能接受交配。怀孕的母兔在与公兔接触时，可能发生咬斗现象。

③放射免疫诊断法　此法适用于早期妊娠诊断。据测定，母兔发情期孕酮水平是每毫升血清中0.8～1.5ng，配种后第5d未孕的为2ng，而怀孕的高达7ng。用此法在配种后4～5d即可确诊妊娠与否。

④称重法　即在母兔配种之前和配种12d之后分别称重，看两

次体重的差异。由于胎儿在前期增长很慢，胎儿及子宫增加的总重量不大，母兔采食多少所增减的重量远比母兔妊娠前期的实际增重大，因此称重法很难确定是否妊娠。

⑤ 摸胎法 是利用手指隔着母兔腹壁触摸胚胎诊断妊娠的方法。一般从母兔配种后 8～10d 开始，最好在早晨饲喂前空腹进行。将母兔放在一个平面上，左手抓住耳朵及颈皮，使之安静，兔头朝向操作者。右手的大拇指与其他四指分开呈"八"字形，手心向上，伸到母兔后腹部触摸，未孕的母兔后腹部柔软，怀孕母兔可触摸到似肉球样、可滑动的、花生米大小的胚泡。摸胎法的准确率高，且简单易行，是妊娠检查最常用的方法。

摸胎时应注意以下问题：

a. 8～10d 的胚泡大小和形状易与粪球混淆，应注意区分。粪球表面硬而粗糙，无弹性，无肉球样感觉，分散面较大，并与直肠宿粪相接，不随妊娠时间的长短而变化。

b. 妊娠时间不同，胚泡的大小、形态和位置不一样。妊娠 8～10d，胚泡呈圆形，似花生米大小，弹性较强，在腹后中上部，位置较集中；13～15d，胚泡仍是圆形，似小枣大小，弹性强，位于腹后中部；18～20d，胚泡呈椭圆形，似小核桃大小，弹性变弱，位于腹中部；22～23d，呈长条形，可触到胎儿较硬的头骨，位于腹中下部，范围扩大；28～30d，胎儿的头体分明，长 6～7cm，充满整个腹腔。

c. 不同胎次，胚泡也不相同。一般初产兔胚泡稍小，位置靠后上；经产兔胚泡稍大，位置靠下；大型兔胚泡较大，中小型兔胚泡小些，而且腹壁较紧，不宜触摸，应特别注意。

d. 注意与子宫瘤和肾脏的区别。子宫瘤虽有弹性，但增长速度慢，一般为 1 个，当肿瘤多个时，大小一般相差悬殊，与胚胎不一样。大型兔，特别是膘情较差时，肾脏周围的脂肪少，肾脏下垂，初学者易误将肾脏与 18～20d 的胚胎混淆。

e. 摸胎最好空腹进行。将兔放在一个平面上，平面不要光滑，也不应有锐物。应在兔安静状态下进行。一旦确定妊娠，便按妊娠兔管理，不宜轻易捕捉或摸胎。

发情母兔往往会出现假妊娠的现象，主要表现为发情母兔排卵而

未受精，产生假妊娠的原因主要是公兔无效交配（不射精）或母兔相互爬跨而引起的。家兔是刺激性排卵动物，在母兔发情时受到相应刺激后即可排卵。排卵后由于黄体存在，继续分泌孕酮，使乳腺激活，子宫增大。经过16～17d，由于没有胎盘，加之黄体消失，孕酮分泌减少，从而中止假妊娠。在此期间，母兔拒绝配种，到假妊娠末期，母兔表现出临产行为，衔草做窝，拉毛营巢，乳腺发育并分泌少量乳汁。对于这种现象可以采用重复配种的方法防止假妊娠，若早期发现假妊娠，可注射前列腺素消除黄体，使母兔再次发情，再配种。

3. 家兔的分娩与接产

（1）家兔的分娩、接产

胎儿在母体内发育成熟后，伴随着胎儿附属物一起从母体内排出体外的过程，就是分娩。母兔的分娩一般只需要20～30min，有的可达1h。

分娩前的准备：当母兔怀孕27d时，将洗净消毒过的产箱放入笼中，箱内铺垫清洁的干青草。垫干青草的数量夏季可少一点，冬季要占产箱容量的1/2，并把箱的四个角垫实，中间形成一个直径20cm大小的圆窝。一些母兔在产前，把产箱内的草衔出来再衔入，有时可把草衔落在笼底下，越衔越少，要及时增添。一部分母兔在分娩前2～3d采食量下降，应减少精饲料的给量，多喂青绿饲料。在母兔产前3d，每天喂磺胺嘧啶1片，连喂7d，可预防母兔产后乳房炎和仔兔脓毒败血症及急性腹泻的发生。

母兔在临产前，阴部红肿，乳房肿胀，能挤出乳汁，腹部疼痛，焦急不安，拒绝采食。多数母兔在产前8～12h拉出黑色糊状粪便。在分娩前，母兔会将腹部、胸部及乳房周围的毛用嘴拉掉衔入箱内铺好，作为产褥，供给仔兔保暖。但也有个别母兔产前不拉毛（母兔怀孕后会拔下自己的毛和草混在一起筑窝，此拔毛行为称为拉毛）营巢，产后人工将母兔腹下、特别是奶头周围的毛拔掉，以启发母兔拉毛行为，刺激母兔泌乳且便于仔兔吃奶。在产前拉毛多、拉毛好的母兔，其泌乳量大，母性强，哺育仔兔能力好。在正常情况下，母兔拉毛后，卧在窝内暖巢待产。

母兔有在夜间弱光下产仔的习惯，分娩时要减弱笼内光线，并要保持安静，不能惊扰，一旦受惊，会延长产程或造成难产。分娩开始，母兔背部隆起，口舔阴部，并发出低微的咕咕声，仔兔的娩出次序是先产后肢，连同胎盘和胎衣一同娩出。体质强壮的仔兔一经娩出即把胎衣撑破，母兔一边产仔，一边食胎衣和胎盘，并咬断仔兔脐带，同时舔干仔兔身上的血迹和羊水。仔兔脱离胎衣和胎盘，即寻找乳头吃奶。母兔将仔兔产完后跳出产箱饮水，此时可喂给事先准备好的红糖水或淡盐水，并喂给青草。

在正常情况下，20min即分娩完毕。待母兔跳出产箱后，要马上将产箱拿出进行整理，清除污毛、血毛、死胎和胎盘，清点仔兔头数。多数母兔在分娩时，将胎衣和胎盘全部吃掉，但也有个别母兔不吃或吃不完，要洗净让母兔再吃。因为胎盘含有胎盘球蛋白、胎盘组织液等多种营养，是分娩母兔最好的补养品。此外，胎盘还有催奶和催情的作用。

凡遇到母兔产前异常，如出血较多或有难产状如乏力、气喘而未见产出者；产出的仔兔不正常如有死胎、腐烂胎，又隔较长时间不续产者；超出妊娠期34d者，均可肌内注射催产素（缩宫素）0.3～0.4mL，经2～15min母兔就会表现出临产症状，很快将胎儿产出。但要注意用催产素催产的母兔不同于正常分娩，母兔产仔后往往不去撕破胎膜，多造成仔兔窒息性假死，需人工帮助撕破胎膜，立即擦去仔兔嘴内黏液，并用手指轻轻压迫仔兔喉头数次，使其引起咳嗽反射，直到发出"咯咯"叫声为止，然后迅速放入产箱内保暖。

（2）家兔的产后护理

产后及时清除死胎、污毛以及吃剩下的胎盘和污物，重建暖窝。方法是在产箱底部铺一层稻草，两头高，中间凹，呈锅底状。其上铺一层母兔拔下来的劣质兔绒毛，再将仔兔放在上面，然后再盖一层蓬松干净的短绒毛。冬季多盖，夏季少盖或不盖。如果另有产仔箱，则将仔兔单独放在产箱内，等到哺乳时将母兔捉到产箱内即可。

当母兔产完仔，在饮水吃饱食后，要立即让母兔对仔兔进行哺乳。哺乳完毕后要立即检查所有仔兔是否吃饱。吃饱的仔兔皮肤发红，腹围发鼓，也可以数一下被吃过的潮湿的乳房数与仔兔数是否一致。对未进食的仔兔应进行人工辅助哺乳，方法是将母兔捉住仰卧在

作用。

（2）注射促排卵2号（LRH-A），然后再进行人工授精。

每只母兔视其体重耳静脉注射 $5\sim10\mu g$ 促排卵2号（使其溶于 $0.2mL$ 生理盐水中），同时进行人工授精。促排卵2号是丘脑下部分泌的促性腺激素释放激素（GnRH）的异构物，能促使分泌促黄体素（LH）和促卵泡素（FSH），能够促进家兔卵泡发育排卵，形成黄体，促进黄体分泌孕酮。

对已经处于发情盛期的母兔注射促排卵2号要比对未发情母兔的注射效果提高1倍；激素的用量不能够随意地改变增加；促排卵2号一般无毒副作用，但是试验表明，如果连用8次，受胎率与产仔率明显下降；季节对激素使用的效果有影响，春季时使用效果最佳。

（3）母兔或母兔分娩后24h，经人工授精或自然交配，立即注射瑞塞脱 $0.2mL/$ 只。瑞塞脱在兔体应用能诱发较高水平促黄体素，尤其是较高促卵泡素的释放，促进母兔卵巢卵泡的成熟和排卵。它的活性高，使用剂量低，无抗原性，重复投药不会降低活性。

已有研究报道指出对氯前列烯醇、孕马血清、促排3号分别对獭兔同期发情的试验效果进行研究，研究结果表明三种激素对母兔均有促发情效果，但氯前列烯醇在 $1\sim6h$ 内引起 96.7% 的母兔发情，与另外两种激素在 $1\sim6h$ 的发情率方面存在显著差异（ $P<0.05$ ），表明氯前列烯醇在引起母兔集中发情方面要好于另外两种激素，这就使饲养者更加便于管理，同时减少了配种的等待时间；分娩率方面，三种激素分别为 80% 、 73.3% 、 83.3% ，促排3号的效果最佳；通过注射激素缩短了发情时间，氯前列烯醇溶解黄体，孕酮浓度急剧下降；孕马血清具有促卵泡素（FSH）的双重活性，可以有效地促进卵泡发育，诱导母兔同期发情也有较好效果，但孕马血清属大分子物质，长期使用会造成母兔的免疫反应，连续注射4次后，其效果就会逐渐下降；促排3号主要是通过促进母兔排卵的方式来提高同期发情的受孕率。通过激素诱导母兔同期发情，在经过 $1\sim2$ 次成功诱导后，若母兔自身繁殖周期固定且具有较高繁殖量时可不再依赖激素进行诱导，停止使用激素催情，一方面可减少药物本身对家兔的伤害，同时可降低养殖成本、减少劳动力投入。

2. 人工授精技术

人工授精技术是家兔繁殖、品种改良工作中最经济最科学的方法。人工授精是使用特制的采精器将优秀种公兔的精液采集出来，经过精液品质检查评定合格后，再按一定的比例用稀释液稀释，再人工输入到发情母兔生殖道内，代替自然交配。

人工授精技术的优越性能最大限度地提高良种公兔的繁殖性能和种用价值。家兔本交时射一次精只能配一只母兔。人工授精射一次精可以配种 6～8 只母兔，大大地提高了繁殖的效率，加快品种改良速度，促进育种进程的向前发展。人工授精可以减少公兔的饲养量，减少公兔的饲养成本。由于需要预先检查精液的品质，保证了最低活精子数，而且输精的时候需要消毒，避免了交配时的各种污染问题，所以能够提高受胎率和产仔数，同时也避免了疾病的传染。

家兔的人工授精包括采精前的准备、精液的品质检验、稀释、分装、保存和输精。

（1）采精前的准备

① 采精器械的清洗与消毒　假阴道、输精器、集精杯等凡是在采精时用到的器械一律都要灭菌消毒，先用洗洁精清洗，最后用清水冲洗干净，最后，玻璃器械可以用高压蒸汽消毒，橡胶制品用酒精棉球擦拭消毒，金属器械用新洁尔灭水浸泡消毒，其他用高压蒸汽消毒。

② 假阴道的安装　家兔的假阴道由外壳、内胆和集精管三部分组成，外壳用聚丙烯塑料筒或橡胶管，长 6～10cm，内径 3～4cm，外壳中间钻一个小孔，以便于灌水和充气。内胎要用橡胶材质的，内胎要比外胎稍长一些，以便于翻到外胎上边。集精管可以用小管或小药瓶替代。首先将消毒的内胎放入到外壳中，展开，两端翻回套在外壳的两端，并加胶圈固定，以防漏水或滑脱。集精杯两层中间加30℃的温水保温，然后安装在假阴道的一端固定，并消毒。采精前详细检查采精器各个部位，防止有破损处。由假阴道注 45℃热水 40mL左右。注水孔用胶圈封固，严防温水外溢，然后再测温度和压力。公兔精液的适宜采取温度是 40～42℃，压力以内胎外口呈三角形并略有缝隙为宜，然后涂润滑剂，准备好便可采精。

（2）采精过程

采精时，采精用的台兔一般用发情母兔就可以，公兔要经过训练，训练时必须注意要预先将公、母兔隔离，先用母兔调情。采精时，一手抓住母兔的双耳和颈部皮毛，保定母兔，另一只手持假阴道伸入母兔腹下，假阴道开口端紧贴于母兔的阴户，使假阴道与水平呈30°角。当公兔开始爬跨母兔，阴茎挺起时，把它插入假阴道内，当公兔的臀部开始抽动，说明正在射精，射精结束将假阴道抽出来，取下集精杯，把公、母兔放回笼内。公兔的采精次数每周以 2～3 次为宜，每周采精次数过多精液的品质容易下降。

采精操作有三种情况可供参考。

① 手套兔皮作为台兔采精　采精者将经处理过的兔皮套在手背或手臂上，手握假阴道伸入公兔笼内，待公兔爬跨时，调整假阴道的位置和角度即可获得成功。

② 用母兔作为台兔采精　采精者一手抓住母兔双耳和颈部皮毛，另一只手持假阴道伸入母兔腹下，假阴道开口端紧贴于母兔外阴部的下方，集精管端稍高。当公兔爬至母兔背上时，假阴道对准阴茎伸出的方向，在公兔阴茎反复抽动时，采精者应及时调整假阴道的位置和角度。公兔射精后应立即将假阴道开口端抬高，防止精液倒流，取下集精管，送至人工授精室待检。

③ 假台兔采精法　模仿母兔后躯外形与生殖道位置，制作假台兔，用木板和竹条做成支架，蒙上一张兔皮即可。采精时，将准备好的假阴道装于台兔腹内，将台兔放入公兔笼内让公兔爬跨，性欲旺盛或经过训练的公兔会很快射精。此法简便，相当于自然交配的姿势。

以上三种采精操作，以第二种较为自然，其他两种虽然简便，但难以奏效，除非对采精用的公兔进行过训练。

（3）精液的品质检查

精液的品质检查主要有以下几种方法来进行测定：

① 颜色和气味　兔的精液一般呈乳白色，混浊而不透明。精子密度越大，色越白。如果精液颜色发黄，可能混有尿液。发红可能混有血液，考虑是生殖道发生炎症。正常的精液略带腥味，无臭味。

② 射精量　射精量是指公兔一次射出的精液数量，家兔射精量与品种有关，正常公兔每次射精量 0.5～2.5mL，每毫升含精子 1.5 亿～5.6 亿个。

③ pH 检查　正常的精液 pH 值接近中性，范围在 6.8～7.5 之间。如果 pH 变化过大，表示公兔生殖道可能有某种疾患，其精液不能用于输精。

④ 精子的密度　确定精液稀释倍数的主要依据就是精子密度。测定方法有计数法和估测法两种。计数法即用血细胞计算板精确算出单位体积精液中精子数量的方法。估测法是直接在显微镜下观察精子的稠密程度，分为密、中、稀三个等级。用于输精的精子密度必须在中级以上。视野下精子之间几乎无任何间隙，为"密"，这种精液浓度每毫升有精子 10 亿个以上；如果精子之间有容纳 1 个精子的空隙者，为"中"，这种精液浓度每毫升含有 5 亿～10 亿个精子；精子间距超过 2 个及以上精子长度，为"稀"，这种精液的精子数在每毫升 5 亿个以下。

⑤ 精子的活力　是指精液中呈直线前进运动精子的百分率，是评定精液优劣的重要指标，它与母兔的受胎率密切相关。精液在刚采出、稀释后、保存或冷冻、解冻后都必须进行活力检查。

活力检查通常采用在显微镜下放大 200～400 倍对精液样品进行评定。检查时，取一小滴精液放在玻片上，然后盖上盖玻片，在显微镜下看其中直线前进运动精子的百分率。一般采用十级制评分法，即 100% 呈直线运动的为 1.0，90% 呈直线运动的为 0.9 等，以此类推分为 10 个等级，若无前进运动精子，则用"0"表示。

⑥ 精子的畸形率　是指在公兔精液中畸形精子占总精子的比例。精子畸形率高低直接影响母兔的受胎率。正常精液中畸形精子数应低于 20%。畸形精子主要有：双头、双尾、大头、小尾、无头、无尾、尾部蜷曲等。先将几滴精液做成抹片，进行染色和固定后放到 400～600 倍的显微镜下观察，观察视野中的畸形精子占精子总数的比例。

由于精子的活力受温度的影响很大，温度过高（40℃以上）时精子会异常活跃，但很快死亡；温度过低（在 20℃以下），精子的活力看起来很差，只是摇摇摆摆，不能真实地表示其活力。只有在37～38℃环境条件下进行活力检查，才能表示精子真正的活力。目前，有条件的可采用有恒温载物台的显微镜检查活力。如若无恒温载物台显微镜，则可做一个保温箱，将显微镜置于其内，用电灯泡控制、调节保温箱内的温度。

（4）精液的稀释

家兔精液的密度很大，平均每毫升精液中含有2亿～5亿个精子。精液的稀释能够增加受精母兔的数量，充分发挥优良种公兔的效用价值，常用的稀释液主要有柠檬酸钠葡萄糖稀释液、蔗糖卵黄稀释液、葡萄糖卵黄稀释液。

稀释液的配制如下：

柠檬酸钠葡萄糖稀释液：柠檬酸钠0.38g，无水葡萄糖4.54g，卵黄1～3mL，青霉素、链霉素各100000IU，蒸馏水加至100mL。

蔗糖卵黄稀释液：蔗糖11g，卵黄1～3mL，青霉素、链霉素各100000IU，蒸馏水加至100mL。

葡萄糖卵黄稀释液：无水葡萄糖7.5g，卵黄1～3mL，青霉素、链霉素各100000IU，蒸馏水加至100mL。

配制稀释液时用具要清洁、干燥，事先要消毒，蒸馏水、鸡蛋要新鲜，所用药品应纯净可靠，药品称量要准确。药品溶解后过滤，隔水煮沸15～20min。稀释液和精液要在等温时进行稀释。稀释液要缓慢地沿容器壁倒入盛有精液的容器中，不能反向，否则会影响精子的存活。需高倍（5倍以上）稀释。

（5）输精

把消毒好的输精器，先用6％的30℃葡萄糖液冲洗2～3次，然后按输精剂量吸取精液。为了防止精液在输精胶管中滞留，可在注射器内先吸入一部分空气，用空气把胶管中的精液全部推送入阴道中。操作时，先把母兔保定好，呈自然站立姿势或仰卧姿势，用冲洗液冲洗外阴部。此后助手将母兔臀部抬高一些，操作者左手分开母兔阴唇，右手持输精器，将胶管缓缓插入阴道，插入7～8cm深时，来回抽动数次，以刺激母兔阴道，然后将精液迅速注入。拔出输精管后，轻轻拍击母兔臀部，防止精液倒流。

家兔规模化安全养殖新技术宝典

家兔本交时精液排放在阴道前庭的后部或与阴道的交界处。所以，人工授精时一般要求输精深度为 8cm。插入过深没有必要，而且也有操作上的实际困难，因为家兔后躯呈自然弯曲状，其阴道也随之弯曲，不太容易插入过深。

输精注意事项：输精时严格消毒，无菌操作。在吸取精液前，先用稀释液或冲洗液冲洗输精器 2～3 次。为一只母兔输精后，应更换输精胶管为另一只母兔输精。母兔外阴部要冲洗干净，防止带入污物。输精部位要准确。输精管插入时要沿阴道背侧，以免插入尿道中。对于未用完的精液应妥善保存。现采现用时要保存在 30℃左右环境中，1h 内用完；若保存 4～8h，可保存在 15～20℃的环境中；若保存 3～4d，可使环境温度缓慢降至 0～5℃，在此温度下保存。

3. 胚胎移植技术

胚胎移植技术又称受精卵移植或合子移植，是将一只良种母兔配种受精后最初几天的早期胚胎取出，然后移植到另一只生理状态基本相同的母兔体内，使之继续发育为新个体的一种先进的繁殖技术。胚胎移植中，提供胚胎的母兔叫"供体"，接受胚胎的母兔叫"受体"。胚胎移植最早在兔上研究，1890 年英国人 Heape，他从一只安哥拉母兔体内采取 4 细胞胚胎 2 枚，移植到比利时母兔的输卵管内，生出了仔兔，由此揭开了胚胎移植的序幕。

家兔的胚胎移植技术有以下几个步骤：

（1）供体和受体的选择

供体选择优良纯种的健康无病、发育正常、营养较好的成年母兔作供体。选择健康无病、性欲旺盛、生殖器官发育良好的成年公兔作种公兔。受体选择健康无病、生殖器官正常、母性好、泌乳性能好、体格较大、营养较好的本地成年母兔作受体。

（2）供、受体的同期化处理

对供体和受体作发情同期化处理，促卵泡激素（FSH）每天上午 8：00 和下午 5：00 两次皮下注射，连续 3d。氯前列烯醇（PG-CL）超排处理，第一天上午 8：00 注射 20μg；第四天上午 8：00 交配，同时耳静脉注射人绒毛膜促性腺激素（HCG）100IU。

60

（3）胚胎的收集

在配种或人工授精的第 4d 左右，用专门的胚胎冲洗液将胚胎从供体母兔生殖道冲出，收集于器皿中待检。冲洗时间不宜过早或过迟，过早尚未开始卵裂，冲出后难以判断是否受精；过迟则胚胎结束了游离状态，开始和母体生殖系统的组织建立联系，就难以冲出。

（4）胚胎的检查

将收集到的冲洗液置于显微镜下放大 10～20 倍作初步检查，再放大 50～100 倍观察各卵子是否受精及判断受精卵的发育阶段。之后，将发育正常的受精卵收集到注射器或专用的移植吸管中备用。评定胚胎是否为发育正常的可用胚，可用胚的形态为圆形、透明带完整、胚胎发育与配种后天数一致、卵裂球大小、色泽均匀一致、紧凑、整个胚胎透明清晰、无暗点。不可用胚为细胞分裂与胚胎发育天数不一致，或者细胞团内分裂球大小、色泽及致密度不一致，或有脱离的散在分裂球等。

（5）胚胎的移植

获得发育正常的胚胎后，立即植入受体。常规剪毛消毒后，在受体母兔腹中线下 1/3 切一小口，牵引出卵巢、输卵管或子宫角。先观察卵巢，将可用桑椹胚或早期囊胚移入子宫内，先用粗针头在子宫角中部大弯处扎一小口，然后用吸卵针沿此小口将胚胎注入。左右子宫各移植数枚胚胎。移植完毕后，分别缝合腹膜、肌肉、皮肤，常规消毒处理，肌内注射青霉素和链霉素各 200000IU。

（6）供体受胎的术后观察

术后对供、受体兔连续 3d 注射抗生素防止感染。观察供、受体兔精神状态和健康状况。

4. 精液冷冻技术

兔精液冷冻技术是指利用干冰（－79℃）、液氮（－196℃）等作为冷却源，将精液经过特殊处理后保存在超低温的液氮状态下，达到长期保存精液的目的，一旦需要便可解冻用于输精。兔的人工授精只是使用鲜精或是低温短期储存的精子，这就限制了优秀公兔精液的使用率。精液冷冻技术的应用，则大大提高了优秀公兔精液的使用率。

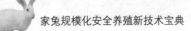

（1）稀释剂和抗冻剂

稀释液是精子的保护剂，对精液冷冻效果起到了决定性作用。稀释剂的要求包括 pH 值、缓冲性、渗透压和低温保护性能。Tris、磷酸二氢钾和柠檬酸等缓冲物质用以保持精液细胞内外 pH 值平衡，是很多稀释剂的主要成分。

一般来说甘油是很好的抗冻剂，在大多数动物的精子冷冻中发挥了很好的低温保护作用，但是实验证明甘油对家兔精子冷冻的保护效果不是很好。研究表明，乙酰胺作为抗冻剂的效果好于甘油或者是DMSO，添加卵黄或脱脂牛奶的稀释液比用 DMSO 代替的稀释液的效果好。卵黄是一种渗透性缓冲剂，可以使精子耐受低渗和高渗，其浓度变化从 10%～20%。脱脂牛奶（终浓度 8%～10%）也被用在一些家兔精液的冷冻保存，研究发现脱脂牛奶的抗冻效果低于卵黄。

抗生素在精液冷冻中应用较多。在家兔精液采集和操作过程中，不可避免地带入细菌等污染物，在体外保存的时间越长，微生物就会过度繁殖造成精子大量死亡。抗生素如青霉素、链霉素等主要抑制病原微生物对精子的危害，但是抗生素同时会改变形成结晶的温度和冰晶的数量。

（2）冷冻程序与解冻

家兔精液在室温下与含有卵黄或脱脂牛奶的稀释剂按一定比例稀释（从 1∶10 到 1∶1）或固定的精子浓度（100×10^6 个/mL，75×10^6 个/mL，60×10^6 个/mL，20×10^6 个/mL 或 2×10^6 个/mL）进行混合稀释。如果使用的是 DMSO 或乙酰胺作为单抗冻剂，就直接把冷却好的精液进行冷冻即可。如果抗冻剂中有甘油，则需在 5℃ 时加入甘油，然后进行平衡，平衡之后的精液再进行冷冻。精液包装好后，先在液氮蒸汽中进行冷冻，然后再放入到液氮罐中，它们通常冷冻在液氮中，离液氮水面 2～10cm 储存。

家兔精液冷冻技术尚处在试验阶段，主要原因是用冷冻精液做人工授精得不到与新鲜精液相当的受胎率和产仔数而难以推广应用。所以必须加强精液冷冻各环节的管理，选择优秀品系的家兔来进行采精，冷冻效果的评定须建立在体内受胎率的基础上，降低输精剂量，提高每只公兔可以提供的总剂量。如果这些因素能实现，家兔的精液冷冻技术是一个可以推广且有前景的技术。

5. 人工催情技术

在实际生产中，有些母兔长期不发情。为使母兔发情配种，提高繁殖效率，除改善饲养管理外，可采取人工催情。

主要的催情方法有激素催情、物理刺激催情、药物催情、性引诱催情。

（1）激素催情

现在生产上常用的激素有促卵泡素、孕马血清促性腺激素、促黄体生成素、黄体生成素释放激素、人绒毛膜促性腺激素等。

① 促卵泡素　促卵泡素能促进母兔卵巢上的卵泡发育成熟，成熟的卵泡分泌雌激素，引起母兔发情，但没有促使排卵和形成黄体的作用。

② 孕马血清促性腺激素　存在于妊娠 $50\sim60d$ 的孕马血液中。可自制，即从颈静脉采血后，在 $38℃$ 条件下，静置两个小时左右，即可析出血清。对卵泡具有强烈的发育作用，略有黄体形成作用。大型兔肌内注射 $100IU$、小型兔 $30\sim50IU$，注射后 $2\sim3d$ 即可发情配种。

③ 促黄体生成素或排卵素　能使成熟的卵泡排卵，卵巢形成黄体。每只每次 $20IU$，或静脉注射 $60IU$ 即可。

④ 黄体生成素释放激素　又称排卵素释放因子，能使脑垂体前叶分泌排卵素而使母兔排卵，没有使卵泡发育的作用。每头静脉注射 $5\mu g$。

⑤ 人绒毛膜促性腺激素　具有诱发排卵作用，而无使卵泡发育作用。肌内或静脉注射 $60IU$ 即可。

（2）物理刺激催情，主要包括拍阴催情和按摩催情。

① 拍阴催情　在交配前，用左手提起母兔的尾巴，右手以快速的频率拍击阴部，到母兔自愿举臀时即可将其放入公兔笼内交配。

② 按摩催情　先将母兔抱住，抚摸几遍使之安静。再用手指轻柔地摩擦其阴部 $1\sim2min$，当外阴部出现发情表现即可交配。

（3）药物催情

在母兔外阴部涂擦 2% 的稀碘酊，可以刺激发情。维生素 E $1\sim2$

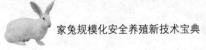

丸，连续服用 3～5d。中药"催情散"，每天 3～5g，连续 3～5d。中药淫羊藿，每天 5～10g，连续 5d。

（4）挑逗催情

将不发情的母兔放入公兔笼内，先让公兔与其追逐、挑逗，然后将母兔送回原笼。经过 8～10h 后，母兔出现发情表现即可交配。一般是早上催情，傍晚交配。

（5）断乳催情

家兔的泌乳可以抑制卵泡的发育。提前断奶，可使母兔提前发情。对于产仔数少的母兔可以合并仔兔，使母兔提前配种。

6.人工控制分娩技术

由于家兔胆小怕惊，产仔一般都在夜间且在后半夜居多，这给家兔接产和护理工作带来了许多不便，仔兔容易死亡。为了提高工作效率，减少仔兔的死亡，可用人为干预的方法对预产兔分娩的时间进行控制。采用调整配种时间的方法来控制母兔的分娩时间，可以安排母兔在清晨或上午 10：00 配种，则母兔分娩时间多在白天。

采用注射催产素的方法来控制母兔的分娩时间。对妊娠期已满，且有拉毛、叼草做窝等临产征候十分明显的预产兔，若想让其即刻产仔，可肌内注射催产素 0.6mL，一般情况下注射 10min 后，母兔即可生产。注射脑垂体后叶激素也有同样的催产作用。

采用其他母兔所生的仔兔吮乳的办法诱导母兔分娩。诱导前先把母兔腹毛拔掉，再用热毛巾热敷腹部几分钟，随后将其他母兔生后不久的仔兔放入预产母兔窝内，用人工辅助的方法让仔兔吸吮母兔奶头 2～3min，多数母兔在吸吮后 10～15min 即可分娩。

第三章 家兔兔场设计与环境安全控制新技术

第一节 兔场设计新技术

兔场规划的合理性与企业（场、户）今后的经营管理密切相关，是投资家兔养殖需要考虑的重要问题，具体内容包括经营者总体投资计划、建场地点的自然环境与社会环境、当地政府规划、家兔自身的生物学特性等方面。当前新型养殖模式众多，总体目的是以最少的资金投入获取最大的经济效益、社会效益和生态效益。本节将介绍我国当前主流的兔场规划设计，并就出现的问题提出改进意见。

一、兔场规划原则及要点

为了有效组织家兔生产，应根据家兔的生物学特性和兔场的发展规划，本着勤俭节约的精神，进行兔场场址的选择，科学建造与合理布局建筑物，科学选用设备，合理利用自然和社会经济条件，保证良好的环境，提高劳动生产率。

1. 饲养品种

国内家兔的饲养品种大宗分类主要为三种，即肉用品种、毛用品

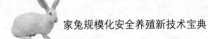

种和皮用品种。养殖企业应结合当地区域规划、资源条件和各类兔的生产性能特点，进行合理评估，筛选出合适的饲养品种，再根据自身的发展定位、市场环境等决定所养家兔品种。不同的品种规划在养殖场的设计方面有所差异。如毛用兔较其他两类更易发生皮肤病，环境控制需要更加严格；兔品种个体偏大的，则需要较大的单笼饲养面积；肉用兔的单只饲养收益较低，需要薄利多销，因此需增大饲养密度。作为投资者要综合考虑各方面因素，确定最佳养殖品种。

2. 饲养规模

饲养家兔品种确定之后，需要考虑适合投资者的生产规模，主要取决于养殖者的投资计划、疾病防控能力及当地的环境承载力，一般遵循的原则是"先做好、再做大"，通过良好循环逐步增大生产能力。同时要定位发展种兔场、繁殖场还是育肥兔场。生产规模的定位需要因地制宜、综合考虑，根据市场行情、兔场配套设施、饲料供应量及环境承载能力等因素综合确定。能获得最佳经济效益的规模，便是家兔商品生产的适宜规模。

3. 饲养模式

近年来我国主流养殖场的饲养模式发生了较大变化。先前以农户少量散养为主的饲养模式逐渐向半集约化和集约化生产模式转变，小规模家兔养殖场的数量骤减，主要原因是近年来兔商品的市场行情波动较大，其规律不易被一般养殖户掌握，规模较大的养殖场有较强的抗风险能力，并且其整体规划意识较强，能适时调节饲养模式及规模，而农户或小养殖场，抗压能力较弱，很容易在低谷时难以维持。

（1）传统模式

传统养殖模式的特点是规模化程度低，养殖设备及生产厂房较简陋，完全或大部分依靠人工操作，所投喂的主要是自产粗饲料或单一饲料原料，劳动投入较大，生产力水平较低，效益不高。

（2）半集约化模式

半集约化模式养殖场内环境部分可控，采用半自动化的生产模式，全价料饲喂，投资者具有一定的抗风险能力，养殖人员具有一定的养殖技术，生产水平较高，一般中型规模兔场采用该规模较多。

（3）集约化模式

集约化养殖模式，要求投资者具有雄厚的资金支持，科学的饲养方法，齐全、先进的设备，机械化程度高，自动化系统完善，生产力水平较高，所产出的产品质量较好。当前集约化的养殖模式还充分考虑了动物福利，一般该生产模式下家兔的生存质量也很高。集约化生产方式利于统一繁殖、统一供料、统一饲养、统一防疫、统一上市、便于统一管理和控制产品质量和安全，但该模式前期投入较高，是当前我国鼓励发展的生产模式。

4. 生产流程

生产工艺的选择决定所建设兔场的经济效益和生产效率。当前我国大部分家兔养殖场采用的是引种后自繁自养的生产模式，其工作内容包括种公兔群的饲养管理，母兔群的繁殖、配种、分娩、仔兔群及幼兔群的饲养管理等多方面。因此，以该种生产工艺进行生产的兔场需要建设具有不同功能的兔舍，从而进行分区饲养。

二、兔场建设

1. 场址选择

（1）用地面积、地势及地形

① 用地面积　兔场的具体占地面积要根据采取的经营方式、生产特点而定，是否在传统养殖区域之外规划牧草种植区等都需要统筹设计，参照农业农村部《种兔场建设标准》（NY/T 2774—2015）和四川省农业农村厅《肉兔商品场建设规范》（DB51/T 1490—2020），一只基础母兔及其仔兔约占建筑面积 $0.6m^2$，一般建筑系数按 15%计算，所以一只基础母兔规划占地 5～6 m^2。在规划完成后应及时向有关管理部门提出用地申请，获批后才可开展建设。

② 地势及地形　选择场址时，兔舍应选择干燥、平坦、背风向阳（保证光照、避免冷风侵袭）、下雨不积水、排水良好的位置，如整体地面存在 1%～3%的自然坡度更佳，切不可建在地势低洼或者山坳处，空气污浊、流通不畅容易引发群体性疾病。兔场周围环境应较为安静，尽可能靠近用品采购和产品销售市场，但不可太靠近公路、铁路和屠宰场，相距至少要 200m 及以上。生产场舍必须建在居

民点的下风向，舍门朝向南或东南。场址周围允许种植灌木和绿植，并应具有一定面积。整体设计应规则、紧凑，从而减少道路、管道和线路的长度，便于管理。

③ 地面　保证表面坚固致密、平坦但不光滑，抗机械能力强，耐消毒液腐蚀，耐雨水冲刷，易清扫和消毒，尤其在兔舍内部地面必须保温、隔潮。

（2）水源水质

因为兔场的需水量大（饮用水、清洁用水、生产和生活用水等），所以水源的选择是重要的考虑因素，应保证充足、洁净，便于取用。

兔场水源可分为三大类：

第一类是地面水，包括江河水、湖泊水、水库水等。地面水以降水为主要补充来源，此外与地下水也有相互补充关系。此类水源易受周围环境污染，所以要求水源周围不应有工业或者化学污染源，进场水质化验常态化，同时，需要划定水源保护区，在保护区内严禁排放、倾倒废渣废液等一切具有危害性的物质，运输有毒物质的船舶及车辆不得进入该区，保护区内的作物严禁使用剧毒和高残留农药。如水中含有大量泥沙及油渍，须经净化或消毒处理。

第二类是饮用水最常用的水源——地下水。该水体和外界环境接触较少，物理性、化学性污染程度低，有害菌落较少，但由于地层作用和渗透过程，水的硬度偏高，同样在应用前需要进行充分检测。

第三类是自然降水，包括直接性降雨和雪、冰雹的融化水，此类水是来自水源地面蒸发后由大气进行的凝聚和循环作用，包含一些微颗粒杂质和有害成分，而且由于地域不同，年储存量差异较大，且不可调控。因此，一般不采用此类水源。

综上所述，兔场较理想的水源是居民自来水和卫生达标的深井水；江河湖泊中的流动活水，只要未受生活污水及工业废水的污染，稍作净化和消毒处理也可作为生产生活的用水。

水源的水质直接关系家兔的生理健康，水质一旦异常所引发的问题往往都是群发性的，所以养殖场用水必须达到卫生标准，当前我国相关部门提出标准化畜禽养殖场的水质要求，指标详见表3-1。

表 3-1　畜禽饮用水水质安全指标

项目		标准值	
		畜	禽
感官性状及一般化学指标	色度	≤30°	
	浑浊度	≤20°	
	臭和味	不得有异臭、异味	
	总硬度（以 $CaCO_3$ 计）/(mg/L)	≤1500	
	pH	5.5～9.0	6.5～8.5
	溶解性总固体/(mg/L)	≤4000	≤2000
	硫酸盐（以 SO_4^{2-} 计）/(mg/L)	≤500	≤250
细菌学指标	总大肠菌群/(MPN/100mL)	成年畜 100，幼畜和禽 10	
毒理学指标	氟化物（以 F^- 计）/(mg/L)	≤2.0	≤2.0
	氰化物/(mg/L)	≤0.20	≤0.05
	砷/(mg/L)	≤0.20	≤0.20
	汞/(mg/L)	≤0.01	≤0.001
	铅/(mg/L)	≤0.10	≤0.10
	铬（六价）/(mg/L)	≤0.10	≤0.05
	镉/(mg/L)	≤0.05	≤0.01
	硝酸盐（以 N 计）/(mg/L)	≤10.0	≤3.0

资料来源：摘自 NY 5027—2008《无公害食品　畜禽饮用水水质》。

（3）土质

土壤是兔场建设的基础，土壤的类型对养殖场环境起着较大调控作用，其考虑依据主要包括吸湿性、抗压性、所含化学成分等方面，常见类型主要包括以下几种。

第一类是黏土，吸湿性强、透气性差。易吸收家兔排放的粪尿而不易挥发，长时间聚集产生有害物质（如氨气、硫化氢），滋生有害细菌，蝇蛆孳生、蔓延，对家兔健康造成威胁；另一方面，土壤长时间湿润影响建筑物地基，造成安全隐患。

第二类是沙土，吸湿性小，透气性强，此类土质易保持干燥，但热传导作用强，容易引起兔舍温差，也不是兔场建设的最佳选择。

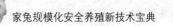

第三类是沙质壤土，同样具有吸湿性小、透气性强的优点，而且导热性小，保温性能良好，有效防止病原菌、寄生虫卵的生存和繁殖；在作为地基方面，该土壤的颗粒大，强度硬，可承受压力、透水性强，饱和力差，在结冰时不会膨胀，能满足建筑上的要求，是最佳的选择对象。

（4）交通与配套设施

兔场尤其是大型兔场建成投产后物流量大，如饲料、草料等物资的运进，兔产品和粪肥的运出等。这就要求兔场与外界交通方便，否则会给生产和工作带来困难，增加兔场的开支。但又要与公路、铁路、居民住宅等人烟密集的繁华地带保持一定距离，一方面，家兔自身生理特性容易应激，建场时必须选择僻静处，远离工矿企业、交通要道、闹市区及其他动物养殖场等，有天然屏障做隔离更好；另一方面，畜禽养殖场包括家兔的生产过程中形成的有害气体及排泄物会对大气和地下水产生污染。从卫生防疫角度出发，兔场距村镇或其他养殖场应在 3000m 以上，并处居民区的下风口，形成卫生缓冲带。如当地土地贫瘠也要保证距一般道路 100m 以上，形成卫生缓冲带。兔场与村镇之间距离应有 200m 以上，同样处在下风口，尽量避免兔场成为周围居民区的污染源。

兔舍的配套最好相对完善，如有条件架设通信设备及网线将有利于养殖人员同外界交流，解决对市场行情的掌握、防病灭病的咨询以及应急问题的处置等。

（5）电力供应

集约化程度高的兔场内照明、通风、清粪等工作都需消耗电力，尤其"全进全出"式全封闭兔舍。如兔场所在地的电力供应有保障，接电便利，投资者可节约通电费用。

2. 总体规划

（1）功能分区

一定规模的集约化兔场，分区设计很重要。一般分成办公区、生产区、管理区、生活区、辅助区五个部分。

① 办公区　办公区包括办公室、会议室、接待室等办公用地，该位置尽可能靠近养殖场大门，便于出行且减少对核心厂区的影响，

外来人员车辆在进入厂区时初步简易消毒，控制在此范围活动，未经深度消毒不得进入生产区。

② 生产区　生产区是兔场的核心部分。朝向必须要考虑整个养殖区域的主风向后再决定，设定兔舍的顺序可参照生产区入口、种兔舍、繁殖兔舍、育成兔舍、幼兔舍、出口的顺序。生产区入口处应设置消毒间；核心群种兔舍在环境最佳的位置，紧邻繁殖舍和育成舍，以便转群；幼兔舍和育肥舍选择靠近兔场出口，以便出售种兔或商品兔；尽可能避免运料路线与运粪路线的交叉。

③ 管理区　管理区主要包括饲料加工车间、饲料药品仓库、干草库、水电房、维修室等。饲料原料仓库和饲料加工间应靠近饲料成品间，便于生产操作；饲料成品间与生产区应保持一定距离，以免污染，但又不能太远，以免增加生产人员工作强度。

④ 生活区　该区主要包括职工宿舍、食堂等生活设施，位置选择最好在生产区的上风向。考虑到工作方便和兽医隔离，生活区与生产区既要保持一定距离，又不能离太远，最佳的位置是介于办公区与生产区域之间，工作便利，同时对外交流方便。

⑤ 辅助区　包括兽医诊断室、病兔隔离室、死兔化尸池等。由于经常接触病原体，所以该区应设在兔场的下风向处，并与生产区保持一定距离，以防疫病传播。

（2）平面布局

① 兔场布局的一般原则　兔场建造得合理与否，直接影响家兔的健康、生产力的发挥及生产效率的高低。兔场的布局应当依据兔场兔群的规模、经营特点、饲养管理方式、机械化水平等条件设置，重点是合理安排地势、风向、建筑物面积等因素。首先，生活区应在兔场的上风向、地势较高位置，生产区与生活区并列排列并处偏下风位置，兽医隔离区在整个兔场的下风向区；其次，根据当地的常年风向选择生产区建筑的排列方向。

② 兔舍的朝向、排列与间距　兔舍朝向多根据太阳光照、当地主导风向来确定。一方面，我国位于北半球，冬季太阳高度角小，夏季太阳高度角大。采用坐北朝南形式，冬季阳光容易射入舍内，增加温度，保证温度和采光的要求。另一方面，我国大部分地区，夏季以

东南风为主，冬季以西北风为主，坐北朝南利于夏季通风、冬季保温。另外，可根据当地的地形、通风等条件偏东或偏西调整一定角度。

需要注意的是，以上仅是对单栋兔舍的考虑。多栋兔舍平行排列情况下，无论采光还是通风，后排兔舍势必受到前排兔舍的影响。一般间距在舍高的4～5倍时，才能保证后排兔舍正常通风，但这种方法占地面积太大，实际生产中很难应用，最有效可行的办法是使兔舍长轴与当地主导风向成30°～60°角，可明显缩短间距又保证最佳通风条件。一般情况下，兔舍间距不应少于舍高的1.5～2倍，以利于通风透气和预防疫病传播。

③ 道路　道路建设分为厂区内和厂区外建设，内部道路是建筑物间的桥梁，外部道路是联系外界的通道。在设计规划时，尽可能保证道路直线连接原则，一方面，保证了建筑物间最便捷的联系；另一方面，避免浪费。尽量避免建设水泥路，以防夏季路面过热；保证一定弧度且地面平整光滑，以便排水。

道路宽度根据场内车辆流量而定，主干道连接场区与场外运输道、场内各分区，要保证能顺利错车，宽度在5～6m，支干道主要连接各分区内的建筑物，宽度在2～3m。

场内道路分运输饲料、产品的清洁道和运输粪便、病死兔的污染道。清洁道和污染道不能通用、不可交叉。兽医隔离区要有单独道路，以保证兔场有效防疫。

④ 场区绿化　场区内绿化不仅美化环境、减少噪声、防火防疫，还能够改善小气候。场区种植树木和草坪以阻挡和吸收太阳的直接辐射，进行光合、蒸腾作用，从而改善空气质量，降低温度，增加湿度。另外，植物可减少空气中灰尘含量，空气中的细菌失去附着物，因而数目减少。

场界周边种植乔木、灌木混合林带，场区之间设隔离林带分隔场内各区，宜种植树干高、树冠大的乔木，株间距稍大；在靠近建筑物的采光地段不宜种植枝叶过密、过于高大的树种，以免影响采光，树冠大、枝条长、通风较好的树木（如柿树、桃树、枣树等）最佳。

⑤ 粪沟设计　当前国内主流的清粪方式主要有两类，即人工式

和机械式。

人工清粪沟设计的位置，一种是"面对面"式兔笼，笼具位于兔舍的两侧，一般设置中间为工作走道。粪尿流向外侧，粪沟可设计在两侧室外。另外一种"背靠背"式兔笼，两列兔笼之间为粪沟，工作走道设置在两侧。粪沟的宽度设置参考所使用的清粪工具，如用铁锹，宽度应设置为20cm。粪沟要具有一定斜度，从而有利于粪尿分离。

机械式粪沟主流的是"背靠背"的双列式兔笼。具体应根据是采取刮粪板清粪还是传送带清粪来设置粪沟的类型，根据刮板或传送带宽度进行跨度的设定。同样要保证有效的粪尿分离。

深沟发酵床是近几年流行的一种新型环保养殖模式的粪沟设计方式，在粪沟的底层通常采用锯末、稻壳、秸秆等垫料，把生物发酵菌种撒在垫料上面，兔所排出的粪尿都会通过生物发酵菌种发酵分解掉，从而达到无污染、零排放目标。兔的粪便及垫料在有益菌的作用下，降解形成菌体蛋白及多种有益物质，同时圈舍发酵床发酵时升温产热，能杀灭多种虫卵与病原菌，而且舍内干燥舒服，这样促使兔的免疫系统提高，抵抗力增强，不易生病、少生病，大大提高了兔的成活率，从而提高了养殖效益。

3. 兔舍设计

兔舍是家兔生存的主要空间，家兔的采食、饮水、排泄等生命活动都是在兔舍中进行的，因而兔舍建造合理与否直接关系到家兔的健康、生产性能甚至兔场的经济效益。兔舍的设计应考虑以下方面：首先，根据家兔的生物学特性进行有效的环境控制，为家兔提供适宜的温度、湿度、通风、采光等条件，保证家兔健康地生长和繁殖，有效地提高其产品的数量和质量；其次，建造兔舍便于进行集约化饲养管理，从而提高劳动生产效率。一旦出现疫病，能够及时控制在最小范围内，减少经济损失；再次，兔舍建筑为经营者的长期发展和投资回报奠定基础。

（1）兔舍建造要求

建造兔舍首先要了解家兔的生物学特性，有的放矢地满足其生活习性，设计优良的兔舍有利于保持清洁卫生和防止疫病传播，有利于饲养人员管理和提高工作效率，有利于家兔生长发育、配种繁殖及产品质量的提高。

① 建筑材料　材料选择的基本要求是具有良好的保温和隔热性能，结构简单，便于清扫、清洗和消毒，坚固抗震，防水、耐水、耐用，一般有窗户的墙壁采用砖木结构，需加强保湿处理和防水处理；开放式兔舍的支柱应为支撑力好、防水防腐的坚固材料，卷帘应与壁面密合，避免出现不能有效控制的缝隙，其他壁面部分也应选用防水、保湿的材料。

② 设施要求　兔舍是家兔生命活动的主要环境，同时也是养殖人员进行饲养管理活动的重要场所。建筑兔舍时应力求适宜家兔生长，便于工作人员操作，满足家兔不同饲养目的的生产流程。一般情况下，兔笼多为1～3层，室内兔笼前檐高45～50cm，层数过多或前檐过高会给饲养管理带来难度，很容易对人、兔造成伤害；兔舍应保证最基本的防雨、防潮、防风、防寒、防暑和防虫害，同时还要保证良好的通风、光照。地面要干燥、平整，一般舍内地面高出外地面20～25cm，兔舍窗户的采光面积应达到地面面积的15%，兔舍门要求结实、保温、防兽害，门的大小要方便饲料车的出入。

③ 兔舍容量　当前国内主流兔舍中每幢以饲养成年兔1000只为宜，同时根据具体情况分隔成小区，每区250～300只，兔舍规模应与生产责任制相适应。

④ 舍高及跨度　兔舍高一般2.5～2.8m，炎热地区应加大净高0.5～1m。单列式兔舍跨度不大于3m，双列式4m，三列式5m，四列式6～7m。兔舍跨度不宜过大，一般在10m以内。长度一般控制在50m以内为宜。

⑤ 排水要求　要保持室内的清洁和干燥，必须设置完善的排水系统，排水系统对于兔舍的内环境具有重大意义，排水系统主要由排水沟、沉淀池、地下排水道、关闭器和粪水池等组成。

⑥ 投入产出比　建造兔舍应充分考虑投入产出比。根据饲养规模、饲养目的、饲养水平、地域条件制定合理的投资，尽量早日收回成本。一般而言，小型兔场1～2年，中型兔场2～4年，大型兔场4～6年应全部收回成本。因此，在兔舍形式结构设计、设施施工时，

力求因地制宜，就地取材，注重经济实用，科学合理。同时，兔舍设计还应结合生产经营者的发展规划和设想，为以后的长期发展留有余地。

（2）兔舍类型

我国幅员辽阔，各地气候条件和经济发展情况不同，直接导致兔舍的建筑形式也不尽相同。即使同一地区，不同饲养目的、饲养方式、饲养规模以及经济能力等都会使兔舍建筑形式和结构有所差异。所以，修建兔舍时应根据自然条件、经营特点以及发展方向选择适合自己的兔舍类型。以下介绍几种较典型的兔舍建筑形式，以供参考。

① 按墙的结构和窗的有无划分

a. 棚式兔舍　又称为敞棚式兔舍（图3-1）。四面无墙，屋顶多建成双坡式，也有直接使用石棉瓦板覆盖的简易舍，靠木头或水泥做成的屋柱支撑。根据生产需要设单列兔笼或双列兔笼均可。这种兔舍通风透气性良好，光照充足，造价低，投产快。但由于该舍只能起遮风挡雨的作用，不能防兽害，无法进行环境控制，因而只适用于冬季不结冰地区，或小规模季节性生产。

图3-1　棚式兔舍

b. 开放式兔舍　开放式兔舍正面无墙，敞开或设铁丝网，其余三面墙与顶相连。这种设计利于空气流通，减少呼吸道疾病，光照充足，造价低，投产快。冬季保温性差，可在舍外加封塑料膜或挂棉门帘，但开放式兔舍不利于环境控制，不利于防兽害，只适用于中小规模兔场。

c.半开放式兔舍 半开放式兔舍正面设半截墙，上半部分安装铁丝网，其余三面墙与顶相连。这种设计具有通风透光性好、投资少、管理方便、一定程度上防兽害的优点。冬季可在敞开部分加封塑料膜，注意兼顾保温和通风透光。但是不利于环境控制，仅适用于四季温暖地区的中小规模兔场。

d.封闭舍 封闭舍是我国养兔业应用最为广泛的一种兔舍建筑形式，由于其封闭式设计，兔舍能够有效保温、隔热，可采用熏蒸消毒，便于进行环境控制。主要包括有窗舍和无窗舍两种形式。

有窗舍四面设墙与屋顶相连，南、北墙留有窗户。通风换气主要靠门、窗、通风管完成，为提高通风透光性可在南墙设立式窗户，北墙设双层水平窗户。但是，粪尿沟设在室内，粪尿分解产物会使舍内有害气体浓度升高，家兔呼吸道疾病、眼疾增加，尤其冬季情况严重。

舍窗的设计：窗户有效采光面积同兔舍地面面积之比，种兔舍为1：10左右，育肥兔舍为1：15左右。入射角是兔舍地面中央一点到窗户上缘所引的直线与地面水平线之间的夹角。一般不小于25°。透光角即兔舍地面中央一点向窗户上缘和下缘所引两条直线形成的夹角，一般不小于5°（图3-2）。

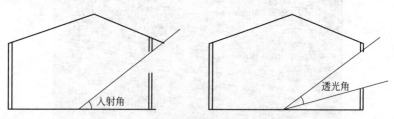

图3-2 舍窗入射角与透光角

无窗舍又叫环境控制舍，不留窗户（或设应急窗，平时不使用），舍内温度、湿度、光照等小气候完全由特殊装置自动调节，兔群周转实行"全进全出"制，便于管理，能够有效控制疾病。但是需要科学的管理、周密的生产计划，而且对建筑物及机械设备要求很高，对电力依赖性强，目前我国部分大型养兔企业已经采用无窗舍。

此外，近年来国内也普遍流行采用大棚式封闭兔舍，传统养殖方法投入高，周转时间长，且涉及土地资源问题（砖瓦结构属于违章建筑）等，塑料大棚养兔受到越来越多养殖户的欢迎，同时大棚式封闭兔舍还有以下优点：一、成本低，取材方便，建造同样面积的大棚和传统养殖舍的投入比为1∶6，大棚养殖基础设施投入较少，除支撑主体外主要由竹竿框架和塑料薄膜构成，上面铺设稻草后用绳索固定，可以随时建造；二、塑料大棚最大限度地利用日光，节约能源；三、设计为自动卷帘后可大大减少人工操作，实现一键通风换气、散热或保温，便于环境控制。

②　按兔笼的排列形式划分

a.单列式兔舍　单列式兔舍（图3-3）一般坐北朝南，中央中轴线布置一列三层重叠式兔笼。兔笼南面留1.5m左右过道，为饲喂、管理通道；北面留1m左右清粪通道。南北墙上均开窗户，但南墙上的窗户略大，便于通风采光。单列式兔舍饲养密度小，疾病发生少，但不利于保温，兔舍的利用率较低。

室外单列式　　　　　　　　　　　室内单列式

图3-3　传统单列式兔舍

b.双列式兔舍　双列式兔舍（图3-4）即沿中轴方向设置两列兔笼。可以两列兔笼背靠背排列在兔舍中央，中间共用一条清粪沟，靠近南北墙各留一条喂料通道；或者两列兔笼面对面排列在兔舍两侧，中间为喂料通道，靠近南北墙各留一条清粪通道。前者便于清粪，后者便于饲喂及日常管理。双列式兔笼是当前国内应用的主流设计（图3-5）。

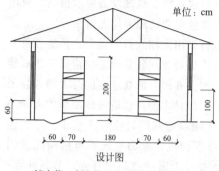

单位：cm

设计图　　　　　　　　　　　实景图

摘自紫云自治县2011年种草养兔项目

图 3-4　传统双列式兔舍（人工清粪）

图 3-5　新型双列式兔舍（传送带或刮粪板清粪）

　　c. 多列式兔舍　多列式兔舍指沿兔舍纵轴方向放置三列或三列以上兔笼的兔舍。这种兔舍饲养密度大，空间利用率高，适合集约化饲养。但通风不良会使舍内有害气体浓度升高，并且兔舍中放置多列兔笼无疑会使兔舍跨度增大，对建筑物的要求较高。

　　③ 其他形式

　　a. 地下舍　地下舍是根据家兔的生物学特性，利用地下温度较高且稳定、外界环境干扰小等优点，在地下建造兔舍。地下舍形式有圆桶式地下舍、长沟式地下舍、长方形地下舍等，其共同特点是温度适宜、稳定，冬暖夏凉，一年四季都可以进行生产；安静，光线暗，可有效降低外界环境对家兔造成的应激，母兔母性好。但由于建于地下，通风透光性差，环境湿度大，有害气体聚集，环境控制难度较大。

b.室外笼舍 室外笼舍（图 3-6）是兔笼和兔舍的统一体，即在室外用砖、石、水泥等砌成的笼舍合一结构。通常为两层或三层重叠，舍顶用石棉瓦或水泥预制板覆盖。室外笼舍通风透光性好，家兔很少发生疾病，而且造价低廉，牢固耐用。但温度、湿度很大程度上受外界环境的影响，不易进行环境控制，难以彻底消毒。

单位：cm

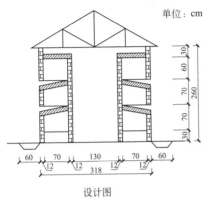

设计图

摘自紫云自治县2011年种草养兔项目

实景图

图 3-6 室外兔笼

第二节 兔场设施与设备选择

我国家兔产业发展较晚，目前普遍采用传统笼养方式，生产中涉及的养殖设备主要是笼具、饲喂系统、饮水系统、清粪系统等。在养殖设备选择过程中，首先要尽可能地满足家兔的生物学特性和生理需求；其次要便于饲养员生产管理操作、提高劳动效率，并利于疫病防控。

一、笼具

兔笼是现代养兔生产中不可缺少的设备之一，兔笼设计得是否合理，直接影响到家兔的健康和养殖场的经营效益。兔笼在设计时，主要有以下几条原则：

① 符合家兔的生物学特性，耐啃咬，耐腐蚀，经久耐用，便于操作管理。通风透光性好，易清扫、易消毒、易维修等。

② 在材料选择上，要选择没有辐射性有害物、质硬、光滑、耐腐蚀的建造材料，避免因兔啃咬和粪尿腐蚀造成的损害，从而延长笼具的使用年限。

③ 在考虑兔笼经久耐用的同时，选材要经济实用，降低建造成本。

④ 操作方便，合理配置附属设施。笼门大小适当、启闭方便，草架、料槽、饮水器和产箱等设备的位置设计合理。

⑤ 兔笼大小要合理，依据品种大小、生理活动需求来设计。推荐标准兔笼尺寸：宽＝成年兔体长×1.5，深＝成年兔体长×1.3，高＝成年兔体长×1.0。

⑥ 可移动和可拆卸的兔笼在设计和建造时要考虑到轻便、坚固。

1. 笼具的结构

兔笼规格和结构应既适于家兔生长又便于人员管理。笼的大小要保证家兔能够自由活动，又不能太大，以免浪费空间；配置要合理，便于人员操作。兔笼距地面的高度对家兔的健康也有一定的影响，位置较高的层级湿度小，光照、通风也较好，因此家兔的生长环境优良，成活率较高。选材在保证坚固耐用的基础上尽量经济、实惠。

目前生产中使用的笼具有种兔笼、商品兔笼和母仔共用的兔笼（有一大一小两笼相连，中间有门相通，平时门关闭，便于母兔休息）。兔笼大小根据家兔的品种、类型、年龄的不同而定，一般以家兔能在笼内自由活动为原则，种兔笼比商品兔笼大些。欧洲福利性兔笼一般要求母兔笼的最低高度为40cm，中间有平台的兔笼最低高度为60cm，中间的平台在25cm的高度需要有1000cm^{2}的空间；产仔箱需要800cm^2，高度30cm；养殖密度控制在40kg/m^2，少于5只一笼饲养时，每只的空间要求700cm^2，超过5只一笼时每只空间600cm^2；育肥兔笼的最低高度为35cm；金属丝的直径最低为3mm，笼底板间隙在10～16mm。相关设计兔笼规格有如下建议（表3-2）。

表 3-2　兔笼规格　　　　　　　　单位：cm

饲养方式	种兔类型	笼宽	笼深	笼高
室内笼养	大型	89～90	55～60	40
	中型	70～80	50～55	35～40
	小型	60～70	50	30～35
室外笼养	大型	90～100	55～60	45～50
	中型	80～90	50～55	40～45
	小型	70～80	50	35～40

一个完整的兔笼由笼体及附属设备组成。笼体由笼门、底网（踏网、踏板、底板）、侧网（两侧及后部）、笼顶（顶网）及承粪板等组成。

（1）笼门

笼门是兔笼的关键部分，多采用前开门，也有的上开门和前上开门。一般为转轴式左右或上下开启，也有的为推拉式左右开启。无论何种形式，笼门应启闭方便，关闭严实，无噪声，不变形。笼门有单、双门之分。较大的兔笼（大型种兔笼、小群育肥笼等）多采用双门。一般的附属设备配置在笼门上，如草架、食槽、记录牌和饮水器等。但乳头式自动饮水器多安装在笼的后壁或顶网上。笼门取材多样，如可用铁丝网、铁条、竹板、木料、塑料等。兔笼侧网及前门底部钢丝应有一定的密度，保持适当的距离，以防仔兔爬出、掉落笼外。笼门宽度依笼的大小而定，一般 30～40cm，高度与笼高相等或稍低。

（2）底网（漏粪板）

底网是兔笼最关键的部分。因兔直接接触的是底网，底网的质地、网孔大小、平整度等对兔的健康及笼的清洁卫生有直接影响。底网要求平而不滑，坚而有一定柔性，易清理消毒，耐腐蚀，不吸水，能及时排出粪尿。底网间隙 1.2cm 左右为宜（断乳后的幼兔笼 1.0～1.1cm，成兔笼 1.2～1.3cm），底网取材不一，我国各地多用竹板底网（图 3-7），其优点是取材方便，经济实用。板条平直，坚而不硬，较耐啃咬，吸水性小，易干燥，隔热性好，容易钉制。制作时应将竹节锉平，边棱不留毛刺，钉头不外露。板条宽度一般为 2.5～3cm。其缺点是有时粪便附着，彻底清扫消毒较困难。若板条质量不佳（如

图 3-7 不同材质的漏粪板

强度不够）或钉制不好（如板条宽窄不一）容易卡腿而造成骨折。规模化、工厂化养兔，笼具多用金属丝焊网做底网。网丝直径多为2.4mm，网孔一般为 20mm×(150～200)mm。其优点是耐啃咬、易清洗，适于各种消毒方法，粪尿易排除，不出现卡脚现象。其缺点是导热快，有时镀锌过薄或工艺不当容易出现锈蚀。金属焊网要求焊点平整、牢固。金属焊网底网适于饲养脚毛丰厚的中型兔（如新西兰兔和加利福尼亚兔等）和长毛兔，饲养大型兔则易发生脚皮炎；还有一类漏粪板是大型养兔企业应用更为普遍的塑料漏粪板，较以上几类在成本上偏高，但具有以下优点：①质量轻，安装、运输、搬运方便快捷；②耐腐蚀，在湿度较大的环境下比木条、竹条等材料耐用；③温差小，塑料的昼夜温差比铁的要小，有利于家兔健康，避免温差大而受凉或过热；④高承重，载重能力提高且不易变形；⑤易冲刷，可用清洗机的高压水枪冲刷，不容易藏纳污垢；⑥防滑，漏粪板表面一般磨砂处理，增大接触面，提高摩擦力，从而防止滑倒受伤。

（3）侧网及顶网

侧网及顶网在选材与建造时应注意通风透光。板条或网丝间距视所养家兔类型而定。繁殖母兔网丝间距为 2cm。为节约网丝、有利于通风，也可上 1/2 的网丝间距稍大，下 1/2 的网丝间距稍小。大型兔或专为饲养幼兔、育肥兔、青年兔及产毛兔的兔笼，其网丝间距可为 3cm。

（4）承粪板

只有多层结构的兔笼，在笼底下层才有承粪板，用来承接上面的兔粪。承粪板用水泥板、石板或油毛毡制作均可，木制兔笼用油毛毡较好。承粪板要有一定的坡度，以便于粪尿自动落下去。承粪板的形式基本上有两种：一种为斜式的，一种是凹式的。供水条件不便的地方，斜式的较好，便于清扫粪便；供水条件好的地方，凹式的较好，便于用水冲洗。此外，笼底板与承粪板之间要有适当的空间，以利于打扫粪尿和通风透光。笼底板与承粪板之间的间距以 14～18cm 为宜。

（5）支撑架

支撑架是兔笼组装时支撑和连接的骨架，多为金属材料（如角铁、槽冷板）。要求坚固，弹性小，不变形，重量较轻，耐腐蚀。

2. 兔笼的分类

（1）按照制作材料分类

① 金属兔笼　主体结构由金属材料制作（图 3-8），优点是通风透光性好，耐啃咬，易消毒，便于管理和观察，适合各种规模的家兔生产。缺点是容易生锈，金属底网导热性强，如果网丝细，则大型家兔容易引发脚皮炎。可以搭配竹制底网和塑料承粪板。

② 砖、石、水泥制兔笼　兔笼主体由砖、石或者钢筋水泥构成，多与竹制底网和金属笼门搭配使用（图 3-9）。优点是这种兔笼坚固耐用、耐腐蚀、耐啃咬、耐多种办法消毒、造价低。缺点是通风透光性差，难以彻底消毒，导热性强，保温性差。

③ 竹（木）制兔笼　在山区竹木用材较为方便、兔子饲养量较少的情况下，可采用竹木制兔笼。优点是轻便，取材方便。缺点是不耐啃咬，难以彻底消毒，易松动变形，不宜长久使用。

④ 塑料兔笼　以塑料为原料，先用模具压制成单片零部件，然后组装而成，或一次压模成型。塑料兔笼轻便，易拆装，便于清洗和消毒，规格一致，便于运输，适用于大规模的家兔生产。这种材质的缺点是容易老化、不耐啃咬、成本高，所以使用不普遍。

图 3-8 金属兔笼

图 3-9 砖、石、水泥制兔笼

（2）按兔笼组装排列方式分类

① 平列式兔笼 兔笼全部排列在一个平面上，门多开在笼顶，可悬吊于屋顶，也可用支架支撑，粪尿直接流入笼下的粪沟内，不需设承粪板。缺点是兔笼平面排列，饲养密度小，兔舍的利用率低。

② 重叠式兔笼 兔笼组装排列时，上下层笼体完全重叠，层间设承粪板，一般 2～3 层。重叠式兔笼应确保上层不污染下层，兔粪、尿能顺利排走。这样兔舍的利用率高，单位面积饲养密度大。以二层

兔笼的设计最为科学合理（图 3-10）。

图 3-10　重叠式兔笼

③ 全阶梯式兔笼　兔笼组装排列时，上下层笼体完全错开，粪便直接落入设在笼下的粪尿沟内，不设承粪板。优点是饲养密度较平列式高，通风透光好，观察方便。缺点是由于层间完全错开，层间纵向距离大，上层笼管理不方便，清粪也比较困难。因此，全阶梯式兔笼最适合于二层排列和机械化操作（图 3-11）。

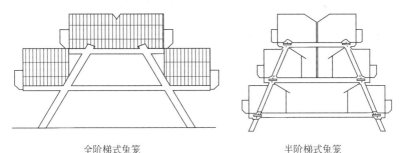

全阶梯式兔笼　　　　　　　　　　半阶梯式兔笼

图 3-11　两种常见阶梯式兔笼

④ 半阶梯式兔笼　上下层兔笼部分重叠，重叠部分设承粪板。因为缩短了层间兔笼的纵向距离，所以上层笼较全阶梯式易于观察和管理。优点是比全阶梯式饲养密度大，兔舍的利用率高。它是介于全

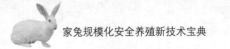

阶梯式和重叠式兔笼中间的一种形式，既可手工操作，也适用于机械化管理，因此在我国有一定的实用价值。

（3）按兔笼用途分类

产仔箱是兔产仔、哺乳的场所，也是3周龄前仔兔的主要生活场所。通常在母兔产仔前放入笼内或悬挂在笼门外。产仔箱多用木板、纤维板、硬质塑料或镀锌板制成。

① 内置产仔箱　多为1～1.5cm厚，尺寸40cm×26cm×13cm的长方形箱（图3-12）。箱底有粗糙锯纹，并留有间隙或小洞，使仔兔不易滑倒并有利于排出尿液。产仔箱上口周围平滑，以免划伤仔兔和母兔。内置式产仔箱放置在母兔笼内，占用笼内空间，母兔活动空间减少，并且不便于饲养人员看护仔兔，如若实现母仔分离，每次哺乳均需要搬运产仔箱，生产管理琐碎、费工费时。

图3-12　内置产仔箱

② 悬挂式产仔箱　多用保温性能好的发泡塑料或轻质金属等材料制作，悬挂于母兔笼门的外侧，在与兔笼连接的一侧留有一个大小适中的洞口与母兔笼相通，产仔箱上方加盖一块活动盖板（图3-13）。这类产仔箱不占笼内面积、管理方便；但是采用挂钩与母兔笼连接，要求笼壁承重能力好，同时由于挂在母兔笼外面，开启笼门需拿掉产仔箱，影响饲养员管理操作。外挂式产箱稳定平衡性差，易造成母兔不安全感。

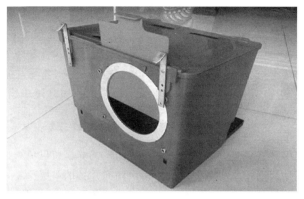

图 3-13 悬挂式产仔箱

③ 母仔一体笼 一种是将产仔箱与母兔笼左右并列布置,适用于养殖户;另一种为欧洲养兔普遍采用的母仔一体笼,类似于悬挂式产箱,但产仔箱与母兔笼底网为一体设计,产仔箱设在母兔笼前方,方便对仔兔的照料。产仔箱和母兔笼上盖设可开启的门,一般仔兔断奶后,母兔转走,抽离母兔笼和产仔箱之间的隔板,仔兔原地育肥,可以减少仔兔转群和断奶应激,适用于规模化家兔养殖场。母仔一体笼操作方便,可以简化仔兔保育管理,提高劳动效率,同时便于种兔舍做到"全进全出",便于兔舍防疫消毒(图 3-14)。

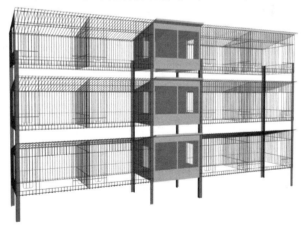

图 3-14 母仔一体笼

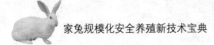

3. 笼具排布与工艺配套

一般金属笼的摆放有单层平列式、阶梯式、重叠式等多种方式。在实际生产中，要考虑兔场规模、养殖工艺、兔舍尺寸和兔子的生理阶段等具体生产需求来选择恰当的舍内笼具，做到兔笼与清粪、喂料、饮水系统等的配套，满足家兔的生理需求，同时便于饲养管理，提高养殖效率。

（1）单层平列式布置

单层平列式兔笼饲养密度低，主要用于饲养繁殖母兔。商品兔笼不建议采用两列式单层兔笼，可以采用四列并排的单层兔笼以提高养殖密度。这种布置方式便于使用自动饲喂设备，也可采用通长料槽的人工饲喂方式，提高饲喂效率，也方便对仔兔、母兔的管理，宜采用机械清粪。欧洲兔场繁殖母兔养殖多采用这种形式。

（2）重叠式布置

重叠式兔笼相互叠加，粪便落在承粪板上，自动滚落到粪沟里，再由刮板、人工或传送带等方式清理，这种形式饲养密度较高，下层可饲养种兔；上层太高，不宜管理，不适合做种兔笼，可用于饲养商品兔。通过改进笼具设备可以实现饲喂自动化，种兔笼采用多层重叠式不便于实现"全进全出"制周转，小规模兔场可以选用。

（3）阶梯式布置

阶梯式布置多为两层兔笼，上下兔笼间部分交错重叠。阶梯式种兔笼一般下层兔笼的笼门位于兔笼顶部，上层笼具的笼门位于前面，可采用机械喂料和机械清粪。该布置相对平列式饲养密度略有提高，下层可饲养繁殖母兔，上层笼太高，不易管理，不适合养种兔，常用于饲养商品兔，也可以用于非哺乳期母兔的周转，但商品兔与繁殖母兔混合饲养不能实现整栋兔舍的"全进全出"周转。这种布置方式喂料既可选用人工喂料，也可以采用机械喂料，但无法实现人工清粪，需采用机械等自动清粪方式。阶梯式商品兔笼可以显著提高饲养密度，但需要配合机械化的喂料和清粪设备，同时由于饲养密度大，对兔舍环境的要求高，需要加强舍内的通风换气调控。

根据目前我国兔场的实际情况和饲料状况，推荐采用阶梯式种兔笼和商品兔笼。种兔笼采用母仔一体笼，笼底相连，产箱（仔兔笼）

置于前方，靠近管理走道，方便饲养员对仔兔的照料。考虑饲料清理等问题，料盒置于产箱后方、母兔笼前部，料槽底开孔与料盒连接，通常的料槽便于行车行进中自动喂料。仔兔笼顶网片和母兔笼顶网片为兔笼门，均可整体掀起，方便抓取兔子。

阶梯式商品兔笼可以为两层或三层，设有整体可掀起的前网片和通长的倒梯形料槽，前网片为整体可掀起的，不用在前网片单设笼门，方便转群时抓取兔子。兔笼前网片跨于料槽中间，约1/3料槽在网片外侧，2/3料槽在网片内侧。网片内侧的料槽设有分隔板隔开采食位，避免家兔采食时的相互影响，同时避免兔进入料槽排泄粪便污染饲料；网片外侧的料槽没有隔板和网片阻挡，通长的料槽方便于人工撒喂，或便于行车行进中自动撒喂饲料。通长料槽的人工撒喂或机械撒喂，减少了饲料撒到料盒外面，降低了饲料浪费量；同时加快了饲喂速度，减轻了劳动强度。采取自动或半自动行车喂料方式，适用于我国目前兔颗粒饲料强度不够的现状，降低了饲料传送过程中的破损率，提高了饲料利用率。

综上所述，舍内兔笼布置及配套饲喂、清粪、饮水方式的选择应根据兔场自身的资金实力、技术实力、养殖规模、劳动力情况综合考虑，尽可能考虑采用提高劳动效率的喂料方式和清粪方式，减少用工量，选择便于饲养管理的兔笼，提高劳动效率。我国家兔笼具多种多样，兔笼样式决定了养殖工艺和家兔周转。目前多数兔场养殖工艺用工量大，饲养管理繁琐，不利于提高劳动效率。我国家兔养殖目前平均每个饲养员能管理150~200只繁殖母兔，而在欧洲采用机械喂料、机械清粪的兔场人均管理母兔数量在800~1000只，采用人工喂料、机械清粪的兔场人均管理繁殖母兔500只左右。这种劳动效率的巨大差异，一方面是由于欧洲这些兔场采用同期发情、人工授精技术，使家兔生长和繁殖阶段同期化，工人每天的管理工作单一化，大大提高了劳动效率；另一方面，欧洲兔场目前采用的兔笼样式在仔兔的管理、人工喂料方面均节省劳动力，也方便周转，从而提高其劳动效率。

我国家兔养殖当前普遍缺乏高技术饲养人员，这是目前我国母兔繁殖力和仔兔成活率低的主要原因之一。改变笼具样式、喂料和清粪方式，将养殖技术人员从高体力消耗的清粪、喂料工作中解脱出来，

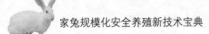

专注于种兔繁殖、仔兔管理等技术工作，能提高养殖人员技术水平，同时也能吸引更多的技术人员到生产一线，这是我国家兔养殖高效、健康发展的关键。

二、饲喂设备

1. 饲槽

饲槽是用于盛放配合饲料、供兔采食的必备工具。对饲槽的要求是坚固、耐啃咬、易清洗消毒、方便采食、防止扒料和减少污染等。工厂化养兔场可采用自动喂料器，一般安置在笼壁上，可防止饲料扒落与污染。家庭养兔可采用长食槽，也可以用陶瓷食盆，按饲养方式而定。多层笼养兔场多采用转动式或抽屉式饲槽。

饲槽应根据饲喂方式、家兔的类型及生理阶段而定。饲槽的制作材料有金属、塑料、竹、木、陶瓷和水泥等，按规格又分为个体饲槽和自动饲槽等。

① 大肚饲槽　以水泥或陶瓷制作而成，口小中间大，呈大肚状，可防扒食和翻料。该饲槽的优点是制作简单，原料来源广，投资少，但只能置于笼内，不能悬挂，适于小规模兔场使用（图 3-15）。

图 3-15　大肚饲槽

② 翻转饲槽　以镀锌板制作而成，呈半圆柱状，两端的轴固定在笼门上，并可呈一定角度内外翻转。外翻时可往槽内加料，内翻时

兔子可以采食。为防止兔子扒食，可以把内沿往里卷 0.8～1cm 的沿。这类饲槽加料方便，可防止饲料污染。但饲槽高度一经确定不能调整，适用于笼养种兔和育肥兔（图 3-16）。

图 3-16　翻转饲槽

③ 立式饲槽　以塑料制作而成，上方为漏斗形、开口直径约20cm 的下料口（设有分隔板），中间是圆柱形、直径约 10cm 的塑料管（下端设有卡槽），最下方是圆形、直径约 25cm 的盛料盒（底部设有漏孔）（图 3-17）。这类饲槽加料方便，可供两个兔笼内的兔子共同使用，但容易扒食，饲料易被污染。

④ 自动饲槽　又称为自动饲喂器，兼具喂料和贮存作用，多用于大规模兔场及工厂化、机械化兔场。饲槽悬挂于笼门上，笼外加料，省时省力；笼内采食，饲料不容易被污染，浪费也少。料槽由加料口、贮料仓、采食槽等几个部分组成，贮料仓和采食槽之间用隔板隔开，仅底部留 2cm 左右的间隙，使饲料随着兔的不断采食，从贮料仓内缓缓补充到采食槽内，加料一次，够兔采食几天。为防止粉尘吸入兔呼吸道而引起咳嗽和鼻炎，槽底部常均匀地钻上小圆孔。国外一些自动饲槽底部为金属网片，保证颗粒饲料粉尘及时漏掉。采食槽边缘往里卷沿 1cm，以防扒食。自动饲槽分个体槽、母仔槽和育肥槽。以镀锌板制作或塑料模压，一次成型（图 3-18）。

图 3-17　立式饲槽

图 3-18　传输带（自动）饲槽

　　⑤ 饲草架　用于投喂粗饲料、青草或多汁料的饲具。为防止饲草被兔踩踏污染，节省饲草，一般采用饲草架喂草。饲草架多用木

条、竹片或钢筋做成 V 字形。群养兔用的饲草架长 100cm，高 50cm，上口宽 40cm；笼养兔的饲草架一般固定在笼门上（也有设计将饲草架置于两笼之间），饲草架内侧间隙为 4cm，外侧为 2cm。

2. 喂料方式

家兔饲喂方式有人工喂料、半自动喂料和全自动喂料（机械喂料）等方式。目前中国绝大多数兔场采用人工喂料，个别规模化兔场采用机械喂料。在欧洲普遍采用半自动和全自动喂料方式。

（1）效率较低的人工喂料方式

人工喂料是我国最常见的喂料方式，在每个兔笼前网片悬挂一个料盒，料盒与兔笼门左右并排安置，喂料时人工用小铲将兔颗粒饲料逐一加入每个料盒。基本可以做到定量喂料，但耗时耗人工。同时，将饲料逐一加入每个料盒的过程中频繁地取料、加料很容易将饲料撒到料盒外面，饲料浪费严重。这种人工饲喂方式消耗大量劳动力，管理仔兔和母兔的时间减少。

（2）效率较高的人工喂料方式或半自动喂料方式

欧洲采用人工喂料的兔场，种兔笼采用单层排布，母兔笼前端为产仔箱，产仔箱与母兔笼为一体笼，母兔笼后上方采用通长食槽，其喂料效率高。商品兔笼采用与笼养蛋鸡养殖中类似的通长料槽，即在每列兔笼前端设有一个通长饲料槽，通过配套笼具的设计，给每个家兔隔出采食位。将原来的每次饲喂仅对应一个笼位改造为对应一列笼位，可人工撒喂饲料。这两种人工喂料的兔笼可以采用人力推动式给料车或轨道式料车等半自动或全自动喂料形式。与前面提到的单个料盒人工喂料方式相比，这种人工和半自动喂料工艺加快了喂料的速度，减轻了劳动强度；同时，避免了饲料撒到料盒外面，降低了饲料浪费量；在余料处理上较传统的料盒式更为方便，并且这种半自动喂料方式对饲料颗粒硬度要求不高，设备投入也小。从目前我国家兔养殖的现状来看，对养殖户推广提高喂料效率的人工喂料工艺和配套笼具在经济上更为可行。

（3）自动喂料方式

家兔饲喂方式与肉鸡喂料方式基本相同，欧洲一些兔场完全采用肉鸡喂料系统，只是末端料盒（料盘）有些差别。将家禽养殖中的搅龙式喂料设备根据兔笼布列进行改造,使一条料线供给两列(或四列)兔笼。机械喂料系统由贮料塔、输料机、喂料机、输料管、搅龙和料盒(料盘)等组成。贮料塔由镀锌钢板或玻璃钢制成,容积可根据兔舍饲养规模设计,上部为圆柱形,下部为圆锥形,角度一般大于60°,同时塔内需安置破拱装置,以便于下料。贮料塔使用散装饲料车从塔顶向塔内装料,喂料时由输料机将饲料送往各兔舍的喂料机,再由喂料机通过输料管将饲料送至笼位的料盒(料盘)。种兔笼一般采用料盒,背对背两个笼位共用一个料盒,背对背4个笼位共用一个料盘。

搅龙式自动喂料系统对饲料颗粒硬度要求较高,而我国加工后的兔颗粒饲料质地相对较软,用此方式喂料,饲料的破损率很高,影响家兔采食和呼吸道健康。需要饲料厂和养殖企业通过改进饲料加工工艺、调整饲料组成、添加饲料黏结剂、提高饲料强度等措施,来适应搅龙式自动饲喂系统。

针对目前我国颗粒饲料强度普遍不够的现状,也可以改变自动饲喂方式,开发适合我国现阶段家兔养殖的自动饲喂系统。国家兔产业技术体系养殖设施与环境调控岗位专家,参照养鸡业行车喂料系统,研制开发了适合中国现阶段低强度颗粒饲料的行车自动喂料系统及配套的新型种兔笼、商品兔笼。行车自动喂料系统由喂料行车、轨道、牵引绳、头尾架等配件组成,料车在行进的过程中饲料靠重力落入下方的料槽,完成自动喂料,降低了饲料的破损率。

机械化自动喂料系统造价高,一次性投入大,但在劳动力缺乏、人工成本高的经济发达地区,饲喂工艺由人工喂料过渡到自动喂料势在必行。

三、供水设备及饮水器

要想养好兔,每天必须供给充足的清洁饮水。小型或家庭养兔可用盆、桶、碗代替,大中型兔场采用乳头式饮水器。食盆供水虽清洗、消毒方便,较为经济,但饮水很易污染,水质难以保证,同时也会弄湿兔笼,污染环境。乳头式饮水器,可供兔子自由饮水,水源不会污染,又可以节约用水,管理方便,但投资成本较大。

1. 供水设备

供水系统由水源、水泵、水塔、水管网和饮水设备组成。水从水源被水泵抽吸和压送到水塔的贮水箱中，并在水管网内形成压力。在此压力下，水流向各饮水设备。饮水设备包括过滤器、减压装置、饮水器及其附属管路。

（1）过滤器　用来滤除水中杂质，以保证减压阀和饮水器能正常工作。为保证过滤效果，滤芯要定期清洗和更换。

（2）减压装置　降低自来水或水塔的水压，以适应饮水器对水压的要求，有水箱式减压装置（图3-19）和减压阀两种，前者使用更普遍。

图3-19　水箱式减压装置（自动补水）

2. 饮水器

饮水器的形式较多，主要根据经济条件选择。饮水器大致分为以下几种（图3-20）。

（1）简易饮水槽　即在每个笼位内安放一个水碗，或将盛水玻璃瓶或塑料瓶倒置固定在笼壁，瓶口接一橡胶管通过前网伸入笼门，利用压力控制水从瓶内流出，供兔自由饮用。这种形式增加了工人的劳动量，水质容易污染，且较为费水。

（2）瓶式自动饮水器　在小口径玻璃瓶口上，装上内含滚珠且稍

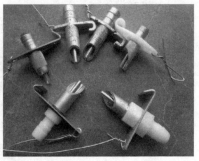

图 3-20　瓶式饮水器及各类乳头饮水器

有弯曲的金属管制成的金属饮水嘴。饮水器倒挂于笼外，饮水嘴伸入笼内，靠瓶内水的压力将滚珠紧压于管壁内，避免瓶内水外滴；当兔用口舌触托滚珠时，滚珠被托动，水即外滴，兔即可饮用。

（3）乳头式饮水器　规模兔场一般采用乳头式饮水器，具有饮水方便、卫生、节水、提高兔的生产性能和工作效率等优点，国内外规模化兔场普遍采用。乳头式饮水器一种是弹簧式结构，由外壳、阀套、触流阀杆、复位弹簧和复位顶珠构成，靠其中弹簧的压力保持密封，其密封程度和使用年限取决于弹簧的质量。我国部分兔场采用弹簧式自动饮水器，使用寿命短，弹簧易变形而使饮水器密封不严，严重漏水，易导致舍内潮湿、空气质量下降、通风压力加大、粪污总量加大及后期处理困难等一系列问题。另外一种为钢球阀结构的乳头式饮水器，由外壳、阀套、阀杆、阀球组成，球阀芯体为不锈钢材质，可直接装在水管上，利用芯体重力下垂密封，兔需水时，触动阀杆，水即流出。该类饮水器依靠水压及钢球、芯阀的自重力保障系统的密闭性，从而大大延长使用年限。相对于弹簧式乳头饮水器，自重力乳头饮水器的投入成本高，但在使用年限上却远高于弹簧式乳头饮水器，平均投入并不比弹簧式乳头饮水器投入成本高，而环境效益却十分显著，从长远看仍是经济合算的。

乳头饮水器可以大大降低劳动强度，提高工作效率，但是水质要求较高，否则输水管道内易滋生苔藓和微生物，造成水管阻塞，并且容易诱发消化道疾病，需要定期对饮水器和输水管进行检查清理。兔场可以对进舍前的地下水进行集中消毒，也可以在每栋舍的储水箱内进行消毒，确保家兔的饮水安全卫生。如果兔场粪污处理不当，污水贮池与排放沟的防渗处理不够，粪污直接排放，长时间可使地下水资源受到污染。一般建场时间越长，地下水受污染的可能越大，对生产的影响也更大，因此，兔场对于饮用地下水必须进行消毒，以保障家兔的健康。乳头式饮水器通常安装在兔笼的前网或者后网上，安装的高度以 20～25cm 为宜。也可以安装在后面的顶网上。如果安装在顶网上，一定要靠近后网，距离后网壁 3～5cm。饮水器不可以直接安装在高压水管上，必须经过一次减压；发现漏水滴水应及时修理和更换。

使用和安装乳头式自动饮水器应注意以下问题：

① 乳头饮水器的安装高度要适宜　应使兔自然状态下稍抬头即可触及到乳头。安装过高家兔饮水不便，过低易被兔身体触碰而发生滴水现象。一般幼兔笼乳头高度 8～10cm，成兔笼 15～18cm。不用担心安装过高小兔喝不到水，它可以双腿搭在侧网上抬头够水嘴。

② 一定的倾斜角度　乳头应向下倾斜 10°左右。因为水平和上仰都会使水滴不能顺阀杆流入兔嘴里。

③ 清洁管理　使用前要清洗水箱、供水管、乳头饮水器，以防杂质堵塞乳头活塞造成滴漏不止，还要定期检查，淘汰漏水水嘴。

④ 输水管选择　输水管应选用深色的塑料管，透明管易滋生苔藓，造成水质不良和堵塞饮水器。

⑤ 遇到乳头滴漏水时，可用手指反复按压活塞乳头，以检查弹簧弹性并排除积物。对滴漏不止、无法维修的应及时拆换。

四、清粪设备

目前，养兔生产中主要采用人工清粪、水冲清粪和机械清粪系统。常用的有刮板清粪系统和水冲式清粪设备。

（1）小型兔场一般采用人工清粪，即用扫帚将粪集中，再装入运输工具内运出舍外。人工清粪设备简单，成本较低，粪尿分离，粪便收集率高，用水量很少，粪污排放量小，但劳动强度大，适用于我国劳动力资源较为丰富地区规模较小的兔场。

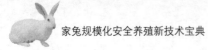

(2) 水冲清粪时，粪沟倾向粪水池的坡度为 0.5%～1%。该设备是由架在粪沟上可以翻转的水箱组成。水箱由销轴支撑在架上，销轴位于水箱断面以上，由水管向水箱连续加水，当加满水后水箱自动倾翻，水倒出后水箱自动复位。巨大的水流和冲力将粪沟内的粪便冲走。水箱容量、冲粪次数等根据粪便产生量及粪沟大小而定。水冲清粪操作方便，劳动强度小，但用水量大，舍内潮湿，粪便收集率低、氮磷等养分损失严重，兔场排污总量大幅度提高，给后期粪污处理造成很大压力，易造成严重的环境污染，同时可能威胁地下水安全，且在寒冷地区冬季出粪口易冻结。家兔粪便含水率低，适合采用固态粪处理方法，一般情况下不建议兔场使用水冲清粪方式。

(3) 机械清粪节约工人劳动力，用水量少，在国外应用十分普遍，但设备一次性投入及维护费用高，推荐规模化兔场采用。机械清粪有刮板清粪和传送带清粪两种。

① 刮板清粪系统（图 3-21） 由牵引机、刮粪板、钢丝绳、转角滑轮和电控装置组成。目前刮板清粪在材料选用上需要一定的改进，特别是拖动刮板的钢丝绳易腐蚀损坏，可用圆钢、钢链或纤维材料代替。刮板清粪系统适用于阶梯式或半阶梯式兔笼的浅明沟刮粪。其工作可由定时器控制刮粪次数，也可人工控制，缺点是粪便刮不太干净。另需注意的是，华北和东北地区冬季寒冷，清粪机不能将粪污

图 3-21　刮板清粪系统

直接刮到室外，以免冻结，影响整套设备的效果。

②传送带清粪系统（图3-22）　主要由电机装置、链传动、主被动辊、传送带等组成。传送带安装在每层笼具下面，当机器启动时，由电机、减速器通过链条带动各层的主动辊运转，在被动辊与主动辊的挤压下产生摩擦力，带动承粪带沿笼组长度方向移动，将粪尿输送到一端，被端部设置的刮粪板刮落，从而完成清粪作业。传送带清粪的效果更好，但投入也明显高于刮板清粪，规模化兔场可根据实际情况选用。重叠式兔笼传送带清粪设备投入太高，不建议使用，可以在阶梯式兔笼的最下层设传送带清粪。

图 3-22　传送带清粪系统

采用机械清粪可以大大提高饲养员的工作效率，粪尿的及时处理有效降低了舍内氨气含量和舍内湿度。从形式上，人工清粪和机械清粪属于干清粪，可以在粪便收集阶段实现干湿分离，能够为舍内提供相对干燥的环境，同时减少排污量，对后期粪污处理比较有利。从我国生产应用情况来看，大多数兔场采用人工清粪或者水冲清粪的形式，机械清粪形式在山东、江苏、河北、浙江、四川和重庆地区的部分规模化养殖场有应用。人工清粪作业占用了饲养员近50%的工作时间，在劳动力成本高的地区规模化兔场可采用机械清粪，以提高工

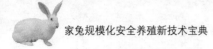

作效率和生产效率。

五、饲料加工机械

现代化、高效益的家兔生产和传统的家兔养殖有很大的区别，是以全价配合饲料为基础。各养兔场在喂料之前对不同的饲料原料进行一定的粉碎、混合和制粒。

1. 饲料粉碎机

为了提高家兔对饲料的消化吸收率，同时也便于将各种饲料混合均匀和加工成多种饲料（如颗粒料），一般在加工全价配合料之前，应粉碎精、粗饲料。要求选择使用和维修方便、结构简单、成品颗粒均匀、作业时噪声和粉尘应符合规定标准、通用性好的粉碎机。

主要利用高速旋转的锤片来击碎饲料的锤片式粉碎机是目前生产中应用最普遍的。工作时，物料经喂料斗进入粉碎室，受到高速旋转的齿板撞击和锤片打击，渐渐地物料被粉碎成小碎粒，饲料细粒通过筛孔被吸料管吸入风机，最后进入集料筒。

2. 饲料混合机

饲料混合机一般是配合饲料厂或大型养兔场饲料加工车间必不可少的重要设备之一。按工序，大致可将混合机分为连续混合和批量混合两种。桨叶式连续混合机是常用的连续混合设备，卧式混合机或立式混合机是常用的批量混合设备。生产实践表明，桨叶式连续混合机结构简单、造价较低，适合较大规模的专业养兔殖场使用。立式混合机消耗动力较少、方便装卸；但生产效率不高，搅拌时间太长，适用于小型饲料加工厂。卧式混合机混合效率高，质量好，但动力消耗大，一般适用于大型饲料厂。

3. 饲料压粒机

平模压粒机和环模压粒机是目前生产颗粒饲料中应用最广泛的压粒机。平模压粒机有 3 种，分别是动辊式、动模式和动辊动模式。压辊、切刀、平模等是主要工作部件。物料在压辊旋转时被推压至模和压辊之间，物料从模孔挤出时因受二者强烈挤压而呈圆柱体，并按规格由固定切刀切断。

环模压粒机又可分为卧式和立式两种。立式环模压粒机是垂直的主轴，水平配置环模圈；卧式环模压粒机是水平的主轴，垂直配置环模圈。一般大、中型场采用卧式环模压粒机，小型场则多采用立式环模压粒机。

颗粒饲料是规模养兔场或专业户养兔场普遍采用的一种饲料形式，是近代饲料工业的新发展。粉料经压制成颗粒饲料之后，其成分在运送、贮存和分配过程中不会被破坏，而是均匀分布，可避免家兔挑食；饲料中的淀粉在压制过程中可发生糊化，产生很浓的香味，提高适口性，对刺激家兔的食欲有帮助作用；饲料原料中的寄生虫卵和其他病原微生物以及豆类、谷物原料中各种抗营养因子可在压制过程中被短期高温破坏、杀灭，饲料的利用率提高。当然，颗粒饲料中的某些营养成分（如维生素等）在加工压制过程中也会被破坏，但饲喂颗粒饲料利大于弊，因此养兔业发达的国家基本都采用这种饲料。

六、编号工具

为便于兔场做好种兔的管理和良种登记工作，仔兔断奶时必须编号。家兔最适宜编号的位置是耳内侧部。目前常用编号工具有耳号钳和耳标。

1. 耳号钳

我国常用的耳号钳配有活动数码块，根据耳号配好数码块后，先对兔耳和数码块消毒，然后在数码块上涂上墨汁，接着钳压兔耳，最后再在打上数码的兔耳上涂抹墨汁，这样经数日后可留下永久不褪的数字。这种耳号钳每打一个耳号就要变换一次数码块，费工费时。国外常用耳号钳的数码是固定的，只要旋转数码块就可以变换耳号，比国内的使用方便（图 3-23）。

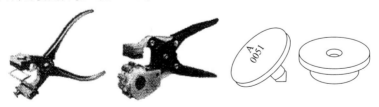

耳号钳　　　　　　　　　　　　　　　　耳标

图 3-23　兔用编号工具

2.耳标

耳标有金属和塑料两种，后者较常用。将所编耳号事先冲压或刻画在耳标上，打耳号时直接将耳标卡在兔耳上即可，印有号码的一面在兔耳内侧。耳标具有使用方便、防伪性能好、不易脱落等特点，并且可根据自己兔场的需要印上品牌商标（图3-24）。

图3-24 打有耳标的种用兔

第三节 兔场环境控制新技术

现代畜牧业发展的趋势是采用集约化、工厂化和规模化的生产工艺，而规模化、集约化、工厂化养殖的畜牧场的一个共同特点是畜禽饲养高度集中，群体规模和饲养密度大；热环境、光照情况、海拔高度、气压、水环境及空气中有害物质含量等环境因子均可对其生产产生影响，随着科技的发展，对畜牧场主要的环境因素可直接通过人工手段来进行调控。营造一个适宜于家兔发挥生产潜能且有利于家兔健康生长的友好环境，是提高家兔生产效率和经济效益的重要保障条件之一。

一、兔场环境对家兔生产的影响

兔场环境是由自然气候因素（太阳辐射、气温、湿度、风、雨、雪等）和兔舍内的空气质量因素（热量和水汽）构成。尤其是热量和水汽是直接影响兔舍内部微气候如冷热、干湿、光照和通风等环境状况的重要因素。表 3-3 为意大利家兔育种协会（ANCI）推荐的兔舍环境指标。

表 3-3　意大利家兔育种协会（ANCI）推荐的兔舍环境指标

项目	公兔、母兔（不带仔兔）	母兔和断奶仔兔	育肥兔
温度/℃	12～15	15～22	12～15
湿度/%	65～75	65～75	65～75
夏季通风量/(m³/kg)	5～6	5～6	5～6
冬季通风量/(m³/kg)	1.5～3	1.5～3	1.5～3
春秋季通风量/(m³/kg)	1～4	1～4	1～4
最大风速/(m/s)	0.3	0.3	0.3
适宜风速/(m/s)	0.2	0.2	0.2
容积(针对房间总容量)/(m³/只)	1.8	1.8	1.8
饲养密度(笼养)	0.35m²/只	0.35m²+0.15m² 笼外产仔箱	16～18 只/m²
每笼饲养只数	1	1	1～2
采食位最低限/cm	10	24	8
食槽数目	1	1	1/(8～10 只兔子)
光程序	1 盏/10m²		
光照时间(强度为 3～4W/m³)	8～17 周龄:12h / >18 周龄:16h	16h	10～12h
光照强度/(W/m²)	4	4	2～3

资料来源：National Association of Italian Rabbit Breeders（ANCI）。

1. 温度

由于家兔全身被毛、汗腺不发达，对热的调节没有其他家畜那样完善，其散热主要是通过体表皮肤、呼出气体、排泄粪尿和吸入的冷空气和进入体内的饮水及食物等来散失体内的热量。在炎热的夏季，家兔血管扩张，血液流量增加，呼吸次数增加，以达到体内热量散失、维持体温恒定的目的。但是家兔体表缺乏汗腺（仅分布于唇和腹股沟），兔体很厚的绒毛形成一层热的绝缘层。因此，依靠皮肤散热很困难，家兔就依靠增加呼吸次数，通过呼出气体、蒸发水分的方法来散热，所以呼吸散热是家兔散热的主要途径。据测定，当外界温度由 20℃ 上升到 35℃ 时，呼吸次数由每分钟 42 次增加到 282 次。家兔正常体温一般保持在 38.5～39.5℃ 之间，体温的维持依赖自身的产热和散热两个对立过程的动态平衡来实现，家兔最适宜的环境温度为15～25℃，临界温度为 5℃ 和 30℃。据试验，在气温 35～37℃ 及较高的湿度条件下，家兔仅能生存 1～2d；在气温 35～37℃ 的阳光下直射，家兔数小时即可中暑死亡。种公兔对于高温最为敏感，30℃ 以上的高温，可使公兔睾丸曲细精管的生精上皮变性，暂时失去生精能力，导致"夏季不育"即秋季配种受胎率低的现象发生。外界气温降低时，家兔体内的营养物质代谢加强，采食量增加，提高体内的产热量，以达到体温平衡的目的。家兔是一种怕热不怕冷的动物，能耐受 0℃ 以下的生活环境，成年兔在东北严寒的条件下，能在敞开式兔舍下安全越冬。但是，冬季室外饲养的家兔繁殖力下降，而且饲料消耗大大增加。初生仔兔裸体无毛，几乎不具有体温调节功能，需要在较高温度的小环境下才能保证其正常生存、生长。在寒冷的冬季，常常会由于低温造成仔兔的死亡。同样，炎热的气候对初生仔兔影响也很大，仔兔窝内温度过高，容易导致仔兔出汗，使窝内变得很潮湿，俗称"蒸窝"，在这样的环境中仔兔也很难成活。一般来讲，出生 1～5d，适宜的窝温为 30～35℃；6～20d 为 25～30℃；20d 以后适宜温度为 20～25℃；1 个月以后，体温调控能力逐渐增强。在兔舍建筑时，一定要注意"大兔怕热，小兔怕冷"这一特点。

2. 湿度

空气湿度是指空气中含有的水汽。空气湿度可以用绝对湿度和相对湿度表示。在养兔生产中，普遍采用相对湿度来衡量空气的潮湿与干燥程度。相对湿度百分率越高，表明空气中的湿度越大。家兔的健康需要保持干燥清洁的环境，湿度过高会加大高温和低温对家兔的危害，而且潮湿污秽的环境还往往是家兔生病的重要原因。如球虫病、

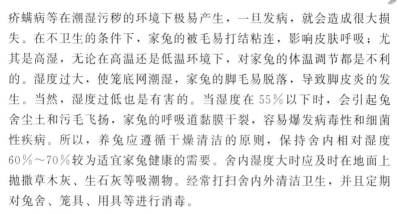

疥螨病等在潮湿污秽的环境下极易产生，一旦发病，就会造成很大损失。在不卫生的条件下，家兔的被毛易打结粘连，影响皮肤呼吸；尤其是高湿，无论在高温还是低温环境下，对家兔的体温调节都是不利的。湿度过大，使笼底网潮湿，家兔的脚毛易脱落，导致脚皮炎的发生。当然，湿度过低也是有害的。当湿度在55％以下时，会引起兔舍尘土和污毛飞扬，家兔的呼吸道黏膜干裂，容易爆发病毒性和细菌性疾病。所以，养兔应遵循干燥清洁的原则，保持舍内相对湿度60％～70％较为适宜家兔健康的需要。舍内湿度大时应及时在地面上抛撒草木灰、生石灰等吸潮物。经常打扫舍内外清洁卫生，并且定期对兔舍、笼具、用具等进行消毒。

3. 通风

兔舍空气由室外对流而来的外界新鲜空气和家兔呼吸与排泄物分解的二氧化碳、氨、硫化氢等组成，同时还有灰尘和水汽。兔舍通风主要是为了引进新鲜空气，排除舍内不良气体、灰尘和过多的水汽。兔舍空气的卫生状况对于家兔的影响很大，其中有害气体和灰尘对兔的健康是不利的，需要利用通风换气来排除。因此，通风的好坏直接影响到家兔生产。另外，在炎热季节，兔舍温度超过家兔的适宜范围，可通过通风实现及时散热。合理通风，可使舍内的温度、湿度、二氧化碳和氨等有害气体的含量控制在适宜范围内。按照我国有关环境卫生方面的规定，兔舍空气中氨含量最高不超过 30mL/m^3、硫化氢含量不超过 10mL/m^3、二氧化碳低于 3500mL/m^3。生产中一般掌握以人进入兔舍无不良感觉，即无刺鼻和刺眼的气味即可。通风有自然通风和机械通风两种形式。

4. 光照

由于家兔来源于野生穴兔，所以依然保持着夜行性的生活习性，然而这并不代表光照对家兔不重要。生产实践发现，光照对家兔的生长和繁殖起着举足轻重的作用。家兔通过太阳光中紫外线的照射，可在体内合成维生素D，促进钙、磷的吸收及骨骼的发育；光照可促进家兔性腺的发育，对于母兔的发情和配种至关重要。光照不足，可导致母兔长期不孕。适度的光照与幼兔的生长也有密切关系，一般家兔适宜的光照强度约为20lx。繁殖母兔需要的光照强度要大些，需要

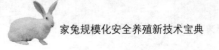

$20\sim30lx$，而肥育兔只需要 $8lx$。

二、兔舍的环境控制

兔舍的环境控制主要是指对有害的生物（细菌、病毒）、物理（严寒、酷暑、噪声等）、化学（如兔舍内氨、硫化氢等有害气体）因素的控制，一个良好、舒适、无病的生态环境对于获得好的生产效益和经济效益是十分必要的。

1. 有害生物的控制

兔舍环境控制中的核心工作是对有害生物的控制，有害生物威胁到家兔的生存、生长与发育。对有害生物的控制具体讲就是对携带传播疾病病原的动物等有害生物进行防控的系列安全措施，目的是控制有害病原生物（细菌、病毒等）进入兔舍。包括以下内容：

（1）兔舍建筑应有利于消毒，每幢兔舍间应有一定距离，并应有防止其他野生动物及犬猫等家养动物进入的措施。

（2）注重兔舍内环境的控制，特别是要有良好通风条件。在解决冬季兔舍保温时要考虑建有通风措施；过多的尘埃及超量的氨气可致呼吸道疾病的暴发；在高温环境中，高湿度的垫料可致球虫病和多种寄生虫病的发生。

（3）兔舍内的地面和笼具应既好用又便于消毒。地面应用不渗水的材料修建，既便于冲洗消毒又能彻底铲除肮脏垫料。兔舍笼具的内面应光滑平整，严防刺伤兔体；笼具的饮水喂料系统应不渗水不漏料，便于冲刷消毒。

（4）加强不同阶段家兔疫情的免疫检测，以便了解病原微生物的种类，为防治措施的制定奠定基础。

（5）加强兔场严格的管理和人员培训。传染病病原可通过多种途径侵入养殖场，其中人员的传播起着重要作用。养殖场人员频繁的活动，特别是无知和粗心大意是造成传入疾病病原的重要因素。只有经过培训并通过考核的人员，才能上岗从事饲养工作。

（6）重视饲料卫生，防止霉变或被污染的饲料进入配料间。在饲料加工、运输、饲喂过程中要防止病原体污染，提供全面配合饲料，满足动物的营养需求，以发挥动物最大的生产性能，获得最佳的生产效果。

2. 温度控制

根据季节的不同，兔舍温度的调节方式不同。

（1）夏季兔舍建筑的防暑

① 兔舍围护结构的隔热性能　兔舍的墙体、屋顶、门窗、地面等称为兔舍的外围护结构。兔舍建筑要重视并提高兔舍外围护结构的隔热性能，这是改变舍内环境、降低运行成本、实现节能减排的根本措施，也是兔舍夏季防暑降温的前提。目前在民用建筑中已非常重视建筑物的节能设计，但在畜舍建筑上围护结构的节能设计尚未提上日程。

兔舍的防暑首先要求兔舍外围护结构具有良好的隔热性能，需要外围护结构具有一定的热阻，兔舍屋顶、墙体可选择传热系数小的材料或增加材料的厚度，以减少通过屋顶、墙体传入的热量。通过屋顶传入舍内的热量占总传入热量的 40%，屋顶在夏季太阳辐射下可以达到 $60\sim70℃$，屋顶内外的温差大于墙内外的温差，所以屋顶的保温隔热作用相对于墙更重要。墙体在防暑方面需要有足够的厚度，并且使用隔热性能好的材料，以达到所需的热阻值。

兔舍围护结构的隔热指标，是以夏季底限热阻值控制围护结构内表面昼夜平均温度不超过允许值，防止舍内过热；以底限总衰减度控制围护结构内表面温度的峰值不至于过高，防止较强的热辐射和温度剧烈波动引起人畜不适；以总延迟时间控制内表面温度峰值出现的时间，总延迟时间足够长，可以使内表面温度的峰值出现在气温较低的夜间，减缓家兔的热应激。

开放式兔舍没有纵墙，结构简单，造价低廉，在南方温暖地区使用较为广泛，开放式兔舍主要起到避雨、遮阳的作用，保温隔热性能差，舍内受外界气候的影响很大，较难进行有效的环境调控，可饲养育肥商品兔。屋顶部分由于受到大量的太阳辐射，对舍内的温度影响很大，所以屋顶需要具有良好的保温隔热性能。开放式兔舍夏季防暑的措施主要是采用加长的屋顶出檐或者设置遮阳网，减少太阳辐射，能够使通过外围护结构传入舍内的热量减少 $17\%\sim35\%$。

有窗密闭兔舍密闭程度高，受外界环境的影响小，便于人工控制

107

舍内的环境条件，其防暑效果也首先取决于屋顶、墙体的保温隔热性能。无窗密闭兔舍内的环境条件完全由人工调控。有窗密闭兔舍和无窗密闭兔舍对建筑外围护结构保温隔热性能的要求更高，因为舍内温度依赖人工的环境调控，所以需要减少通过兔舍外围护结构与舍外之间的热量交换，否则大量的热量通过外围护结构传入舍内，影响舍内降温效果。

② 其他建筑防暑措施　在自然通风的兔舍设置地窗、天窗，采用通风屋脊或钟楼式屋顶等，可以加强舍内的通风，促进家兔体表的对流和蒸发散热，缓解热环境对家兔的影响。

③ 绿化防暑　绿化不仅可以起到一定的遮阳作用，还能降低局部气温。树木能够遮挡 50%～90% 的太阳辐射，可以降低兔舍和地面的温度，蒸腾作用和光合作用也可以降低兔舍周围的气温。因此，绿化树木可以减少兔舍所受到的太阳辐射和降低兔舍周围气温，对于夏季防暑起到一定的辅助作用。

（2）夏季兔舍降温方式

夏季高温会对家兔的生长繁殖造成严重影响。在夏季炎热的气候条件下，在建筑防暑措施无法满足家兔生产要求的温度时，需要配合相应的降温方式对舍内温度进行调控，以避免热应激造成的家兔生产力下降和死亡。我国东南、西南地区是家兔主产区，夏季气候湿热，期间家兔会有 2～3 个月的停繁期，对家兔生产造成严重影响。适合兔舍使用的降温方式主要有以下几种。

① 湿帘-风机负压通风降温系统

a. 湿帘-风机负压通风降温系统的原理和使用条件　湿帘结合负压通风的降温系统是目前应用最为普遍的畜舍降温方式，由湿帘、风机和水循环系统组成，以湿帘-纵向负压通风系统最为常见。湿帘降温利用的是蒸发降温的原理，轴流风机驱动纵向的负压通风，以舍另一端的湿帘作为进风口，当室外热空气经过被水浸润的湿帘时，湿帘上的水分蒸发，以汽化热的形式吸收空气的热量，使经过湿帘的空气的干球温度降低，相对湿度升高，达到降低舍内气温的目的。

据平时应用调研发现，湿帘降温在气候干热地区的使用效果好于湿热地区。空气的相对湿度较低，降温幅度较大，这一规律可以作为判断使用湿帘的最佳时间段的依据。夏季夜间和早晨气温较低，相对湿度较高，在这个时间段不适宜使用湿帘降温，不仅降温幅度低，还会增加舍内的相对湿度，阻碍家兔的散热，此时需要关闭湿帘供水，保持风机开启，利用纵向通风增加家兔的对流散热，可以缓解高温对家兔的影响。当气温上升时，空气相对湿度逐渐下降，中午和下午属于气温高、相对湿度低的时段，这个时段是使用湿帘降温的最佳时段，可以达到最好的降温效果，同时也是舍内最需要降温的时段。在我国华北、华中、西南、东北地区都适宜使用这种降温方式；东南地区地处沿海，夏季相对湿度较高，部分地区的使用效果较差。

湿帘降温理论的最大降温幅度为 $\Delta T = T_d - T_w$（T_d 和 T_w 分别是进风的干球温度和湿球温度）。降温幅度受到空气的温度和相对湿度的影响，空气温度越高，相对湿度越低，降温幅度越大。判断湿帘的降温效果有如下划分，在降温幅度（ΔT）达到 3℃ 以上时，才适宜使用。

$$\Delta T = 7℃（很理想）$$

$$5℃ \leqslant \Delta T < 7℃（很适合）$$

$$3℃ \leqslant \Delta T < 5℃（适合）$$

$$\Delta T < 3℃（不适合）$$

湿帘降温实际上只能将干球温度为 T_d 的空气降到湿球温度 T 的温度，而达不到 T_w，实际的降温幅度与理论的最大降温幅度之间的比值称为降温效率，即：

$$E = \frac{T_d - T}{T_d - T_w}$$

T_d 和 T_w 分别为进风的干球温度和湿球温度，T 为进风出湿帘后的干球温度。

湿帘降温系统的降温效率一般为 $50\% \sim 85\%$，高湿地区的降温效率一般只有干燥地区的 $60\% \sim 80\%$。建议适宜使用湿帘的室外条件为气温大于 27℃，且相对湿度小于 70%。

使用湿帘降温需要兔舍具有较高程度的密闭性，适合在有窗密闭和无窗密闭兔舍中使用。该降温系统中，设计湿帘是唯一的进风口，这样可以保证空气都是经过降温后进入舍内。由于湿帘降温结合的是负压通风，如果兔舍的密闭性低，存在漏风点时，一方面舍外的高温空气不经过降温直接进入舍内，直接影响降温效果；另一方面还会降低舍内的风速，同样影响家兔的散热。湿帘降温通常无法将温度降到家兔生长繁殖的最适宜的温度，只是将舍内的温度降低到 25～30℃，且相对湿度会随之升高（温度每下降 1℃相对湿度上升 4.5%）。假设进风的温度为 35℃，相对湿度为 50%，当进风温度降至 27℃时，相对湿度会上升至 86%，加上兔舍内家兔呼吸和粪尿蒸发本身产生的湿气，舍内的相对湿度会达到 90%以上，这时家兔的蒸发散热受到严重抑制，从这个角度看单纯的湿帘降温不足以缓解家兔的热应激。这并不意味着这个降温系统不适用，配合负压纵向通风可以解决这个问题。负压纵向通风在舍内形成一定的风速，一方面可以产生风冷效果，增加家兔体表的对流散热；另一方面，纵向通风可以排除舍内的湿气，降低舍内的相对湿度，缓解高湿度对呼吸道蒸发散热的抑制，这样就解决了单纯蒸发降温存在的问题。

对于湿帘-风机系统，其作用不仅仅是降温，还可以增加家兔的散热。利用湿帘-风机系统，我们所需要的降温效果不是为了将温度由 35℃降到 25℃以下，这是实际状况下做不到的，也是没有必要的。如果是舍外气温为 35℃，湿帘降温系统的降温能力可以使舍内气温降低 7℃，纵向通风的风冷效果相当于降温 6℃，这样实际感受到的有效温度就是 22℃，这是一个合理的湿帘降温系统需要达到的效果。

b. 湿帘-风机负压通风降温系统运行注意事项 要保证湿帘降温的效果，在使用中还需要注意一些问题。

ⅰ. 充足的供水 如果湿帘供水不足的话，直接影响降温的效果。当湿帘没有被水充分浸润时，会出现局部干燥区域，通过这部分湿帘的空气就没有经过降温直接进入舍内，影响降温效果。足量的供水可以减少水垢和灰尘在湿帘上的积累，否则湿帘容易发生阻塞，影响降温效果，缩短了湿帘的使用寿命。厚度不同的湿帘要求的供水量也不同，15cm 厚的湿帘每平方米每分钟需要的水量为 0.52L；10cm 厚的湿帘每平方米每分钟需要的水量为 0.34L。

ⅱ. 水温的影响 需要防止水温的升高，水温的升高会导致降温效率下降，使用时需要避免阳光对储水罐的直接照射。降低水温能够一定程度上降低出风的温度，但并不能显著提高整栋兔舍的降温效果，通常没有必要通过加冰等方法降低水温来提高降温效果。

ⅲ.风机与湿帘的配比　设备的配比是保证湿帘-风机系统降温效果的重要因素，主要是风机与湿帘的配比以及水泵与湿帘的配比。

风机与湿帘的配比是指风机风量与湿帘面积的配比，配比湿帘面积的计算方法：先确定兔舍的通风量，可以根据养殖密度确定兔舍总的通风量（家兔夏季每千克体重每小时的通风量是 $5\sim6m^3$），或根据兔舍空间大小确定兔舍总的通风量（按兔舍夏季每分钟换气一次来确定总通风量），或者根据"通风量＝兔舍的截面积×纵向风速"确定通风量。然后再根据通风量和过帘风速来确定湿帘面积，匹配的湿帘面积＝总通风量/过帘风速。过帘风速是风经过湿帘的速度，过帘风速越大越有利于降温效果的提高，但过帘风速一般不宜超过 2m/s，否则，过帘风速太大，降低湿帘降温效率，但在通风量一定的情况下，过帘风速太小时则需要更大的湿帘面积，成本上不合算。综合以上各方面考虑，最佳的过帘风速为 $1.2\sim1.8m/s$。

设备的保养维护可以延长使用寿命，防止设备老化影响降温和通风的效果，在夜间不使用湿帘时，停止湿帘供水，保证湿帘每日可以彻底干燥一次；湿帘的供水系统必须安装过滤器，每周对过滤器和储水罐清理一次，防止管道的堵塞和水质对湿帘的影响；定期清理风机上的灰尘和兔毛，风机上灰尘的累积严重影响风机的风量，会造成 $20\%\sim30\%$ 的风量损失，皮带的松动会造成约 25% 的风量损失。

湿帘-风机负压降温方式除了可以采用纵向通风外，也可以采用湿帘和风机分别在两侧纵墙上的横向通风方式，或采用湿帘在屋顶、风机在两侧纵墙的负压通风方式，后两种方法虽然降温和通风效率低于纵向通风方式，但适合冬季使用。

② 湿帘冷风机降温

湿帘冷风机是湿帘和风机组合成一体的降温设备，由湿帘、风机、送风管道和水循环系统及其他部分组成，其降温原理与湿帘-风机负压通风降温系统相同，但两者在结构、适用条件及降温效率上存在不同。湿帘冷风机的风机和湿帘是一体的，当风机运行时，冷风机腔内产生负压，进风通过多孔湿润的湿帘表面进入腔内，湿帘上的水蒸发，带走空气中的热量，使过帘空气的干球温度降低。空气温度越

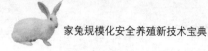

高，相对湿度越低，降温幅度越大。湿帘冷风机从出风口出来的冷风以正压送风的方式进入舍内。在降温的同时，室外新鲜的空气吹入室内，起到了通风换气的作用。

在送风方式上，风机将经过湿帘降温后的冷空气，以正压送风的方式送入室内。这种送风方式的优点是对兔舍的密闭性要求较低，可以在开放、半开放的兔舍及其他密闭性能不好的兔舍中使用；并且可以使用管道送风，进行局部的降温，可以配置相应的风管或排风扇，使冷风分配均匀；而且具有通风换气的功能，有利于保持舍内良好的空气质量。湿帘冷风机设备投入和运行费用仅为制冷空调的 $1/10 \sim 1/5$，降温效率是制冷空调的 $50\% \sim 80\%$，不污染环境，是一种环保节能的降温设备，适用于各种类型的兔舍。与湿帘-风机负压通风降温系统相比，湿帘冷风机风量较小，所需的冷风机台数较多，设备的投入较大；在降温的均匀度、风冷效果以及通风换气效果上不如湿帘-风机负压通风降温系统，湿帘冷风机出风的初始速度较大，在兔舍内受笼具和管网等的阻力的影响较大，会使出风口的远端风速较低，风冷效果不佳，降温不均匀（图 3-25）。

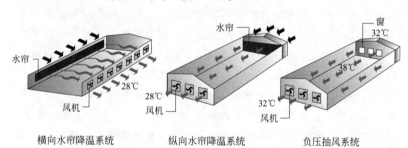

横向水帘降温系统　　　　纵向水帘降温系统　　　　负压抽风系统

图 3-25　兔舍通风及降温系统

在夏季潮湿的地区湿帘冷风机的降温效率也受到限制，同样建议在中午和下午温度高、湿度低的时间段使用。

③ 水冷空调降温

水冷空调的工作原理是利用地下 15m 左右的低温浅层地下水作为冷源，末端热交替器为风机盘管。由水泵将地下水送进空调器内的金属盘管中，使盘管具有较低的表面温度，同时空调器内的风机将热空气吹过盘管，两者发生热量交替，将盘管中冷源的冷量转移到空气，并由风机以正压送风的方式把降温后的空气吹入舍内，地下水经回水管道流入回流井。机组内不断地再循环所在房间的空气，使空气通过冷水盘管后被冷却，如此往复循环，实现舍内降温的目的。天然冷源大多用的是井水，我国大部分地区地下水的水温在20℃以下，而且地下水位较高，较易取得。

水冷空调主要由风机盘管、水泵、管道构成。风机一般采用轴流风机或小型离心式风机，盘管是钢质材料，一般会在钢管之间加上铝质翅片来增加交换面积，提高热传递的效果。

水冷空调利用空调与冷水介质间的热交换来降温，与湿帘等蒸发类降温方式相比，水冷空调降温的优点在于降低气温时不会增加空气的相对湿度，有利于畜体的散热。与压缩机空调制冷相比，具有功耗及运行成本低、结构简单、安装维修方便等优点。设备不仅能够用于夏季的降温，循环水换成热水还可以用于冬季供暖；采用正压通风，结合管道送风方式，可以在开放、半开放的兔舍使用。降温的幅度在2.5～3.3℃，适用于夏季气候较为温和的地区。这种降温方式要求兔场地下水资源丰富，在应用上有一定的局限性，适合于小规模兔场。

水冷空调的优点是设备投入低，节省电能，运行成本也较低，但耗水量较大，由此造成的地下水过度开采，不仅是对水资源的巨大浪费，还会造成地下水位下降，地表沉降。所以水空调系统必须要有回灌系统，也就是抽取的地下水在使用了其携带的冷量后，要将这一部分水回灌到同一含水层中。直接利用地下水降温而不利用地下水供暖时，多年之后，可能会出现地下水温度逐年上升，还可能导致地下水污染。**开采利用地下水必须征得当地水务部门的批准**。目前，在对地能等绿色能源的开发利用方面，我国限制使用直接利用地下水的简易的水冷空调技术，在冬、夏季能保持地能平衡的地区鼓励使用地源热泵技术，能同时实现夏季降温、冬季供暖（图3-26）。

④ 压缩机空调降温

压缩机空调制冷是以压制的制冷剂作为介质来冷却进入室内的空气。优点是降温幅度较大，容易根据需要进行调控。这种降温方式对

图 3-26　水冷空调降温系统

兔舍密闭性和隔热性能要求较高，过多的热量传入舍内会严重影响降温效果。由于兔舍空气中兔毛和灰尘较多，需要定期清理空调的过滤器以保证降温效果不受影响，以每月清理 1 次较为适宜。这种降温方式设备的投入成本高，而且运行成本较高。由于压缩机空调制冷的高投入和高运行成本，在生产中应用较少，可以在蒸发降温效果很差的湿热地区的繁殖兔舍使用，保证种兔在夏季的正常繁殖，也可以仅在公兔舍内使用以消除高温对其繁殖性能的影响。由于空调本身的风量小，通风换气量不够，且为了节能大多使用内循环模式，所以舍内容易积累有害气体，造成空气污浊，需要与相应的通风方式结合。白天开窗通风会使舍内气温升高，影响降温效果，增加耗电量，可以在夜晚到清晨温度较低的时段开启窗户或风机进行通风换气。

⑤ 屋顶喷淋降温

屋顶喷淋降温也是利用蒸发降温原理，在屋顶上安装喷淋系统，喷淋器喷出的水在屋面蒸发，带走热量达到降温的目的，还能形成水膜，阻挡部分太阳辐射。形成的水膜可吸收投射到屋面的 8% 左右的太阳辐射，连同水分蒸发带走汽化热，可以使室温降低 2～4℃，降温幅度较小，适用于夏季气候较为温和的地区。特点是设备简易，成本低廉，适用于小规模的兔场。缺点是容易形成水垢沉积，且用水量大。这种降温方式适合屋顶较低的兔舍（图3-27）。

图3-27　屋顶喷淋降温系统

⑥ 喷雾降温

喷雾降温是用气流喷孔向兔舍喷射细雾滴，雾滴降落的过程中汽化吸热达到降低舍温、增加散热的目的，同时可结合风机排风产生气流，排除舍内多余水汽。喷雾降温系统主要由供水系统（水箱、水泵、过滤器）、输水管和喷头组成，根据雾滴大小的不同分为高压喷雾系统和低压喷雾系统。喷雾降温方式在鸡、猪等畜种上应用较多，降温效果有限，一般可降温1～3℃，且会增大室内湿度，降温的效果可能会被湿度的增大抵消，所以适用于干热地区。由于这种降温方式容易有未蒸发的雾滴落到家兔体表，污染皮毛，所以在兔舍降温中较少使用。

喷雾系统在兔舍的另一个主要用途是对兔舍进行喷雾消毒（带兔消毒），使用喷雾系统应注意预防由于室内湿度过大引发的兔皮肤病。

（3）冬季兔舍建筑的防寒

家兔是耐寒的动物，对于成年兔，冬季舍内温度维持在10～15℃即可，低于5℃会产生明显的冷应激。初生仔兔体表被毛少，保温能力差，需要保持舍内20℃以上才能保证产仔箱内达到适宜的温度。我国北方大部分地区冬季寒冷，需要有供暖才能达到家兔生产的适宜温度。其他生产区的家兔养殖在冬季只需做好相应的防寒工作即可，

一般不供暖也可达到适宜的温度。

①兔舍围护结构的保温性能　一个兔舍保温隔热质量的好坏，会影响到舍内外温度差异的高低。因此，在建兔舍时，要选择导热系数小、保温性能好的建筑材料（图3-28）。同一种材料的导热性能，因其单位体积重量即容重（密度）的差异而不同。材料轻，孔隙多，孔内充满空气，空气导热性极小。因此，必须选好建筑材料，并确定屋顶和墙体适宜的厚度，使兔舍具有良好的保温隔热性能。在寒冷地区，兔舍墙体、屋顶、门窗等外围护结构应选择热阻值高的保温材料，并保证足够的厚度，提高围护结构的保温性能，满足围护结构冬季低热限值要求，最低保证围护结构内表面温度高于露点温度，亦即保证围护结构表面不结露。兔舍围护结构保温性能差时，兔舍普遍存在舍内潮湿（湿度90％以上，甚至达到100％）、气温低、空气污浊，兔舍的供暖、通风换气等末端环境调控措施不能有效地发挥作用，同时家兔呼吸道疾病频发。冬季通过墙体损失的热量占总热量损失的35％～40％，通过屋顶散失的热量占总散热量的40％。提高兔舍围护结构的保温性能是改善兔舍冬季热环境和空气质量环境、降低供暖运行成本、实现节能减排的根本措施，也是兔舍防寒保暖的前提。

图3-28　北方寒冷地区需采用加厚保温泡沫板

② 其他建筑防寒措施

a．寒冷地区兔舍适宜选择朝南向、南偏东或南偏西 15°～30°，有利于接受更多的太阳辐射，并使纵墙与冬季主风向呈 0°～45°角，减少冷风渗透。适当降低兔舍的高度，减少墙体面积；在满足通风和采光的前提下，加大跨度有利于冬季保温。北墙是对着冬季的迎风面，容易产生冷风渗透，所以减小北墙的面积，在确定总的窗面积后，南、北窗面积按照（2：1）～（3：1）来设计。地面的建造也应多加注意，目前兔舍地面多采用水泥地面，国外也有用复合结构的保温地面，用陶土混凝土地面效果较好但造价较高。

b．控制气流防止贼风。在冬季，兔舍内气流由 0.1m/s 上升到 0.8m/s 时，相当于舍内温度降低 6℃，冬季兔舍内风速不得超过 0.2m/s。密闭兔舍需要关紧门窗；开放兔舍需要用塑料布将两侧露风的位置封闭，减少冷风的侵入，增加保温的效果。

c．控制合理的养殖密度。成年兔 0.25m²/只，繁殖母兔及其一胎仔兔 0.25～0.35m²/只，育肥兔每平方米可饲养 18～22 只。

d．保持舍内的干燥是间接保温的有效方法，潮湿会增加兔舍的结构散热。另外，通风排湿时也会增加舍内散热。冬季通风散失的热量在畜舍总散热量中占很大比重，不采暖的兔舍占 40% 以上，采暖兔舍占 80% 以上。除湿需要注意及时地清除舍内的尿液、更换漏水的饮水器等。

（4）冬季兔舍的供暖

在冬季寒冷的地区，做好兔舍的防寒保温工作，是降低饲料消耗、提高营养物质利用率和发挥家兔生产性能的有力措施。单纯的建筑防寒措施无法达到所需的温度时，就需要采取供暖对舍内的温度进行调节。适合兔舍使用的供暖方式有以下几种。

① 锅炉-暖气片供暖、锅炉-风机盘管（水暖空调）供暖　供暖系统（图 3-29）是由锅炉提供热水，热水在舍内的暖气片或风机盘管中循环并散热，为舍内提供热量。锅炉供暖方式可以采用大中型锅炉对大型兔场进行集中供暖，也可以每栋兔舍采用小型锅炉独立供暖。集中供暖的好处在于能够减少烧锅炉的工作量，节省人力，设备使用寿命较长，供暖效率较高。主要的难点是输送热水管道的铺设，热水管

图 3-29　锅炉暖气供暖系统

道需要良好的保温效果，表面要加保温层，并保证足够的铺设深度，否则输送热水过程中热量损失严重，造成供暖效率低下。这就给管道的铺设、维修增加了难度，而且设备、管道和建设的一次性投入较高。每栋兔舍采用小型锅炉独立供暖时，需要灵活控制供暖时间，但管理繁琐，增加了管理锅炉的工作量，供暖效果取决于每栋兔舍管理锅炉的工人的责任心和经验，供暖效果不能保证，能耗也较高。在一些小型的兔场使用炉腔中空的煤炉替代锅炉，水在炉腔中加热后，由管道循环至兔舍内的暖气片。这种方式投资少，煤炉既可以作为兔舍取暖的热源，能持续为兔舍供暖，还可以供饲养员日常生活使用，但供暖的速度较慢。

　　② 热风炉供暖　热风炉供暖是燃烧煤、天然气等燃料产生热量，风机驱动产生气流，低温洁净的空气经过红热的炉膛时，被加热到 $60\sim80℃$，通过管道送入舍内供暖。热风炉的供暖能力较强，通过调节炉底风门的开启程度控制炉温，从而调节热风的温度。热风炉在为兔舍提供热量的同时也能起到一定的通风换气作用，能够很好地解决冬季供暖与通风之间的矛盾，保证兔舍内温度基本恒定的情况下，进行通风换气，排出水汽和有害气体，有利于改善空气质量。配备电器

温控系统，可以实现对兔舍内温度的自动控制，根据兔舍内温度自动开启送风和关闭送风。但这种方式直接加热空气供暖，在停止供暖时，兔舍内温度下降较快，所以兔舍内的温度波动较大。采用这种供暖方式时兔舍大小不宜过长，因为在送风过程中随着热量的衰减，远端的送风温度会大幅降低，影响远端的供暖效果。在东北地区正常的养殖密度条件下，使用一台热风炉日平均的耗煤量约为 $0.16kg/m^2$，运行成本很高。燃烧过程产生的烟尘对环境的污染较为严重。

热风炉在使用时需要注意以下几点：

a. 热风炉在供暖的同时，也需要起到通风换气的作用。如果炉温太高，供暖没有问题，但换气量减少，则会使室内空气污浊。可以适当降低炉温，增大通风量，这样在供暖的同时不影响通风换气的效果，而且也能减少耗煤量。需要根据舍内家兔的日龄和生产的节奏合理调整供暖与换气之间的关系。

b. 需要保证热风炉新风入口位置空气的清洁。热风炉间里的空气会因为煤的燃烧，或者因为兔舍中空气的流入而容易变得污浊，热风炉将这样的空气送入兔舍内，不利于改善兔舍内的空气质量，所以需要注意热风炉间开窗通风，减少兔舍之间的空气流通，保证进入热风炉的空气都是来自室外的新鲜空气。

③ 地源热泵供暖　地源热泵技术是一种利用地下浅层地热资源（也称地能，包括地下水、土壤或地表水等）的既可供热又可制冷的高效节能的空调技术。地源热泵空调系统主要分 3 部分：室外地能换热系统、地源热泵机组和室内空调末端系统。地源热泵系统按照室外换热方式不同可分为 3 类：土壤埋盘管系统、地下水系统和地表水系统。地源热泵通过输入少量的高品位能源（如电能），实现低温位热能向高温位转移。由于全年地温波动小，冬暖夏凉，地能在冬季作为热泵供暖的热源，把地能中的热量取出来提高温度后供给室内采暖；在夏季作为空调降温的冷源，把舍内的热量换出来，释放到地能中去，实现舍内降温。通常地源热泵消耗 1kW 的能量，用户可以得到 4kW 以上的热量或冷量。

④ 火炕、火墙、烟道供暖　在农户和小型兔场，冬季可采用设施设备投入较低的火炕、火墙或烟道供暖。寒冷地区养殖户在仔兔保

育时，可采用火炕供暖，也可在兔舍纵墙内侧或兔舍隔墙上设火墙、烟道供暖，烟道也可以设在地面，除燃烧煤炭取暖外，也可利用秸秆、树叶及其他各种形式的燃料资源。

3. 湿度控制

湿度调节的方法很多，如加强通风，降低舍内饲养密度，增加清粪次数，排粪沟撒一些石灰、草木灰等均可降低舍内湿度。一般来讲，兔舍内相对湿度以 60%～65% 为宜，不应低于 55% 或高于 70%。评价环境温湿度对家兔的影响时，单纯考虑温度和湿度是片面的，需要将两者综合分析，才能准确评价环境的舒适度。温湿指数（THI）是将温度和湿度两者相结合来评价炎热程度的指标，原为美国气象局用于评价人类在夏季炎热天气条件下感到不舒适程度的一种方法，后来被应用于畜禽。家兔的温湿指数评价热环境的标准为：THI≤27.8 为无明显热应激的环境；27.8＜THI≤28.9 时为中等程度热应激环境；28.9＜THI≤30 为严重热应激环境；THI＞30.0 为非常严重的热应激环境。

面对湿度过大的环境条件，可以采取以下措施使兔舍内保持干燥：

第一，严格控制用水。尽量不要用水冲洗兔舍内的地面和兔笼。地面最好用水泥制成，并且在水泥层的下面再铺一层防水材料，如塑料薄膜等，这样可以有效地防止地下的水汽蒸发到兔舍内。兔子的水盆或自动饮水器要固定好，防止兔子拱翻水盆或损坏自动饮水器，而搞湿兔舍和兔笼。

第二，坚持勤打扫。每天要及时将兔粪尿清除出兔舍。笼下的承粪板和舍内的排粪沟要有一定的坡度，便于粪尿流下，尽量不让粪、尿积存在兔舍内。

第三，保持良好的通风。家兔每小时所需的空气量，按其体重计算，每千克活重是 2～8m³；根据不同的天气和季节情况，空气的流速要求 0.15～0.5m/s。兔舍的通风要根据舍内的空气新鲜程度灵活掌握。如果兔舍内湿度大、氨气浓时，要加快空气流通，以保持兔舍内空气新鲜。

第四，根据天气情况开关门窗。当舍内温度高、湿度大、闷气时，要多开门窗通风；天气冷、下大雨、刮大风时，要关好门窗，防

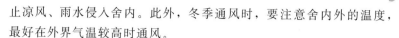

止凉风、雨水侵入舍内。此外，冬季通风时，要注意舍内外的温度，最好在外界气温较高时通风。

第五，撒吸湿性物质。在梅雨季节或连日下雨，空气的湿度很大，采用以上措施效果不明显时，可在兔舍内地面上撒干草木灰或生石灰等吸湿。在撒之前，事先要把门窗关好，防止舍外的湿气进入舍内。

4. 通风控制

通风有自然通风和机械通风两种形式：

（1）自然通风

自然通风是以风压和热压为动力，产生空气流动，通过兔舍的进风口和出风口形成的空气交换。

① 风压通风

当兔舍外有风时，兔舍迎风面的气压会大于大气压，背风面气压小于大气压，由此形成迎风面与背风面的压力差，空气就会从迎风面的进风口进入，从背风面的出风口流出，形成通风。通风效率和气流分布受到风速、进风角度以及进风口和出风口形状、位置等的影响。从冬季保暖和通风的角度考虑，在兔舍背风面侧墙的上部设少量的窗户，这种窗户不作为采光用，只作为兔舍冬季自然通风的通风口。

② 热压通风

兔舍内的空气被畜体和加热设备加热上升，使得热空气聚集在兔舍的顶部，兔舍上部的气压大于舍外，形成正压区，下部气压小于舍外，形成负压区，这样，上部的空气就可以通过出风口排出，舍外的空气通过进风口进入舍内，形成自然通风。受到舍内外温差、进风口和出风口面积的影响，气流分布受到排风口和进风口的位置、形状和分布的影响。根据这个原理，冬季兔舍自然通风时，进入兔舍内的冷风以斜向上的角度吹入较好，冷空气从兔舍的上层流到下层的过程中逐渐与热空气混合，既降低了兔舍下层气流的速度，又减少了通风对兔舍下层空气温度的影响。

自然通风适用于跨度小于8m的兔舍，采用自然通风的大跨度（9~12m）兔舍可以在屋顶安装无动力风帽作为出风口，改善兔舍中央的通风效果，但屋顶风管内应设可调控启闭程度的风阀，便于冬季调整通风量。跨度更大时（＞12m）就必须辅助机械通风了。在炎热的夏季，兔舍单靠自然通风往往不能保证兔舍的环境，必须辅以机械通风。

（2）机械通风

机械通风按照舍内气压变化可以分为正压通风和负压通风，负压通风中按照气流的方向又分为纵向通风和横向通风（图 3-30）。

图 3-30　机械通风

正压通风即由风机将舍外空气送入舍内，使舍内气压高于舍外，舍内空气由排风口自然排出的通风换气方式。正压通风优点是可以在空气进入舍内前进行加热、降温、净化等预处理，可以用于密闭舍，也可以用于开放、半开放兔舍；缺点是会有通风死角，设备投入费用高。在兔舍供暖和降温方式中提到的湿帘冷风机、热风炉和水冷空调都是结合了正压通风。

负压通风（图 3-31）是风机将舍内空气抽出到舍外，使舍内气压低于舍外，舍外空气由进风口自动进入舍内的通风换气方式。负压通风在兔舍通风中应用较多，通风效率高，无死角，设备简单，造价低廉，但对舍的密闭程度要求高。例如在兔舍降温中介绍的湿帘-风机降温系统，如果兔舍的密闭性低，会影响通风和降温效果。负压通风根据排风口的位置，可以分为横向负压通风、纵向负压通风等形式。在负压通风中气流与舍长轴垂直的机械通风为横向通风，气流与舍长轴方向平行的机械通风称为纵向通风。

对于密闭兔舍，通风既排出湿气和有害气体，改善舍内的空气质

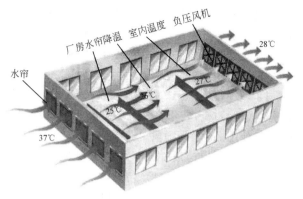

图 3-31 负压通风示意图

量，也引入或带走舍内的热量，造成舍内气温的变化。冬季要求舍内气流速度尽量低，减少通风带走的热量，夏季则要求较高的气流速度，尽量多带走热量。夏季的通风量作为在通风设计时畜舍需要的最大通风量，冬季的通风量作为最小通风量。

① 适合兔舍夏季通风的机械通风方式

畜牧生产中目前畜舍普遍采用纵向负压通风技术，具有风量大、风速快等特点，与湿帘降温相结合，能有效促进畜体的对流散热，增加风冷的效果，适用于夏季通风，并有利于舍内夏季的降温散热。

② 适合冬季使用的机械通风类型

畜舍冬季热量的损失主要是围护结构的对流散热和通风散热两部分组成。通风是主要的热损失方式，损失的热量由通风量和舍外温度决定，通常占总散热量的 $40\%\sim80\%$。通风有利于保护舍内良好的空气质量，对保持家兔健康生长非常重要。目前我国多数兔场冬季采用自然通风方式。自然通风时空气被动扩散，通风效率低，开窗换气的同时导致兔舍热量快速散失，显著降低舍内的温度，造成家兔的冷应激。舍内温度波动降幅大，易引发家兔感冒、呼吸道疾病。减少通风可以显著降低舍内热量的损失，有利于保温，所以多数兔场冬季强化兔舍的保温，以牺牲空气质量为代价，但兔舍湿度大，有害气体浓度高，空气污浊，通风不良引起的呼吸道疾病又不可避免，所以冬季通风换气与保温的矛盾非常突出。

要解决冬季保温与通风的矛盾，其核心在于提高换气效率，因此，在寒冷地区，越是冬季越需要机械通风换气方式，提高换气效率，减少换气时的失热。这里介绍几种适合冬季通风的方法。

a.横向负压通风　与纵向通风相比，横向通风存在气流分布不均匀、死角多、换气效率低的缺点，但横向通风风速较小，通风量也相对较小，对家兔造成的冷应激较小，适用于冬季通风。当兔舍的跨度在8～12m时，可以使用横向负压通风。当跨度大于12m时，可以采用两侧排风屋顶进风的负压通风，或屋顶排风两侧进风的负压通风方式。

b.正压送风　在冬季将正压通风与供暖相结合，如在寒冷地区冬季使用的水空调或热风炉供暖系统，均可以设供暖间，将冷空气加热后进入兔舍，可以解决风速大、进风温度低等问题。

c.变频风机负压纵向通风　纵向通风技术在冬季存在风速太大、进风端温度低、进风端与舍内温差太大等问题，影响动物健康，在冬季无法运行。但如果在纵向通风的风机上安装变频器，即纵向通风时采用变频风机，控制风机的转速，将通风量减至所需的最小通风量。由于风量小，舍内的气流速度不会像夏季纵向通风那样快，不会明显增加家兔的冷应激，也不会显著降低舍内温度，在冬季气候温和或者气候寒冷但有供暖的兔舍可以使用。

使用这种通风方式需要注意以下问题：一是为避免冷风直接吹向家兔，进风口需要加导向板，让气流沿斜上方的方向进入，这样冷空气进入后先与上部的热空气混合后再下降，减少冷空气对下部气温的影响。二是由于风机的风量小，普通风机的百叶无法正常开启，会严重降低风机的通风效率，需要将百叶支撑起来。

d.热回收通风　如何有效解决冬季通风与保温的矛盾，减少通风的热量损失，降低能耗，是畜舍冬季环境调控的主要难题。采用热回收通风（热交换通风）技术可以在一定程度上缓解通风与保温的矛盾。热交换通风的原理是舍内温暖的污风与舍外寒冷的新风进入热交换芯体后发生热量交换，同时两者之间不接触，将欲排出的污风的热量回收用于新风的预热，但不污染新风，这样就缓解了通风换气对舍内气温的影响，同时改善舍内空气质量。对于热交换通风，在民用和工业建筑中应用较为常见，主要特点是节能环保。合理的通风方式是减少畜禽供暖燃料消耗的最重要的途径，在畜舍这种高耗能的场所，热交换通风有着很高的应用价值。

热交换通风使用空气-空气能量回收装置，使用这种通风方式需要兔舍内与兔舍外存在一定的温度差，兔舍内外温差在 8℃ 以上的地区适用，如我国冬季较为寒冷的北方大部分地区。东北地区兔舍外温度极低，单纯利用这种通风方式会导致舍内温度大幅下降，所以需要有供暖系统，如兔舍供暖中提到的锅炉暖气片供暖，若安装热回收通风系统回收排风的热量，可以减少供暖的压力，对于降低取暖的能耗，提高能源利用效率，实现节能具有重要意义。华北地区冬季舍外温度较为温和一些，保温性能良好的兔舍不供暖也可以直接使用这种通风方式，不会造成舍内温度的显著降低。

5. 光照控制

兔舍光源有太阳光和人工灯具（图 3-32）的照明。影响自然光照的因素主要是畜舍朝向和窗口。我国大部分区域处于北回归线以北，特点是冬季太阳高度角小，夏季太阳高度角大，所以我国大部分地区应选择朝南的方向，这样冬季有较多的光照进入舍内，也有利于舍内的保温。

图 3-32　人工光照

采用自然光照的条件下，需要确定窗口的面积，可以用采光系数（窗地比）计算。采光系数是指窗户的有效采光面积与舍内地面面积之比。种兔舍的采光系数为 1：10，育肥兔舍的采光系数为 1：15，

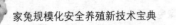

确定窗口的位置需要考虑光线的入射角与透光角，能够确定窗沿的高度和窗口的高度。兔舍要求光线入射角不小于 25°，透光角不小于 5°。在窗口的布置上，炎热地区南北角的面积比可为（1～2）：1，寒冷地区可为（2～4）：1。

人工光照不仅用于密闭兔舍，也用于自然采光兔舍补充光照。

我国养兔多以自然光照为主，辅以人工光照。如果当地日照时间过短，需要将不足部分人工补足。例如冬季光照时间 11h，而母兔繁殖需要 16h，那么，人工补充 5h 即可，可以在日出前或日落后补充 5h。对于夏季光照时间较长，需要缩短光照时间，可用黑布窗帘遮蔽窗户控制光照。

光照强度一般用照度来表示，光通量是光源辐射的光能与辐射时间的比值，单位是流明（lm）。照度是指物体表面所得到的光通量与被照射面积的比值，反映物体被照明的程度，单位是勒克斯（lx），1lx 就是 1lm 的光通量均匀照射在 1m² 的面积上产生的光照强度。

人工灯具常见的有白炽灯、荧光灯（日光灯）。白炽灯光线约 1/3 为可见光，其余 2/3 为红外线，主要以热的形式散失到环境中，因此，白炽灯发光强度仅为荧光灯的 1/3，在悬挂高度 2m 左右时，1W 的白炽灯光源在每平方米兔舍内面积可提供 3.2～5.0lx 的照度，1W 的荧光灯光源在每平方米舍内面积可提供 12.0～17.0lx 的照度。

灯的悬挂高度影响照度，灯越高，照度越小，一般灯具的高度在 2.0～2.4m，为使舍内的光照尽量均匀，需要适当减小每盏灯的瓦数，增加灯的盏数，一般在 40～60W 为宜。兔舍常用的是 25～40W 的白炽灯或 40W 的荧光灯。由于家兔是笼养，需要注意底层的光照，灯的位置可以安装在粪道中间，高度调节到兔笼中层的位置。灯与灯之间的距离应为灯高度的 1.5 倍或 2～3m 的灯距。

人工照明的选择可按以下步骤进行：

选择灯具的种类，根据兔舍光照标准和 1m² 地面 1W 光源提供的照度计算所需光源的总瓦数。

$$光源的总瓦数 = \frac{需要的照度}{1W\ 光源在\ 1m^2\ 地面提供的照度} \times 兔舍总面积$$

确定灯具数量：按照要求的行距布置灯具，计算出所需灯具的总数。根据总瓦数和灯具盏数，计算每盏灯的瓦数。

6. 有害气体的控制

一般空气的成分相当稳定，含有 78.09% 氮、20.95% 氧、0.03% 二氧化碳、0.0012% 氨以及一些惰性气体与臭氧等。兔舍内空气成分会因通风状况、家兔数量与密度、舍温、微生物数量与作用等的变化而变化，特别是在通风不良时，容易使兔舍内有害气体的浓度升高。家兔在舍饲的情况下，本身会呼出二氧化碳，排出的粪尿，被污染的垫草也会发酵产生一些有害气体，主要有氨气、硫化氢。这些有害气体浓度的高低直接影响到家兔的健康。因此，一般舍饲条件下，规定了舍内有害气体允许的浓度：氨（NH_3）＜ $30cm^3/m^3$、二氧化碳（CO_2）＜ $3500cm^3/m^3$、硫化氢（H_2S）＜ $10cm^3/m^3$ 和一氧化碳（CO）＜ $24cm^3/m^3$。

家兔对氨气特别敏感，在潮湿温暖的环境中，没有及时清除的兔粪尿会被细菌分解产生大量的氨气等有害气体。兔舍内温度越高，饲养密度越大，有害气体浓度越大。家兔对空气成分比对湿度更为敏感，空气中的氨气被兔子吸进后，先刺激鼻、喉和支气管黏膜，引起一系列防御呼吸反射，并分泌大量的浆液和黏液，使黏膜面保持湿润，由于黏膜面湿润，氨气又正好溶解于其中，变成强碱性的氢氧化铵而刺激黏膜，从而造成局部炎症。当兔舍内氨气浓度超过 $20\sim30cm^3/m^3$ 时，常常会诱发各种呼吸道疾病、眼病，生长缓慢，尤其可引起巴氏杆菌病蔓延。当舍内氨气浓度达到 $50cm^3/m^3$ 时，家兔呼吸频率减慢、流泪和鼻塞；达到 $100cm^3/m^3$ 时，会使眼泪、鼻涕和口涎显著增多。家兔对二氧化碳的耐受力比其他家畜低得多。因此，控制兔舍内有害气体的含量对家兔的健康生长十分重要。

控制有害气体的措施一般主要采用通风。

通风是控制兔舍内有害气体的关键措施。一般兔舍在夏季可打开门窗自然通风，也可在兔舍内安装吊扇进行通风，同时还可以降低兔舍内的温度。冬季兔舍要靠通风装置加强换气，天气晴朗、室外温度较高时，也可打开门窗进行通风；密闭式兔舍完全靠通风装置换气，但应根据兔场所在地区的气候、季节、饲养密度等严格控制通风量和风速。如有条件，也可使用控氨仪来控制通风装置进行通风换气。这种控氨仪有一个对氨气浓度变化特别敏感的探头，当氨气浓度超标时会发出信号。兔舍内氨的浓度超过 $30cm^3/m^3$ 时，通风装置即自行开动。有的控氨仪与控温仪连接，使兔舍内在氨气的浓度不超过允许水平的情况下保持较适宜的温度范围。在家兔生产中，除了通过通风来有效地控制兔舍内有害气体的浓度之外，还必须及时清除兔舍内的粪尿，防止兔舍内水管、饮水器漏水或兔子将水盆打翻，要经常保持兔舍、兔笼板、承粪板和地面的清洁干燥。

7. 噪声控制

噪声能对动物的听觉器官、内脏器官和中枢神经系统造成病理性损伤。根据测定，$120\sim130dB$ 的噪声能引起动物听觉器官的病理性变化，$130\sim150dB$ 的噪声能引起动物听觉器官的损伤和其他器官的病理性变化，$150dB$ 以上的噪声能造成动物内脏器官发生损伤，甚至死亡。家兔具有胆小怕惊的习性。由于家兔的先祖是人类和其他野兽的捕猎对象，因此家兔十分胆小敏感，对周围环境保持高度的警惕，一旦外界有异常的声响和干扰，就表现异常和恐惧，借助其敏锐的听觉和弓曲的脊背能迅速逃走或躲避。家养情况下，如突遇响声、生人喧闹，或遭到猫、犬等动物的侵袭，都会引起惊慌，出现家兔食欲减退、掉膘、母兔流产、难产，停止哺乳、撞伤、践踏、咬死、吃掉仔兔等现象。

由于噪声对家兔的危害很大，因此，在修建兔场时，场址一定要选在远离公路、工矿企业的地方；饲养加工车间也应远离生产区；选择换气扇时，噪声不宜太大；日常饲养人员操作时，动作要轻、稳，避免引起刺耳或突然的响声；妊娠母兔后期尽量不用汽（煤）油喷灯消毒；禁止在兔舍周围燃放鞭炮。建议兔舍的噪声强度小于 $70dB$。

8. 提倡动物福利

动物福利制度当前已在全球畜禽养殖范围内迅速发展起来，作为一个标准化的家兔养殖场，应提倡动物福利制度。动物福利的基本原则是"五大自由"原则，即动物享有不受饥渴的自由，享有生活舒适的自由，享有不受痛苦、伤害和疾病的自由，享受生活无恐惧和悲伤感的自由，享有表达天性的自由。养殖场应该将提高生产效率和满足家兔福利有效结合。经验表明，满足家兔福利条件，如采用富集笼

（有露台、磨牙物等）、提供较大活动空间（包括底板面积、露台面积、产箱等），所产出的商品质量更佳。改善兔舍环境条件、满足家兔的生存权、健康权是当前我国兔业需解决的关键问题。

三、兔场污物减量化及无害化处理

随着集约化养兔业的发展，兔场废弃物的生产量越来越大，有机物含量高、恶臭，有时甚至会含有致病性强的病原微生物，已对环境构成很大威胁，因此兔场污物减量化及无害化处理势在必行，家兔养殖中的环境治理要根据可持续发展战略和《全国生态环境建设规划》，配合环保法规实施，实现"资源化、减量化、无害化、生态化"。

1. 兔场污物处理的原则

养兔场环境治理要遵循以下几个基本原则：①经济效益与社会效益统一的原则。在治理污染的同时，通过兔粪便的综合利用和产品的市场开发，提高企业自身的经济效益。②依靠科技进步的原则。利用国内外的先进技术，借鉴其他行业的成功经验，在污染治理和综合利用方面不断提高水平。③因地制宜原则。根据养殖场所处的地理位置、区位条件和周边环境，确定适合于养殖场自身的低投入、高效益的处理模式。④点面结合的原则。将成功的治理模式，通过宣传、培训和交流等手段，促进其他养殖场依据自身条件制订畜禽污染防治计划，推动粪污处理技术的普及和推广。⑤调动养兔场和地方政府两个积极性原则。要考虑到当地的污染状况和自身技术模式的有效性，以及养殖场和当地政府治理污染的积极性，共同治理以达到兔场污染减量与无害处理。

2. 兔场污物减量化及无害化处理与利用的方法

养兔场粪便处理利用是目前研究比较广泛的课题，其核心就是减少排放量、进行无害化处理和污物的再利用。其难题是兔粪便含水量高，恶臭，处理过程中容易发生氨气的大量挥发造成氮素损失，兔粪便中有大量的病原菌和杂草种子等均会对环境构成威胁。无害化、资源化和综合利用是处理兔粪便的基本方向。

（1）干燥法

干燥法是利用太阳能、化石燃料或电能将兔粪中的水分除去，并利用高温杀死兔粪中的病原菌和杂草种子等。主要有日光干燥法、高

温干燥法、烘干膨化干燥法和机械脱水干燥法等。干燥法的优点是投资小、占用场地面积小、简便快速、见效快。干燥法的缺点是兔粪因含大量水分，处理过程中需消耗大量能源；处理时散发大量臭气并易造成养分损失；由于处理中含有发酵过程，田地施用后易出现烧苗或因处理温度过高导致肥效降低；产品存在易返潮、返臭现象等。

（2）除臭法

除臭法是通过向兔粪中添加化学物质、吸附剂、掩蔽剂或生物制剂（如杀菌剂）等以达到消除臭气和减少臭气释放的目的。兔粪便的除臭主要包括物理除臭、化学除臭和生物除臭等。20 世纪 90 年代初，澳大利亚对粪池安装浅层曝气系统减少臭气；美国用一种丝兰属植物的提取液作为饲料添加剂混入饲料中，以降低畜禽舍中的氨气浓度。近年来，我国一些大型养殖场也大量推广使用除臭剂和在畜禽舍内撒布消臭剂以消除臭味。在处理中由于需要添加大量化学物质或杀菌剂，除了增加成本外，同样易出现因为材料未经发酵处理而在作为植物肥料施用后烧苗问题。生产中仍因需要采取措施去除兔粪中的大量水分而会消耗一定的能源和劳动力。

（3）发酵法

发酵法比干燥法具有省燃料、成本低、发酵产物生物活性强、肥效高、易于推广的优点，同时可达到去臭、灭菌的目的，但发酵法需要的时间较长。发酵可利用厌气池、好气氧化池与堆肥三种方法。厌气池即沼气池，是利用自然微生物或接种微生物，在缺氧条件下，将有机物转化为二氧化碳与甲烷气。其优点是处理的最终产物恶臭味减少，产生的甲烷气可以作为能源利用，缺点是氨气挥发损失多，处理池体积大，而且只能就地处理与利用。

（4）青贮法

青贮方法最为简便、有效和完善。只要有足够的水分（40%～60%）和可溶性糖类，兔粪便即可与作物的残体、饲草、作物秸秆和其他粗饲料一起青贮。青贮时，兔粪便与饲草或其他饲料搭配比例最好为 1:1，后续用于进行家兔饲喂。青贮法可提高适口性和吸收率，防止蛋白质损失，还可将部分非蛋白质转化成蛋白质，故青贮兔粪便比干粪营养价值高。青贮又可有效地灭菌。

第四章 家兔饲料安全配制加工新技术

第一节 家兔营养的需要

家兔的营养需要是科学养兔的重要环节，是合理配制家兔饲粮的依据。家兔在维持生命和生产过程中所需要的营养物质可以分为能量、蛋白质（氨基酸）、碳水化合物、脂肪、矿物质、维生素和水等。

一、家兔对能量的需要

在诸多影响家兔能量代谢和能量需要的因素中，最重要的有：①躯体的大小（与品种、年龄、性别有关）；②生命必需的机能和生产功能，如维持、生长、泌乳、妊娠；③环境（即温度、湿度、空气流速）。

国内外都趋向于用消化能表示家兔的能量需要和饲料的能量价值。家兔能量的利用分为维持和生产两个部分，家兔每日消化能需要量＝维持消化能需要量＋生产消化能需要量。

家兔生产的能量需要又分为生长能量需要、妊娠和哺乳的能量需要、产毛的能量需要等。

其中生长能量需要主要用于动物生长。妊娠的能量需要指胎儿、

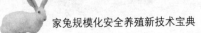

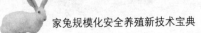

家兔规模化安全养殖新技术宝典

子宫、胎衣等沉积的能量以及母体本身沉积的能量。

哺乳的能量需要指母兔分泌出的乳汁中所含的能量。哺乳的营养需要量取决于哺乳量的高低和哺乳仔兔的数量，每日哺乳量乘以乳成分含量即为每日产乳的营养需要量。兔乳的含能量大约 7.53kJ/g，若每日哺乳量为 200g，每日产乳所需能量为 7.53kJ/g×200g＝1506kJ。

目前毛用兔能量需要资料较少。据报道，安哥拉兔在年产 800g 毛时，每产 100g 净毛大约需要 17000kcal 消化能。产毛兔消化能水平应为 2200～2600kcal。

二、家兔对蛋白质及氨基酸的营养需要

1. 蛋白质营养

蛋白质是一切生命的基础，肌肉、皮毛、神经和骨骼等主要是由蛋白质构成，为碳、氢、氧、氮的化合物，有些蛋白质还含有硫、磷等。日常所说的饲料中的蛋白质是指粗蛋白质而言，除了真蛋白质外还有非蛋白氮含氮物，如氮化物、含氮有机碱等。

（1）维持需要

生长兔每天消化蛋白维持需要量（DPm）估计为 $2.9g/(kg \cdot LW^{0.75})$。

使用比较屠宰方法估计，泌乳母兔和泌乳又妊娠母兔每天蛋白质维持需要分别等于 $3.73g \ DE/(kg \cdot LW^{0.75})$ 和 $3.76～3.80g \ DE/(kg \cdot LW^{0.75})$。

（2）生长需要

可消化蛋白的需要随生长速度而改变。空体即兔空腹状态下的蛋白质浓度从初生时的 120g/kgDM（610 g/kgDM）转变为断奶时（35 日龄）的 170g/kgDM（680g/kgDM）和 10～12 周龄时的 200g/kg DM（590g/kg DM），之后趋于稳定（每千克空体重含量为 200g，也就是每千克活重大约含 180g）。

（3）妊娠和泌乳的需要

研究发现，在第一次妊娠时，母兔在妊娠初期（0～21d）在身体内沉积了蛋白质，在妊娠后期（21～30d）有些蛋白质从躯体转移到快速生长的胎儿身上（表 4-1）（Parigi Bini 等，1990a）。这是由于胎儿的蛋白质需要呈指数式增加和胎儿蛋白质强烈更新造成的。

132

表 4-1　妊娠母兔的空腹增重和蛋白质沉积的分配

项目	妊娠 0～21d	妊娠 21～30d		
	母兔	妊娠子宫	母兔	妊娠子宫
空腹增重/g	180	193	−90	454
沉积蛋白质/g	44	18	−19	54

资料来源：引自 Parigi Bini 等，1990a。

当泌乳和妊娠重叠时，蛋白质的需要也有不同程度的增加，这取决于繁殖密度。对于采用密集繁殖的泌乳又妊娠母兔，已观察到有限的体蛋白损失（占初始体蛋白含量的 5％～10％）（表 4-2）。不过也有报道经产泌乳母兔出现蛋白质的负平衡。

表 4-2　母兔按其生理状态在第一泌乳期的蛋白质平衡

项目	泌乳母兔	泌乳和妊娠母兔
空腹增重/g	184	−131
沉积蛋白质/g	75	−38
蛋白质平衡/%	11	−6

资料来源：引自 Xiccato 等，1995。

2. 氨基酸

家兔具有食软粪的习惯，据报道，软粪对粗蛋白总摄入量的贡献占 15％～18％。对于泌乳母兔来说，食粪的贡献只占含硫氨基酸供给量的 17％、赖氨酸的 18％和苏氨酸的 21％。

由于家兔氨基酸需要的文献相当陈旧，并且局限于饲粮中最重要的限制性氨基酸（赖氨酸、含硫氨基酸、苏氨酸和精氨酸）。因此，推荐的氨基酸水平实际上仍然是由 Lebas（1989）提供并经 Debias 和 Mateos（1998）修订的数值。不同的生产目的，推荐的氨基酸需要量也有所不同。如赖氨酸的推荐含量为（用于每千克含有 10.5～11.0MJ 消化能的泌乳饲粮）：每千克饲粮中含有 6.8g 赖氨酸（5.2g 可消化赖氨酸）适合于最高的繁殖性能，含有 7.6～8.0g 赖氨酸（6.0～6.4g 可消化赖氨酸）则适合于最高的产奶量和最快的全窝仔兔生长。

133

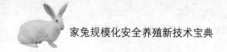

三、家兔对碳水化合物的需要

碳水化合物的基本元素是碳、氢、氧，包括两大营养成分。

一类为无氮浸出物，含有淀粉和糖类等可溶性糖类，主要作用是氧化供能、以肝糖元的形式贮存在体内以及与蛋白质、脂肪等结合成为具有特殊生理功能和结构的物质等。无氮浸出物在谷物籽实中一般含 $65\%\sim75\%$，在豆饼类饲料中一般含 $35\%\sim50\%$。兔对无氮浸出物的消化能力强，一般消化率在 $80\%\sim95\%$。

另一类是粗纤维，包括纤维素、半纤维素、木质素、果胶以及其他细胞镶嵌物质。粗纤维在兔的营养中有极其重要的作用。日粮中含有适量的粗纤维对兔的生长、肠道的蠕动、食糜的通过率以及防止肠炎、肠毒血症和减少死亡率有重要的作用。日粮粗纤维水平过低，易产生轻泻、拉稀，粗纤维水平过高，易使增重和泌乳下降，胎儿出生小且体质瘦弱。NRC（1977）对兔日粮粗纤维的推荐值，生长需要为 $10\%\sim20\%$，维持需要为 14%，妊娠、泌乳需要量为 $10\%\sim12\%$。我国卫生部颁布的"医学实验动物全价营养饲料标准"（1987），推荐试验用兔日粮粗纤维水平为 $10\%\sim15\%$。

四、家兔对脂肪的需要

1. 家兔饲料中的脂肪

家兔饲料中通常含有三酰甘油，动物、植物脂肪主要含有中链或长链脂肪酸（$C_{14}\sim C_{20}$），其中以 C_{16} 和 C_{18} 脂肪酸最为常见。家兔除少量必需脂肪酸外对脂肪无特殊需要，因此在配制家兔全价饲料时，常用的原料中所含的脂类即可以满足家兔的脂肪需要。另外，家兔饲养通常基于低能日粮，故日粮中不添加纯脂肪或油，日粮脂肪含量一般不超过 $30\sim35g/kg$。

2. 三酰甘油的消化和利用

饲粮中被家兔摄入的三酰甘油先被乳化，然后被脂肪分解酶水解，最终在小肠内被吸收。当饲喂家兔固体饲料时，三酰甘油必须先经乳化，所以脂肪只在小肠中消化。乳糜中的三酰甘油所酯化的长链脂肪酸作为能源而代谢，或者直接合成脂肪组织或者无变化地转移入乳中。因此，日粮脂肪组成极大地影响家兔胴体脂肪特性或乳脂的脂肪酸组成。不被消化的脂肪酸通过肠道最后部分，或者在盲肠中被盲肠微生物氢化，或者转化为脂肪酸盐以粪的形式排出体外。

五、家兔对矿物质的需要

1. 常量元素

常量元素包括钙、磷、镁、钠、钾、氯、硫等，目前家兔日粮研究中只对钙、磷、钠的需要量作过明确的表述。

（1）钙　家兔钙的代谢明显不同于其他家畜，钙是按精料在日粮中的比例吸收，而不是按动物代谢的需要吸收，随吸收量的增加，血液中钙的水平也提高；体内过多的钙主要由尿排出。钙的吸收不是由家兔自身准确控制的，过多的血钙经肾排出体外，呈白色、黏稠、奶油样的突发性尿液，可沉积于笼底。

（2）磷　由于兔肠中的微生物可产生植酸酶，因此植酸盐可被兔很好地利用；玉米-豆粕型日粮中75%的磷表观消化率接近于磷酸氢钙。大部分磷通过家兔吃软粪循环利用以达到植酸磷的完全利用。

日粮中钙、磷水平随家兔年龄、品种、日粮组成的不同而不同，文献推荐生长育肥兔日粮中钙添加量为每千克饲料4～10g，磷为2.2～6g。

根据文献记录和生产经验，全价日粮中钙、磷的添加量见表4-3。

表 4-3　家兔对钙、磷的营养需要

单位：g/kg 基础日粮

类型		钙	磷
繁育母兔	建议添加量	12.0	6.0
	商业范围	10.0～15.0	4.5～7.5
育肥兔（1～2月龄）	建议添加量	6.0	4.0
	商业范围	4.0～10.0	3.5～7.0
肥育兔（2月龄）	建议添加量	4.5	3.2
	商业范围	3.0～8.0	3.0～6.0

资料来源：Debias 和 Julian Wiseman，1998，The Nutrition of The Rabbit，CABI Publishing.

（3）其他矿物质元素　目前家兔镁的代谢机制还不清楚，由钙代谢可推测过量的镁也是由尿排出的。对生长兔来讲，日粮中镁的需要量在 $0.3\sim3g/kg$。大多数干草料中镁的真消化率和表观消化率都很高，商品兔日粮中镁的添加量还没确定。

2. 微量元素

微量元素包括铁、铜、锰、锌、硒、碘、钴，家兔必需的但生产实际中不能供给的元素是钼、氟、铬，这些元素一般通过预混料添加到家兔日粮中。

哺乳动物铁被输送到奶中的机理还不清楚，但母兔却能通过胎盘提供适量的铁，只要给母兔提供含适量铁的日粮，出生时仔兔体内会有大量的铁，因此仔兔不像仔猪那样靠外源性铁存活，即使兔乳中含铁量低，仔兔一般也不会出现铁缺乏症。另外，仔兔在 14 日龄开始吃料，因为饲料中的大多数成分（野生苜蓿、常量元素、微量元素、预混料）富含铁，所以兔早期生长一般不会出现缺铁症。铁的建议添加量一般在 $30\sim100mg/kg$，母兔和毛用动物需要量较高。

建议家兔日粮中铜的添加量在 $5\sim20mg/kg$，长毛兔和繁殖母兔需要量更高一些。李福昌等（2016）研究表明，由于铜广泛存在于大多数干草中，同时肝也能储存铜，因此即使饲喂铜含量低的日粮时家兔一般也不会出现铜缺乏症；但应注意避免饲喂含硫、钼高的青贮料，因为铜、钼营养拮抗，而硫能加剧这种拮抗。欧洲禁用硫酸铜作为生长促进剂，美国也不允许硫酸铜在商品饲料中的高水平利用。

锰缺乏对大多数家养动物都有影响，但对家兔影响不大。家兔日粮中锰的添加量在 $2.5\sim30mg/kg$，商品矿物质预混料中含量一般为 $10\sim75mg/kg$，考虑到公布的添加量和锰的价格，建议最佳添加范围为 $8\sim15mg/kg$。

目前还没有实验确定家兔对碘的需要量，母兔缺碘比生长育肥兔更敏感，饲料中碘的添加量为 $1.1mg/kg$，实际生产中碘的预混料添加量为 $0.4\sim2mg/kg$。

尽管 AEC（1987）建议钴的添加量为 $1.0mg/kg$，有关文献记录的需要量却为 $0\sim0.25mg/kg$。家兔生产中即使日粮中维生素 B_{12} 不足也不会出现钴缺乏症，家兔日粮中钴的含量一般规定为 $0.25mg/kg$。

六、家兔对维生素的需要

对家兔而言，脂溶性维生素的持续供应比水溶性维生素显得更重要。因为家兔后肠发达，它们对脂溶性维生素的需要量超过对水溶性维生素的需要量。实际生产上除了对商品兔添加 B 族维生素以外，其他维生素的需要量还没有被试验明确证明。

1. 脂溶性维生素

（1）维生素 A

家兔常见的维生素 A 缺乏症有流产频繁、胎儿发育不良、产奶量下降。母兔对维生素 A 过量尤其敏感，表现出类似于维生素 A 缺乏的中毒症状。NRC（1977）公布的家兔日粮中维生素 A 的添加量 16000IU 作为安全用量的上限。对生长繁殖的母兔来说，维生素 A 的添加量没有明确规定，文献中规定的使用量一般为 60～10000IU，实际生产中，育肥兔一般为 6000IU，繁育兔用 10000IU。

（2）维生素 D

家兔对维生素 D 的需要量很低，不应高于 1000～1300IU。在实际生产中维生素 D 过量比缺乏更可能出现问题。

（3）维生素 E

对育肥兔和母兔建议维生素 E 添加量分别为 15mg/kg 和 50mg/kg，在免疫力低或球虫病感染的兔群应加大用量。

（4）维生素 K

家兔对维生素 K 的需求可由食粪过程得到部分满足。

大多数商品兔日粮中维生素 K 的水平在 1～2mg/kg，多数情况下，这些量足够满足家兔的营养需要。服用治疗球虫病的药物、磺胺药和其他抗代谢物质的药物时，母兔对维生素 K 的需要量增加。

2. 水溶性维生素

（1）维生素 C

据报道，在高温环境下，日粮中添加维生素 C 可提高家兔的繁殖性能。家兔饲料中维生素 C 添加量为 50～100mg/kg。维生素 C 的任何添加量必须以保护形式加到混合料中，因为抗坏血酸在潮湿环境或与氧、铜、铁和其他矿物质接触条件下，很容易被氧化破坏。

（2）B 族维生素

家兔后肠的微生物合成大量的水溶性维生素，通过食粪行为被利用，快速生长的肉兔和高产母兔可能需额外添加 B 族维生素，包括硫胺素（维生素 B_1）、吡哆醇（维生素 B_6）、核黄素（维生素 B_2）和尼克酸（维生素 pp）。家兔日粮成分如苜蓿粉、小麦粉、豆粕都富含 B 族维生素，因此，即使喂半纯养分日粮，家兔也很少出现典型的 B 族维生素的缺乏症。

七、家兔对水分的需要

家兔的需水量受多种因素的影响，主要有环境温度（高温、低温）、生理状态、饲料特性（蛋白质、纤维含量）及年龄（幼兔、妊娠母兔）等。家兔不同生理时期适宜的饮水量见表 4-4。

表 4-4　家兔不同生理时期每天适宜的饮水量　单位：L

兔龄	饮水量	兔龄	饮水量
妊娠或妊娠初期母兔	0.25	11 周龄	0.23
成年公兔	0.28	13～14 周龄	0.27
妊娠后期母兔	0.57	17～18 周龄	0.31
哺乳母兔	0.60	23～24 周龄	0.31
9 周龄	0.21	25～26 周龄	0.34

资料来源：杨正，现代养兔，1999 年 6 月，中国农业出版社。

第二节　家兔常用饲料原料评价及开发新技术

随着畜牧业的快速发展，家兔养殖也逐步向规模化方向过渡。饲料是家兔赖以生存和人类获得兔产品的物质基础，对其营养价值进行评定是科学配制日粮和制定饲养标准的重要依据。

兔饲料的种类很多，按其营养特性可分为粗饲料、能量饲料、蛋白质饲料、青绿饲料、矿物质饲料和矿物质添加剂。前四种是饲粮的组成部分，后两种用于补充饲粮中某些矿物质、氨基酸和维生素的不足，添加量较少但却很好地改善了饲料品质，从而更好地满足家兔的营养需要并提高了家兔对饲料的利用率。

一、粗饲料原料评价

对家兔来讲，粗饲料不仅能起到填充胃肠道的作用，还能为家兔提供重要的营养素。饲粮纤维是家兔饲粮的主要成分，它占整个饲粮的 $40\%\sim50\%$。为家兔提供适宜水平的粗饲料不仅有利于家兔的肠道健康，还能促进家兔的生长发育。

粗饲料是指天然含水量在 60% 以下，干物质中粗纤维含量等于或大于 18%，并以风干物形式进行饲喂的饲料，如农作物秸秆、秕壳、牧草、干树叶等。这类饲料的营养价值受收获时间、加工、贮存、运输的影响较大，尤其是收获时间。若收获时间推迟，就会使牧草的木质素含量增加，营养大打折扣，降低营养物质的消化率。该类饲料的营养价值一般较其他饲料低，消化能含量一般不超过 $10.5 MJ/kg\ DM$，粗纤维含量高，蛋白质和维生素含量低，有机物质消化率在 65% 以下。目前，在我国的饲养条件下，粗饲料是养兔业的主要饲料来源，主要为家兔提供粗纤维，并保证饲粮的合理构成。家兔常用的粗饲料原料有草粉、树叶、秸秆、秕壳等。

1. 苜蓿草

苜蓿草是优质的粗饲料，被称为"牧草之王"。在常用饲草中它的饲用价值最高。其营养价值受收获时间、加工方法的影响较大，若收获时节适宜和加工方法得当，它的品质和精料接近，各种品质苜蓿草的营养成分见表4-5。苜蓿适口性好，家兔喜食，但不同批次的苜蓿蛋白含量相差悬殊，使用前要测定每批原料的营养含量。优质的苜蓿草粉可以是配合饲料中粗饲料全部用量的 $40\%\sim50\%$，但是生产中难以做到，一是价格难以承受；二是数量难以保证；三是质量难以控制，尤其是多数苜蓿是自然干燥，霉菌污染极其严重，因此没有把握的苜蓿尽量不用。

有学者在日粮中加入 28%、54% 和 74% 苜蓿草粉对妊娠哺乳母兔作生产性能影响研究，结果发现低苜蓿草粉组 56 日龄仔兔的总窝重和仔兔数都低，54% 苜蓿草粉组生产效果最好。有人用苜蓿草粉和小麦麸配成饲粮，长期喂繁殖母兔，仍可以获得较高的生产效益。

表 4-5　各种品质苜蓿草的营养成分

成分	新鲜苜蓿	脱水苜蓿	晒干苜蓿粉	苜蓿干草
干物质/%	24	92	91	89
消化能/(MJ/kg)	2.59	9.83	9.21	9.21
粗蛋白质/%	4.9	17.4	17.6	17.7
赖氨酸/%	0.26	1.01	1.0	1.0
蛋＋胱氨酸/%	0.14	0.55	0.54	0.54
粗纤维/%	0.5	23.9	27.3	24.9
脂肪/%	0.8	2.7	2.1	2.4
无氮浸出物/%	10.0	28.1	34.1	37.3
灰分/%	2.2	9.8	9.6	8.1
钙/%	0.45	1.32	1.30	1.33
磷/%	0.08	0.28	0.28	0.28
维生素 A/(IU/g)	56.4	146.6	63.6	64.0

资料来源：赵辉玲等，2002。

2. 花生秧、花生壳

花生秧品质较好，优质的花生秧可以作为家兔的全部粗饲料来源。但是，由于其收获期和保存条件的不足，营养价值下降，霉菌毒素含量偏高。因此，注意其质量的检测，适当控制用量。

花生壳粗纤维含量高，有明显的价格优势，经过本课题组的消化试验，其营养消化率还不低（主要是麦茬花生，其壳中混有很多未成熟的花生所致）。由于我国的部分花生壳霉菌污染严重，要严格控制质量。在家兔饲粮中的用量一般在 15% 左右，最大用量控制在 30%。

3. 玉米秸秆

玉米秸秆的粗纤维含量很高，但纤维性组分的消化率却比较低，消化能含量在秸秆饲料中是比较高的，且在中国的产量最大，价格低廉，但存在直接饲喂适口性差、消化率低的问题，最好粉碎后和其他精料混合制成颗粒料饲喂，这样可延长它们在肠道中的停留时间，提高消化率，玉米秸秆在家兔饲粮中的用量可达全价饲料的 30% 左右。

4. 稻谷壳

稻谷壳品质较低，其含有较多的硅盐，不仅会对机械造成磨损，还会刺激胃肠道引起溃疡，而且稻壳中的有些成分加速饲料的酸败，因此，在饲料中必须严格控制其用量。

5. 树叶

用作家兔饲料的树叶常见的是槐树叶、紫穗槐叶和刺槐叶等，树叶中蛋白质含量一般可达15％以上，但其中的单宁和粗纤维含量高，必须严格控制用量，否则就会降低家兔对其他养分的消化利用率，从而不能满足家兔的营养需要。因此，在家兔饲料中很少使用，在粗饲料资源紧缺的情况下可以使用，但用量很低。

二、能量饲料原料评价

能量饲料是指饲料干物质中粗纤维含量低于18％、蛋白质低于20％的饲料，如谷实类籽实、糠麸类、淀粉质块根块茎类、糟渣类等，这类饲料的特点是能量含量高，一般每千克饲料干物质含消化能在10.46MJ以上，在饲粮中的作用主要是给动物提供能量。常用的能量饲料原料有玉米、小麦、燕麦、稻谷、高粱、麸皮、米糠等。

1. 玉米

玉米是最重要的能量饲料，素有"饲料之王"之称，也是家兔最常用的能量饲料，其产量高，含能量高，适口性好，饲用价值高。玉米的粗纤维含量低，仅为2％，无氮浸出物含量高达72％，且主要是可消化淀粉。在饲粮中用量要适当，否则可能引起家兔腹泻。玉米中蛋白质含量低，仅为8％～9％，且蛋白质品质差，必需氨基酸含量少且不平衡，赖氨酸、蛋氨酸和色氨酸含量都很低，因此，在配制以玉米为主体的全价配合饲料时，常与大豆饼粕和鱼粉搭配。脂肪含量为3.5％～4.5％。玉米含有2％的亚油酸，在谷实中含量最高，亚油酸为必需脂肪酸，在动物体内不能合成，必须由饲料提供，家兔缺乏亚油酸时生长受阻，皮肤发生病变，繁殖功能受到破坏。钙、磷含量低，磷多以植酸磷的形式存在，利用率低，铁、铜、锰等含量也较其他谷实类饲料低。根据玉米颜色，常可分为黄玉米、白玉米、红玉米。其中，黄玉米中富含胡萝卜素，有利于家兔的生长和繁殖。维生素 E 含量高，约 20mg/kg，几乎不含维生素 D 和维生素 K，维生素 B_1 含量较多，维生素 B_2 和烟酸含量较少，且烟酸以结合形式存在，利用率低。

新收获的玉米水分含量高，如不及时晾晒或烘干，极易发霉变质，玉米贮存时若水分含量高、温度高、有碎玉米存在时，容易发霉变质，尤其黄曲霉、赤霉菌危害最大，霉菌毒素严重影响了玉米的营养成分，降低了玉米的饲用价值。

2. 小麦

小麦的有效能值高，粗蛋白含量居谷实类饲料之首，一般达12%以上，但必需氨基酸尤其是赖氨酸不足，无氮浸出物含量高，在其干物质中可达75%以上。粗脂肪含量低，矿物质含量高于其他谷实，磷、钾等含量高，磷多为植酸磷。小麦中非淀粉多糖（NSP）含量较多，非淀粉多糖有黏性，不能被动物消化酶消化，在一定程度上会影响小麦的消化率。

小麦主要用于人的口粮，且经济价值较高，在我国一般不直接用于饲料，只将小麦制粉的副产品麸皮、次粉和筛漏用作饲料。但近年来在一些地方有时玉米的价格高于小麦，为了降低饲料成本，可用小麦替代大部分玉米。生产中小麦添加量可在15%左右。

3. 大麦

大麦的粗蛋白含量和质量均高于玉米；赖氨酸含量接近玉米的2倍，为谷实中含量最高者；异亮氨酸和色氨酸较玉米高，但利用率较玉米低。大麦籽实包有一层质地坚硬的颖壳，故粗纤维含量高，是玉米的2倍左右，代谢能约为玉米的89%，净能约为玉米的82%。脂肪含量为玉米的一半，饱和脂肪酸含量比玉米高。矿物质主要是钾和磷，磷中有63%为植酸磷，利用率为31%，高于玉米中磷的利用率；其次为镁、钙及少量的铁、铜、锰、锌等。大麦富含B族维生素，包括维生素 B_1、维生素 B_2、维生素 B_6 和泛酸，烟酸含量较高，但利用率较低，只有10%，脂溶性维生素 A、维生素 D、维生素 K 含量低，少量的维生素 E 存在于大麦的胚芽中。

大麦中有抗胰蛋白酶和抗胰凝乳酶，前者含量低，后者可被胃蛋白酶分解，故对家兔影响不大。

大麦是优质的家兔饲料。但是，由于其产量较低，种植区域较小，产量有限，特别是啤酒工业的旺盛需求，使其直接作为家兔饲料的空间不大。但其生产啤酒的下脚料（如大麦皮、麦芽根、啤酒糟等）是家兔良好的饲料。

4. 燕麦

燕麦中粗纤维、粗蛋白质含量较高，蛋白质品质不好，淀粉含量低，烟酸含量较其他谷物低，脂溶性维生素和矿物质含量均低。其生产具有明显的区域性，产量有限，成为局部地区家兔良好的饲料资源。

5. 稻谷

稻谷也是我国常用的家兔饲料，在饲粮中的比例也应适当控制。一般带壳的稻谷直接粉碎后，粗纤维含量高且适口性差，影响饲养效果，可将稻谷壳去壳加工成砻糠和糙米两部分。糙米的饲用价值则与国际2级玉米相似，且在有些成分上，如粗蛋白、粗脂肪、微量元素含量还优于玉米。糙米的蛋白质80%为谷蛋白，可消化蛋白多，生物学效价为禾谷类之首，因此，用糙米作能量饲料替代玉米是可行的。

6. 高粱

高粱是世界四大粮食作物之一，在我国北方地区种植面积广泛，与玉米有很高的替代性。其用量可根据二者差价及高粱中单宁含量而定。高粱的粗蛋白质含量略低于玉米，一般为9%～11%，蛋白质品质不佳，缺乏赖氨酸和色氨酸。与玉米相比，高粱的蛋白质不易消化。脂肪含量低于玉米，脂肪酸组成中饱和脂肪酸比玉米稍多一些，亚油酸含量较玉米低。淀粉含量与玉米相近，但消化率较低，有效能值低于玉米。矿物质中磷、镁、钾含量较多但钙含量少，钙、磷比例不当，总磷中53%是植酸磷；铁、铜、锰含量较玉米高。维生素B_1、维生素B_6含量与玉米相同，泛酸、烟酸、生物素含量多于玉米，烟酸以结合型存在，利用率低。

高粱中含有单宁，其抗营养作用主要是苦涩味重，降低了适口性和饲用价值，与蛋白质、消化酶类结合干扰消化过程，故在家兔饲粮中含量不宜过多，以5%～15%为宜，喂量过大易引起家兔便秘。

由于高粱的产量和质量问题，多年来其种植面积在我国难有突破。加之酿造业的需要，其价格经常高于玉米，因此，其在家兔生产中的应用受到限制。

7. 麸皮

小麦麸皮是最常用的副产品之一，其营养价值因小麦加工精度的不同差异较大，加工越细，麸皮的营养价值越高。小麦麸皮所含粗蛋白、粗纤维都很高，有效能值相对较低，含有较多的B族维生素，矿物质含量丰富，钙磷比例不合适，磷多为植酸磷，利用率低。

小麦麸皮粗纤维较高，质地疏松，比重（即相对密度）小，具有轻泄、通便的功能，且容易被兔消化，在家兔饲粮中的使用比例可达5％～25％。

8. 米糠

米糠是家兔常用的能量饲料，米糠粗蛋白含量比麸皮低、比玉米高，品质比玉米好，赖氨酸含量高，粗脂肪含量高，能值位于糠麸类饲料之首，脂肪酸多为不饱和脂肪酸，B族维生素和维生素E含量丰富，维生素A、D、C含量低，米糠中含有丰富的矿物质元素，钙磷比例不当，磷多为植酸磷。值得注意的是米糠中含有胰蛋白酶抑制因子，采食过多易造成蛋白质消化不良，因此，用米糠作为饲料时需进行加热处理。

米糠中脂肪含量高，且大多为不饱和脂肪酸，极易氧化酸败，也易发热、发霉，应注意防腐、防霉问题。为避免米糠发霉腐败引起生产问题，可以给家兔饲喂新鲜的米糠，也可以对米糠进行脱脂处理，脱脂米糠可长期保存，不必担心脂肪氧化、酸败问题，同时胰蛋白酶因子也减少很多，提高了适口性和消化率。

9. 薯类

薯类包括马铃薯、甘薯、木薯，它们品质接近，主要特点是含水量高，但干物质中消化能含量很高，粗纤维和粗蛋白质含量低，富含钾，而钙、磷含量低。但需要注意的是马铃薯中含有毒成分即龙葵素，绿皮、发芽处和茎叶中含量较高。家兔采食过量会引起中毒，在使用前要进行脱毒处理。木薯块根中含有氰化配糖体，在常温下经酶水解产生具有毒性的氢氰酸，需进行脱毒处理或限量使用。

三、蛋白质饲料原料评价

蛋白质饲料指干物质中粗蛋白质含量大于20%、粗纤维含量低于18%的饲料，蛋白质饲料一般价格较高，供应量较少，在家兔饲粮中所占比例也较少，只作为补充蛋白质不足的饲料，包括植物性蛋白质饲料和动物性蛋白质饲料、微生物蛋白质饲料、非蛋白氮饲料等。植物性蛋白质饲料使用较广泛。由于家兔是草食性动物，动物性蛋白质饲料适口性差且质量差异较大，使用不当易出问题，因此，动物性蛋白质饲料在家兔饲粮中使用很少，主要用来补充某些必需氨基酸的不足。常用的植物性蛋白质饲料有大豆饼粕、菜籽饼粕、棉籽饼粕、花生饼粕、芝麻饼粕、葵花饼粕；动物性蛋白质饲料有鱼粉、肉粉、肉骨粉、水解羽毛粉、血粉、蚕蛹粉等。

1. 植物性蛋白质饲料

（1）大豆饼粕

大豆饼粕是家兔最常用的优良蛋白质饲料，适口性好，一般含粗蛋白质35%～45%，必需脂肪酸含量高，组成合理，尤其赖氨酸含量高达2.4%～2.8%，异亮氨酸含量高达2.3%，是饼粕类饲料中含量最高者。色氨酸和苏氨酸含量也很高，分别为1.85%和1.81%，可与玉米等谷实类配伍起互补作用。缺点是蛋氨酸含量低，钙、磷含量低，磷多为植酸磷，胆碱和烟酸含量多，胡萝卜素、维生素D、维生素B_2含量少。

生豆饼中含有抗胰蛋白酶和脲酶等有害成分，会对家兔产生不良影响，不宜直接饲喂生豆饼。豆粕价格较高，为降低饲料成本可将其用量控制在20%以内。

（2）菜籽饼粕、棉籽饼粕

菜籽饼粕、棉籽饼粕价格低廉，蛋白质含量和质量尚可，菜籽饼粕氨基酸的组成特点是蛋氨酸含量较高，约为0.7%，赖氨酸含量也高，为2%～2.5%，仅次于大豆饼粕，但精氨酸含量低，是饼粕类饲料中含量最低者。胡萝卜素和维生素D的含量很少，维生素B_1、B_2、泛酸也较低，烟酸和胆碱的含量高。钙、磷含量高，硒含量高，可达0.9～1.0mg/kg。棉籽饼粕中精氨酸含量高达3.6%～3.8%，赖氨酸与精氨酸之比约为 100∶270，因此，菜籽饼粕与棉籽饼粕搭配，可改变赖氨酸和精氨酸的比例关系。

菜籽饼粕和棉籽饼粕均为有毒饼粕，菜籽饼粕中含有硫葡萄糖苷，在酶的作用下可水解成一种有毒物质，大量饲喂会引起家兔中毒。棉籽饼粕中含有一种有毒的酚类化合物——棉酚，可引起心、肝、肺等组织的损伤和心脏失调。在不清楚其毒素含量的前提下，用量控制在 5％以内是安全的。

（3）花生饼粕

花生饼粕的蛋白质含量高，适口性好，一般花生饼含蛋白质约为 44％，花生饼粕含蛋白约为 48％，氨基酸组成不平衡，精氨酸含量特别高，可达 5.2％，赖氨酸和蛋氨酸含量都很低，钙、磷含量低，B 族维生素特别是烟酸、泛酸含量高。如果与豆粕搭配使用，效果较好。

花生饼粕不易贮存，极易感染黄曲霉而产生黄曲霉毒素，黄曲霉在蒸煮过程中也不能去除，因此，花生饼粕应新鲜时利用，已感染黄曲霉的花生饼粕不能使用。

（4）葵花饼粕

葵花饼粕的营养价值取决于脱壳程度，完全脱壳的葵花饼粕营养价值很高，一般去壳的葵花饼、粕的粗蛋白含量分别为 35.7％和 45％，带壳或部分带壳的葵花饼粗蛋白含量为 22.8％～32.1％，赖氨酸含量低，B 族维生素、胆碱含量高，钙、磷含量比一般饼粕类高，锌、铁、铜含量高。

葵花饼粕价格低、质量较好、适合家兔的消化特点，在家兔饲粮中可以尽量多用，用量一般在 15％左右。

2. 动物性蛋白质饲料原料

（1）鱼粉

鱼粉品质较好，蛋白质含量高，进口鱼粉蛋白质含量在 60％以上，有的甚至高达 72％，国产鱼粉蛋白质含量一般为 45％～55％，蛋白质品质好、氨基酸组成平衡，蛋氨酸、赖氨酸含量高，富含 B 族维生素和钙、磷等矿物质，能够促进家兔的生长发育，提高其繁殖性能。鱼粉有特殊的鱼腥味，不宜在育肥兔中使用。鱼粉价格较高，用量一般在 3% 左右。

在实际使用过程中，一方面应注意鱼粉掺假问题，需要我们在购买时注意检验；另一方面就是盐含量问题，一般要求在 7% 以下。鱼粉的脂肪含量高，在不良环境条件下极易发霉腐烂、氧化酸败，应注意干燥、避光保存，还可添加抗氧化剂。

（2）肉粉与肉骨粉

其营养成分含量因原料种类、品质、加工方法的不同而差异较大，蛋白质含量为 45%～50%，通常肉粉、肉骨粉氨基酸组成不佳，赖氨酸尚可，蛋氨酸和色氨酸含量低，利用率变化大。B 族维生素含量高，尤其维生素 B_{12} 含量高，烟酸、胆碱含量高，维生素 A、维生素 D 含量较少，肉骨粉钙、磷含量高且比例适宜，锰、铁、锌含量也较高。

选用肉粉、肉骨粉时，要注意质量问题，注意合理贮存，贮存不当就易造成脂肪氧化酸败、风味不良、质量下降。一般在家兔饲料中的添加量为 1%～3%。

（3）水解羽毛粉

蛋白质含量高，大约 80%，主要缺点是蛋氨酸、赖氨酸、色氨酸和组氨酸含量低，在家兔饲粮中的用量一般在 3% 左右，使用时要注意解决氨基酸平衡问题。

四、青绿饲料原料评价

青绿饲料指天然含水量高于 60% 的一类饲料，如牧草类、青饲作物、蔬菜类、树叶、水生饲料等，尤其在春季、夏季、秋季是家兔的主要饲料。这类饲料的特点是水分含量高、粗纤维含量低，干物质中蛋白质含量较高，维生素含量丰富，钙、磷比例适宜，适口性好，但体积较大，含能值较低，应和精料搭配使用。常用的青绿饲料原料有苜蓿、三叶草、紫云英等豆科牧草，燕麦草、雀麦草等禾本科牧草，白菜、萝卜、菠菜等蔬菜，青刈玉米、水葫芦、水花生等。

1. 牧草

几乎所有种类的牧草都可以作为家兔的饲料。豆科牧草按干物质基础计算，粗蛋白质可满足家兔对蛋白质的需要，钙含量高，但生物

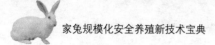

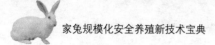
学价值较低，而且含能量特别低。禾本科的牧草相比豆科牧草，其蛋白质含量较低，粗纤维含量高，品质不及豆科牧草，但也是家兔常用的饲料。

2. 蔬菜

白菜、胡萝卜、菠菜、胡萝卜叶等蔬菜都可作为家兔的饲料，这类饲料富含维生素、矿物质，但水分含量高，能量含量低，应限制使用量，过量使用不仅不能满足家兔的营养需要，还易使家兔患上消化道疾病。

3. 青刈玉米

青刈玉米是指用玉米进行密植，在籽实未成熟前收割饲喂家兔。青刈玉米青嫩多汁，碳水化合物含量高，适口性好。

4. 水葫芦、水花生

水葫芦、水花生含水量特别高，干物质含量很低，能量含量低，用此类饲料喂兔易患寄生虫病，还易使家兔发生肠炎，因此，在饲喂前要注意清洗干净，晒干后饲喂，同时应注意限制用量，以防家兔发生营养不良的问题。

五、矿物质饲料原料评价

矿物质饲料是指可以供饲用的天然矿物质、化工合成无机盐类和有机配位体与金属离子的螯合物，主要用来补充钙、磷、钠等常量元素。常用的补充钙的矿物质原料有石粉、贝壳粉、蛋壳粉；补充磷的矿物质原料有磷酸钙和其他磷酸盐类；补充钙、磷的饲料有骨粉、磷酸盐类；补充钠和氯最常用的就是食盐。

1. 石粉

石粉，即石灰石粉，为天然的碳酸钙，一般含钙量高达 38％，是为家兔补充钙的最廉价、最实用的矿物质饲料。家兔能忍受高钙饲料，但钙含量过高，会影响锌、锰、镁等元素的吸收。

2. 贝壳粉、蛋壳粉

贝壳粉，将鲜贝壳经加热消毒处理，并将其粉碎备用。贝壳粉是良好的钙质补充来源，其中含碳酸钙 95％以上，含钙 30％以上；蛋壳粉，即将蛋壳经干燥、灭菌、粉碎后而得到的产品，是理想的钙源补充料，利用率高，一般含粗蛋白12.4%、含钙24.4%～26.5%。

3.磷酸钙盐

磷酸钙盐能同时提供钙和磷，最常用的是磷酸氢钙，可溶性比其他同类产品好，吸收利用率高，磷酸氢钙含钙20%～23%，含磷16%～18%。磷矿石中含氟量高，应进行脱氟处理。常用的磷酸盐饲料原料元素成分含量见表4-6。

表 4-6　常用的磷酸盐饲料原料元素成分含量

来源	磷/%	钙/%	钠/%	氟/%
磷酸氢二钠	21.81	—	32.38	—
磷酸二氢钠	25.80	—	19.15	—
磷酸氢钙	22.79	29.46	—	816.67
磷酸钙	19.97	38.77	—	—
过磷酸钙	26.45	17.12	—	—

4.骨粉

骨粉能同时提供钙、磷，其基本成分是磷酸钙，钙磷比例2：1，是钙磷较平衡的矿物质饲料。骨粉因制造方法不同，质量差异很大，其中以蒸骨粉质量较好，含钙30%、含磷14.5%，钙磷比例适当，还含有少量的镁和其他元素。骨粉中氟的含量较高，用量过大易引起中毒，在饲粮中的添加量一般在2%～3%。

5.食盐

食盐含有钠和氯两种元素，对调节家兔的体液平衡、保持细胞和血液间渗透压的平衡、促进消化酶的活性等方面具有重要意义。家兔以植物性饲料为主，植物性饲料中钠的含量较低，因此，在家兔饲料中补充食盐尤为重要。但也不能过量添加，食盐摄入量过高会引起家兔的中毒，一般添加量为0.5%。

六、饲料原料开发新技术

非常规饲料原料是指在配方中较少使用，或者对其营养特性和饲用价值了解较少的饲料原料。其种类繁多，营养价值各具特色，作为

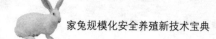

兔的饲料具有广阔的饲用前景。我国非常规饲料资源丰富、数量大、种类多、分布广，每年资源总量逾 10 亿吨，主要是农作物秸秆、食品厂排出的废渣、废液及畜禽粪便等。这些物质如果经过加工处理，大部分具有较高的营养价值，可补充家畜所需的蛋白质、矿物质、微量元素等。同时，用这些非常规饲料来替代部分常规饲料，还可降低饲料成本，减少资源浪费和环境污染，获得可观的经济效益。

1. 农作物秸秆经适当处理后利用

秸秆是指农作物的茎叶，如麦秸、稻谷秸、玉米秸、高粱秸等。据不完全统计，我国每年秸秆产量有 6 亿吨，相当于北方草原每年收贮干草量的 50 倍。在农村多作为燃料、肥料使用，不但浪费了资源，而且严重污染了环境。秸秆的主要成分是粗纤维和少量的粗脂肪、粗蛋白，可为家兔提供很好的粗饲料来源。由于秸秆纤维含量较高，直接饲喂时，适口性较差，不仅影响家兔采食量，而且也降低了饲料利用率。目前这类资源主要通过物理、化学及微生物发酵方式处理，可将其中的粗纤维分解为单糖或低聚糖供动物利用，而且可改善适口性，提高蛋白质含量。

有人用锤片式粉碎机将玉米秸粉碎，粒度在 0.5～5mm，制成含玉米秸粉 40% 的全价颗粒饲料饲养肉兔，结果发现，对肉兔的生长发育、性成熟、配种、受孕、泌乳及仔兔的成活、发育等未产生不良影响，取得较好的饲喂效果。

2. 植物性蛋白质饲料脱毒处理后利用

我国的植物性蛋白质饲料资源丰富，种类多，年产量很大，主要包括芝麻饼、亚麻饼粕、油茶饼粕、菜籽饼粕、橡胶籽饼、葡萄饼粕、棉籽饼粕、椰子粕、葵花饼粕、棕榈仁粕等，该类原料营养丰富，尤其是蛋白质含量丰富，价格低廉。其中，芝麻饼粕、葵花饼粕、菊花粕以及橡胶籽饼等不含毒素，可直接被家兔利用。亚麻饼粕、油茶籽、菜籽饼粕、棉籽饼粕等因含有毒素，需经水解、膨化、酸碱处理、发酵等方法脱毒后方可再利用，在家兔日粮中添加时，应注意限量。

据报道，用不同水平的棕榈仁粕替代生长兔日粮中部分豆粕，发现棕榈仁粕的添加量在 30% 以内时，家兔采食量、日增重和料重比与未添加组相近，有效降低了饲料成本。田烈等（2000）在肉用生长兔日粮中添加麦芽根，发现家兔的生产性能均表现良好，并指出在生长兔日粮中使用10%～20%的麦芽根是完全可行的。

3. 中草药及其下脚料的开发利用

中草药残株如菊花残株、金银花修剪的枝条、黄芪残株、枸杞落叶等，这类饲料是收获药物之后的残余物或修剪掉的残枝，营养含量较低但干燥程度高，基本没有受到霉菌污染，是理想的粗饲料。菊花残株在日粮中添加25%左右，黄芪残株添加20%～30%，忍冬藤添加15%左右，效果良好；枸杞落叶的添加量可达30%以上，实践中发现，以此为主要粗饲料，家兔的抗病能力明显增强。中草药提取有效成分后的残渣也可以在兔料中适量添加。如菊花粉的蛋白含量较高，纤维含量较低，带有一定的特殊气味，质量不是很稳定，有部分霉变，一般添加量控制在10%～15%为宜。青蒿可作为粗饲料大量使用，具有抗感染、预防球虫病的作用，近年来利用新鲜青蒿饲喂生长兔和种兔，效果良好；藿香正气水的中药残渣、清瘟败血类药物等的综合营养与麦麸接近，在饲料中添加5%左右等量替代麦麸，可以促进生长，提高免疫力，效果较好。

4. 动物粪便的资源化处理利用

粪便中含有一定的营养物质，利用生物处理的方法，对奶牛、肉鸡和家兔三种动物的粪便进行厌氧发酵处理，既保持其营养不受损失，也克服其不良成分的影响。研究显示，畜禽所采食饲料的70%未经吸收就直接排出体外，其中含有大量未消化的粗蛋白、矿物质元素、粗脂肪和一定数量的碳水化合物等营养物质，干物质中粗蛋白含量高达20%～30%。有报道指出，鸡粪中必需氨基酸含量高于玉米、高粱；鸡粪中还富含微量元素、B族维生素以及能促进动物生长的未知营养因子等。因此，如果能通过适当的加工处理方法将其制成家兔饲料或饲料原料，将成为畜禽粪便综合利用的一条途径。畜禽粪便经过加工处理后可作为蛋白质饲料，但是应当注意的是，畜禽粪便的营养价值会随畜禽品种、日粮成分和管理不同而变化，如湿粪中蛋白质极易分解，营养价值会随之降低，而且在水分含量超标情况下也会滋生大量病原微生物，因此鲜粪应及时干燥处理，保留营养价值。畜禽粪便开发成新的蛋白质饲料，这样不仅可减少氮的浪费，降低了成本，而且减少了氮的排出，减少了对环境的污染，能取得良好的经济效益和生态效益。

粪便的生物处理方法：取当日生产的新鲜粪便，去除混杂物，水分测定，使水分含量达到55%左右，添加生物菌种0.5%，放置于密闭容器压实，厌氧培养，夏季7天，春秋14天左右。然后开启，晾晒，保存备用。对于有一定污染的动物粪便，尤其是能量和蛋白含量较低的动物粪便，最好采用好氧发酵方法，具有发酵时间短、灭杂菌效果好、对条件要求不苛刻的特点。

由于兔粪含有的无氮浸出物较少，为了保证发酵足够的碳源，可以添加1%～3%的玉米面或麸皮。

以发酵肉鸡粪便饲料替代10%～15%的麦麸＋豆粕等量混合物饲喂生长肉兔，效果良好；以15%～20%的生物兔粪饲料替代等量的玉米秸＋花生秧等量混合物，效果良好，效果与对照组一致；以7%的生物牛粪饲料替代等量的麦麸饲喂生长獭兔，同样取得良好效果。以上三种生物饲料，节约大量的饲料成本，并且均具有预防消化系统疾病的作用。

5. 工业副产品的开发利用

这类饲料种类繁多，如白酒糟、啤酒糟、豆腐渣、果渣果皮、果核、麦芽根、甘蔗叶、甜菜渣、马铃薯渣、茶渣等。研究表明，这类饲料营养价值较高，多有一定的特殊味道，有些搜集处理不及时有霉变的风险。这类饲料大部分是一些"弃之有害，用之为宝"的饲料，若能很好地利用这些废弃资源，不仅可以减轻环境污染，而且可有效降低家兔及其他畜禽的养殖成本。

将啤酒糟添加到生长肉兔日粮中，发现肉兔各方面均表现正常，且生长速度优于未添加啤酒糟组。马希景等（2003）在肉兔日粮中添加醋糟20%，发现其对生长肉兔的增重和饲料利用率均无不良影响，且经济效益提高了17.3%。用菌糠（棉籽皮栽培平菇后的培养料）代替家兔饲料中部分麦麸和玉米面，与未添加组相比，家兔的日增重、饲料转化率差异均不显著，并指出在家兔饲料中添加菌糠20%～25%完全可行。正常情况下，酒糟、醋糟类适宜用量10%左右，控制在 15% 以内；果渣、果皮、果核的适宜用量为 8%，控制在 12% 以内；麦芽根适宜用量为 20%，控制在 25% 以内；甜菜渣适宜用量为 20%，控制在 25% 以内，均可取得较理想的效果。

第三节 家兔安全饲料配方设计

一、家兔安全饲料配方设计的基本原则

（1）科学性和先进性原则 饲料配方包含了家兔营养、饲料、原料特性与分析、质量控制等多方面的知识。各项营养指标必须建立在科学标准的基础上，必须能够满足家兔在不同阶段对各种成分的需要。指标之间须具备合理的比例关系，相应生产出的饲料应具有良好的适口性和利用效率。

（2）合理性原则 饲料的适口性和饲料的体积必须与家兔的消化生理特点相适应。饲料的适口性直接影响家兔的采食量。例如菜籽饼适口性较差，在日粮中单独使用，配比不能过高，否则会使采食量降低，若与豆饼、棉籽饼合用，不但可以提高适口性，还能做到多种饲料的合理搭配，发挥各种营养物质的互补作用，提高日粮的消化率和营养价值。饲料中粗纤维的含量与能量浓度和饲料的体积有关。饲料除了应满足家兔对各种营养物质的需要外，还需注意日粮中的干物质含量，使之具有一定的体积。

（3）经济性和市场性原则 在养兔生产开支中，饲料的费用占整个成本的 65%～70%。所以在配合家兔日粮时，要因地制宜、就地取材，充分开发当地的饲料资源，降低成本。饲料配方应从经济、实用的原则出发。生产中是采用高投入高产出的饲养策略还是低投入低产出的饲养策略，主要取决于市场。当市场饲料原料价格低廉而兔产品售价较高时，则应设计高投入高产出的饲料配方，追求较好的饲养效果和较高的饲料转化率；当市场饲料价格坚挺而兔产品销售不畅、价格走低时，则可以设计低投入低产出的饲料产品，实现低成本饲养，保持一般生产成绩。总之，要兼顾经济效益和家兔生产性能的平衡。

（4）安全性和合法性原则　近年来，饲料安全问题越来越引起人们的重视。饲料作为家兔饲料营养的主要来源，其品质的好坏和安全性直接影响到养兔业的发展和社会利益。因此，家兔饲料配方设计必须遵守国家有关饲料生产的法律法规，严禁使用国家明令禁止的药物或添加剂，开发利用绿色饲料添加（如复合酶、酸化剂、益生菌、寡聚糖、中草药制剂等），提高饲料产品的质量，使之安全、无毒、无残留、无污染，符合营养指标、感观指标、卫生指标。

二、合理的家兔饲养标准和配方设计方法

饲养标准是根据动物的不同品种、性别、年龄、体重、生理状态、生产目的及生产水平等，通过生产实践经验的积累，结合物质平衡与饲养试验的结果，科学地规定每只每日应给予的能量和各种营养物质的最低数量，这是进行饲料配方设计的原则和依据。目前，我国的养兔业还没有统一的饲养标准，多参考国外的标准，如美国的NRC标准、法国APC标准等。国内有多个单位推荐的饲养标准，如南京农业大学等单位推荐的家兔饲养标准；中国农业科学院兰州畜牧研究所推荐的肉兔饲养标准；江苏省农业科学院饲料食品所推荐的长毛兔饲养标准；山西省农业科学院畜牧兽医研究所推荐的獭兔饲养标准、河北农业大学谷子林教授推荐的獭兔饲养标准等。在生产实践中，大多数是选用中国饲养标准和NRC标准作为配方依据。由于饲养标准各项营养指标是相对的，同时具有一定的局限性、区域性和特殊性，因此，在家兔配方设计时，应根据当地实际情况灵活地选择和使用饲养标准；采用合理的饲料配方设计方法，饲料配方设计时应根据饲养标准所规定的各种营养物质需要选用适当的饲料，再结合饲料成分及营养价值表，计算所设计的饲料配方是否符合饲养标准中各项营养物质规定的要求。目前，家兔饲料配方设计方法主要有试差法、对角线法、计算机配方法等。试差法属于传统的方法，其基本原则是以家兔营养标准为基础，以当地饲料营养为依据，以经验数据的选料范围为参考，根据"多退少补"的基本思路，反复调整所选原料及其比例，直至将所配制饲料的营养水平达到或基本达到营养标准为止。其特点是若有经验则配方快，但盲目性大，营养指标平衡不够准确。

计算机配方法是利用线性规划的原理通过计算机平衡饲料配方并寻求最优解的方法，特点是快速、准确，可以在现有条件下获得最低成本配方，但存在计算机执行命令的机械性强、投资昂贵、携带不方便等缺点。目前养殖户采用试差法设计饲料配方较为普遍。

三、家兔安全饲料配方设计及应用时应注意的问题

在配方设计或应用时，要选择优质的饲料原料，确保粗饲料的品质，准确把握饲料原料的营养成分含量。在饲料配方设计时，应参照国家发布的中国饲料数据库《饲料成分及营养价值表》，结合原料实测指标来调整相关营养成分，避免盲目性，重点考虑营养的平衡、全价和有效，应避免抗菌药物的长期连续使用或短时间超量使用。注意饲料配方的及时调整，根据饲养标准制作出来的饲料配方也不是一成不变的，应随家兔的生长发育情况、生产水平的高低、饲料原料的供应及价格的季节性变化等进行适当调整，家兔饲料配方的更换要逐渐进行，以减少应激。

四、安全饲料配方设计的关键技术

在养兔生产中，家兔生产性能的高低、养兔效益的好坏很大程度上取决于饲料。因此，选用安全的饲料正确设计家兔饲料配方，能更好地指导养兔生产、获得较大的经济效益。

所谓"安全饲料"包括这几个特征：

① 不含对饲养动物有害的微生物及其代谢产物、饲料内源毒素，加工贮存中不产生、不添加对动物有毒害作用的化学物质，不含可能会对动物造成物理损伤的饲料异物，或虽然含有但含量在国家饲料卫生标准规定范围之内。

② 所有被用作饲料添加剂的物质均是符合国家有关法规规定的品种、用量、使用方法和停药期明示在饲料标签上。

③ 饲养动物不会因饲料中含有上述物质给动物健康、生产性能造成损害，而且生产的肉、蛋、奶和脂肪不含对人的健康造成损害的微生物、药物和其他化学物质残留，或残留量在国家食品卫生标准规定的范围内。

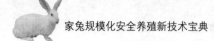

④ 饲养动物排泄物中不含对人和动物造成危害的微生物和其他化学物质残留，或残留量低于国家环境卫生标准的允许量。

1. 掌握饲料安全法规

首先要学习并掌握饲料的安全法规，只有在法规允许范围内配制的饲料才能称得上是真正安全的饲料。我国有一系列的相关法规可供参考。2011年，国务院颁布了修订版《饲料和饲料添加剂管理条例》（中华人民共和国国务院令第609号，自2012年5月1日起施行），使我国的饲料和饲料添加剂管理上了一个新的高度。同时，农业部先后分别颁布了《饲料和饲料添加剂生产许可管理办法》（中华人民共和国农业部令2012年第3号，自2012年7月1日起施行）、《新饲料和新饲料添加剂管理办法》（中华人民共和国农业部令2012年第4号，自2012年7月1日起施行）、《饲料添加剂和添加剂预混合饲料产品批准文号管理办法》（中华人民共和国农业部令2012年第5号，自2012年7月1日起施行）和《进口饲料和饲料添加剂登记管理办法》（中华人民共和国农业部令2006年第38号，2004年修订）等一批饲料条例及管理办法。同时还颁布了一批饲料行政许可及规范性文件，包括《饲料生产企业许可条件》《混合型饲料添加剂生产企业许可条件》（中华人民共和国农业部公告第1849号，自2012年12月1日起施行）、《饲料添加剂安全使用规范》（氨基酸、维生素、微量元素和常量元素部分)(中华人民共和国农业部公告第1224号)、《饲料添加剂品种目录（2008）》（中华人民共和国农业部公告第1126号)、《饲料药物添加剂使用规范》（中华人民共和国农业部公告第168号)和《禁止在饲料和动物饮用水中使用的药物品种目录》（中华人民共和国农业部公告第176号）等。这些法律法规，是我们配制安全饲料的基础，是确保饲料产品质量安全、食品安全和饲料工业健康发展的基石。

2. 饲料原料的选择

饲料原料是安全饲料生产最重要的一个控制点，饲料原料来源较复杂，可能受到农兽药污染和有毒有害物质污染，或发霉变质，很多饲料原料中含有一些天然有毒有害物质，植物性饲料中含有多种次生代谢产物，如生物碱、硫代葡萄苷、棉酚、蛋白酶抑制剂等，所以在家兔饲料中尽量不用或是少用菜籽粕、棉籽粕等，生长兔的饲料中一般控制在3%以内，经过脱毒的用量可稍大些。动物性原料中含有组胺、沙门菌等，配合饲料中的有害菌（如大肠杆菌、沙门菌等）及重金属也不能超标，且家兔对霉菌毒素十分敏感，极易中毒死亡，一定要保证原料的品质，不能发霉，尤其是饲草、花生饼及芝麻饼等，在使用时一定要特别注意。家兔对饲料原料变化比较敏感，原料变化使饲料颜色、气味、口感等发生变化，就会对家兔形成应激。家兔是草食动物，饲料变化会引起消化道内环境微生物菌群的变化，此时的家兔就容易患消化道疾病，并继发其他疾病。因此，在配制饲料配方时，要选择来源稳定、质量稳定的原料，通过质检无疑虑的原料；注意选择消化代谢率高、营养变异小的原料；慎用动物性原料和抗营养因子原料，禁用有毒性原料，坚决不用违禁药品或添加剂。控制抗生素的使用；要充分挖掘、利用本地饲料资源，尽可能利用本地区富余粮食及农副产品如稻谷、小麦、麸皮、米糠、菜籽粕、棉粕等。

3. 营养标准的制定

设计饲料配方首先要确定好使用的营养标准，这是设计饲料配方的依据。不同生长时期和不同生理状态的家兔对各种营养需要不同。我们可以依据现在家兔的营养研究，参照美国（NRC）、法国（IN-RA）等的家兔营养标准确定。饲料生产厂应该制定企业标准，作为生产的标准依据。选择饲养标准，不能照搬照抄，要结合实际情况，因时、因地制宜地制定先进实用的标准。既要考虑满足动物生产性能，也要考虑资源的可利用性、经济性，又要考虑对环境的影响，更要考虑对人畜的健康保护。

制定营养标准要做到以下几点：

一是能量优先满足。生物的代谢、合成产品首先需要能量，能量是影响畜禽生产力和生产成本的第一要素，正确供能是提高畜牧生产效率的关键。现在，有很多养殖者和营养师盲目追求高蛋白含量，而不注重能量的提升，这其实是极大的错误，不仅不利于蛋白质饲料充分发挥其作用，造成蛋白质饲料的浪费，还增加了饲料成本，使动物体内蛋白质的过量沉积，增加了氮排放，造成了环境污染，有害无益；制作配方时要选择理想的蛋白质，即各种氨基酸的配比是最佳模式。理想蛋白质日粮（以可消化氨基酸含量为基础）可降低粗蛋白含量，减少氮的排放量。研究证明用理想蛋白质和可消化氨基酸配制日粮可减少原料成本 5%～9%，提高饲料蛋白质利用率 10%～18%，降低饲料中蛋白质含量 1～3 个百分点，相应地减少了粪氮的排放量，极具推广应用价值。

二是注意养分的多样性、互补性，适当的能量蛋白质比、钙磷比，各种矿物元素和维生素的平衡与充足供应。每种饲料都有自己的营养特点，没有一种原料十全十美，用多种原料配制日粮，既可以互相弥补原料自身不足，又可以发挥其优点，以获得良好的饲喂效果。俗语道："兔吃百样草，无料也上膘"，即保证饲料的多养分平衡。

三是掌握适宜的粗纤维水平。由于家兔是单胃草食动物，有发达的盲肠，内含复杂的微生物体系，其作用如同反刍动物的瘤胃，粗纤维能为家兔提供营养，能维持家兔肠道内环境的平衡，还能防止肠炎；粗纤维含量是家兔营养成分中重点考虑的因素，粗纤维过多过少都会对家兔的生长性能、营养吸收及健康产生不利影响，过多的粗纤维影响家兔对营养物质的吸收，过少则兔易得肠道疾病。NRC 标准规定生长肥育兔饲料中粗纤维含量为 10%～12%，根据实践及结合我国的养殖水平现状，一般生长育肥兔饲料中粗纤维含量应为11.2%～14.8%，即养殖水平高的地区（或养殖场）粗纤维水平可为11.2%，养殖条件有限的可为 14.8%。但要注意，粗纤维含量增高，饲料营养的消化吸收率会降低。粗纤维含量要适合，不能无限制地增高粗纤维含量，牺牲家兔的生产性能来换取肠道的安全。家兔饲料中粗纤维低于 6%～8%，就会引起家兔腹泻。

4. 配方设计

饲料配方设计不合理，会使动物对饲料的消化吸收不完善，既浪费了宝贵的饲料资源，又造成环境污染。从营养学角度出发，基于平衡与可消化利用的原则，使饲料中的各种有效成分得以充分利用，实现各种物质排泄量的最低化是安全饲料配制追求的目标。安全饲料配方设计应做到以下几点。

一是严格按规定使用药物饲料添加剂，不使用违禁药物及其衍生物。在饲料中添加违禁药物，对人类健康的危害极大，不仅会制约我国畜牧业的正常发展，而且畜产品的出口也会受到严重影响。另外，一些性质稳定的药物与化合物被排泄到环境中后，会造成环境污染。我国政府为保证动物源性食品安全、维护人民身体健康，颁布了《禁止在饲料和动物饮用水中使用的药物品种目录》和《食品动物禁用的兽药及其它化合物清单》。但是一些饲料企业的配方师，为了满足养殖户所谓的特殊需求，使用或变相使用一些违禁药品的现象依然存在，添加类激素药物、将人用药应用于饲料中等情况时有发生。为此，我们应尽量杜绝这种事情的发生；合理用药是控制饲料及畜产品中药物残留的重要保证。严格按农业部发布的《饲料药物添加剂使用规范》（2001 年农业部第 168 号公告），控制饲料药物添加剂的使用量，绝对不能超量添加，严格参照在饲料标签上标明的饲料中添加的药物添加剂的品种和停药期及配伍禁忌等。

二是控制砷制剂的应用，不少配方师为满足养殖户对皮毛质量的要求，并利用有机砷制剂有促生长和预防疾病的效果，在饲料中添加大剂量的砷制剂，因此造成的畜禽中毒现象时有发生。如果在家兔饲料中使用过量的砷，大量不被利用的砷由动物体内排出，在土壤微生物的作用下会逐渐降解为无机砷，并可在水和土壤中蓄积。由于环境砷污染或自然环境含砷过高，在一些国家和地区引起人和动物地方性砷中毒，严重危害了人和动物的健康。

三是在配方设计过程中，要尽量降低日粮氮、磷含量。据研究，由于配方设计得不合理，饲料中 70%～80% 的蛋白质和大约 70% 的磷将排出体外，不仅造成营养物质浪费，同时造成氮、磷的污染。应用动物生长、生产与环境和营养因子之间关系的动物生长生产典型曲线模型和动物动态营养需要模型，通过可利用氨基酸和理想蛋白质理论的饲料配方技术平衡日粮氨基酸，根据饲料酶的营养物质当量换算关系，建立体现酶制剂与营养物质之间关系的数学模型，降低日粮蛋白质水平和总磷的含量，充分满足动物生长生产需要，提高饲料利用率。

四是家兔日粮中矿物质添加量要合理，限制日粮中高铜、高锌、高铁的应用。家兔体内矿物质盐之间存在相互拮抗与协同作用，如高铜可抑制锌和铁的吸收，引起锌和铁的缺乏，从而导致皮肤角化不全，这种现象在南方省份特殊的气候条件下更为明显。铜是氧化作用的有效催化剂，可使饲料中的不稳定物质如维生素 A、维生素 B_2、维生素 D、油脂等发生氧化酸败而降低饲料的营养价值和适口性。超量矿物盐添加，使矿物盐的排放呈直线上升，严重破坏着人类的生存环境，同时使动物肝、肾中残留量显著增加，危害动物健康。如高铜日粮可使铜在肝脏蓄积，抑制动物体内的多种酶而导致肝功能异常，并发肝坏死。同时，肝脏中的铜大量释放，进入血液中的红细胞，使红细胞中铜浓度不断增高，红细胞内的渗透压发生改变，脆性增加，导致大量红细胞溶解而引起溶血性贫血、黄疸和血红蛋白尿。溶血病的产生使肾脏含铜量增高、肾小管被血红蛋白阻塞，导致肾小管和肾小球坏死而出现肾衰竭，造成家兔死亡。中国家兔饲养标准中规定：生长兔饲料中铜、锌、铁的用量分别为 3～10mg/kg、50mg/kg、50～100mg/kg；妊娠母兔、哺乳母兔、种公兔饲料中铜、锌、铁的用量一致，分别为 10mg/kg、70mg/kg、50mg/kg；产毛兔饲料中铜、锌、铁的用量分别为 20mg/kg、70mg/kg、50mg/kg。

5. 安全饲料添加剂的应用

饲料添加剂是现代饲料工业必然会使用的原料，是实现养殖动物全价营养不可或缺的重要物质，是配合饲料的重要组成部分，它与能量饲料、蛋白质饲料一起构成配合饲料的三大支柱。饲料添加剂在整个配合饲料中所占比例很小，一般不超过 10%，但在强化基础饲料营养价值、提高动物生产性能、保证动物健康、节省饲料成本、改善畜产品品质等方面却有着不可替代的作用。在使用饲料添加剂时要选用安全的饲料添加剂。在配方设计过程中所用的饲料添加剂必须符合国家有关规定，绝对不能使用国家明令禁止的药物品种。安全饲料添加剂应具备以下几个要素：在动物生产过程中无药物残留，不产生毒副作用，对动物生长不构成危害，其动物产品对人类健康无害；动物的排泄物对环境没有污染；经有关主管部门认定和被消费者广泛公认。

常用的饲料添加剂包括营养改良剂和饲料保存剂。

采用无公害的、无毒副作用和药物残留的微生态制剂、酶制剂、中草药剂、小肽等高科技营养改良剂来改善动物的消化、吸收及动物福利。例如，为了帮助消化功能尚未发育完全的生长幼畜提高对饲料营养物质的利用率，或辅助家畜提高对难消化饲料成分的消化，而向饲料中添加蛋白酶、脂肪酶、纤维素酶、淀粉酶、果胶酶、寡聚糖酶等消化酶，家兔饲料中经常使用的酶制剂主要是以纤维素酶为主的复合酶制剂，添加量一般为 0.1%～1%；为保证动物肠道健康，增加肠道有益菌，将有害菌排除，同时使肠道微生态环境正常化，保证动物健康，促进营养物质的消化吸收，而使用枯草芽孢杆菌、双歧杆菌、乳酸杆菌等益生菌；在植物性饲料原料中大部分蛋白质和矿物质与植酸相结合形成不溶性的盐类，利用植酸酶可使这些矿物盐与植酸分离，从而提高动物对这些营养成分的吸收利用率，以改善动物的消化、吸收、利用及动物福利等。

对于饲用微生物制剂，农业部 1999 年 7 月发布公告，明确规定了 11 种微生物添加剂种类。但仍有某些企业不顾国家规定，盲目使用未经批准和未经充分论证其安全性的微生物制品，造成饲料污染及潜在的危害。

为保证饲料的质量，防止饲料发生氧化和发霉，常用饲料防霉剂、抗氧化剂等饲料保存剂来提高饲料的稳定性。在天然抗氧化剂中，维生素 E 是最重要的一种，也是目前唯一可以工业化生产的天然抗氧化剂，化学合成的抗氧化剂主要是乙氧喹、二丁基羟基甲苯、丁基羟基茴香醚。防霉剂是低分子酸及其盐类，采用复合型防霉剂可以拓宽抗菌谱范围，增强防霉效果。

选择必要的同类或异类替代物，剔除一些不安全因素，科学合理地使用饲料添加剂，有助于饲料的安全环保。例如，甜菜碱、蛋氨酸部分替代无机物；氨基酸螯合物替代常量矿物质；同时，要遵循有效、限量、降低成本的原则。任何饲料添加剂都影响着动物的消化吸收与生长发育，过量使用会增大饲料成本，造成浪费，导致动物中毒，污染环境；用量不足，则影响饲养效果。还要兼顾同类物质中不可替代原则，要素因子一个都不能少。

饲料配方设计要求质量水平高，成本低，在生产上可行，更应该强调配方设计的安全性、环保性。饲料的安全在很大程度上是由饲料配方决定的，调控好配方组分的构成、含量，在满足动物福利的前提下，使动物生产性能发挥与资源利用极大化是我们追求的目标。

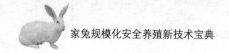

第四节　家兔安全饲料加工新技术

一、进料

按照配方中各种饲料原料的比例和该产品所需每种饲料原料用量的记录，用电子秤从筒仓中提取原料，并输送到配料间。原料的提取有螺旋式或刮板式两种系统，这两种系统都具有良好的精确度。现代饲料加工厂为了按照配方各个组分的含量保证原料的添加量，一般会使用不同量程及精确度的电子秤。一般要求称重的准确度误差应小于5％，以防止成品规格的差异过大。例如，配方中含量高的原料（如草粉、麦麸）称重时应使用量程较大的电子秤，并尽可能在短时间内完成称重；配方中含量低的原料（如碳酸钙、食盐）称重时应使用较为精确的电子秤，以防由于称重的系统误差造成原料超过标准用量。

进料设备应设置保险装置，以便称重出现不足或过多情况时能够及时终止或暂停进程。每个配方中每种原料的质量记录单应妥善保存，以便对加工过程及成品质量进行有效控制以及对整个操作过程进行追溯。

维生素、矿物质、氨基酸、抗球虫药和其他微量营养物质应使用专门的电子秤进行称重。预混料在添加到主混合机之前应进行预混合。欧洲国家饲料生产规定，在每吨配合料中含量大于2kg的任何原料可以直接添加到主混合机中，而少于2kg的原料则需要预混合以预先达到这种原料在产品中的比例要求。所有的预混料原料在添加到主混合机之前要经过专门的秤称重，并保存操作记录。

二、粉碎

粉碎是用机械的方法克服固体物料内聚力而使之破碎的一种操作。饲料粉碎对饲料的消化和动物的生产性能有明显的影响，对饲料的加工过程与产品质量也有重要影响。适宜的粉碎粒度可以显著提高家兔饲料的转化率，减少动物粪便排泄量，提高动物的生产性能，有利于饲料的混合、调质、制粒、膨化等。

物料颗粒的大小称为粒度，它是粉碎程度的代表性尺寸。在饲料行业一般采用粒度来表示物料的粒径。不同的饲养对象、不同的饲养阶段，有不同的粒度要求，并且这种要求差异较大。在饲料加工过程中，首先要满足家兔对粒度的基本要求，此外再考虑其他指标。依据生理学的观点，过分地粉碎可以增加饲料在肠道的停留时间，从而可提高营养物质的消化率。按照这个思路发现，中性洗涤纤维的消化率与粒度小于 0.315mm 颗粒所占的比例呈现正相关。可是，饲料在肠道停留时间的延长则明显与消化障碍有关系，可能诱发腹泻。主要是因为饲料在盲肠的停留时间增加，会产生不良的发酵模式。有报道称，与较粗的粉碎细度（4mm 筛片）比较，非常细的粉碎细度（1mm 筛片）会出现回盲瓣运动紊乱。

在生产中，应使用筛孔直径为 2.5～3.5mm 的筛片进行粉碎，以保证颗粒饲料的质量和在肠道停留适宜的时间。重要的是，要定期检查粉碎粒度的大小分布，以确保其适合性。避免因受到锤式粉碎机零件（筛片和锤片）磨损及原料颗粒磨损的影响，而导致较粗粉料的产生。普遍认为，低纤维含量的原料（如谷物、豆粕）的粉碎，宜采用筛孔直径较细的筛片；纤维含量高的原料（如紫花苜蓿、麦秆）的粉碎，宜采用筛孔直径较粗的筛片。前一种方式粉碎的原料颗粒较细，就具有较高的消化率；而后一种方式粉碎的原料颗粒较粗，则具有作为填充料所需的机械刺激性能，从而有利于肠道的运动。

三、混合

饲料混合的主要目的是将按配方的比例要求配制的各种饲料原料组分在一个较短的时间周期内混合均匀，使动物能采食到符合配方比例要求的各组分饲料。它是确保配合饲料质量和提高饲料报酬的重要环节。饲料混合机是配合饲料厂的关键设备之一，而且它的生产能力决定着饲料厂的生产规模。

另外，在混合这一短暂过程中需要将每吨含量达 400～500kg 的饲料原料与添加很微量的成分（尤其是维生素 H、微量元素硒等）相混合，所以需要进行逐级预混合。

饲料加工厂的混合设备有不同的类型，但是近年来卧式分批混合机设备成为主流。这一设备具有几个特点：①有充分的混合能力（1：100000）；②低旋转周期（33r/min）；③混合时间短（<180s）；④出料彻底，使交叉污染最小化；⑤清理与维护操作方便；⑥能够添加液体（油脂、氨基酸、有机酸）；⑦内表面为不锈钢（符合要求）。

为了检查混合机是否具有良好的操作功能，必须进行均匀性的测定。每次测定需要间隔一定时间从混合机内或在出料口采集一定量的原始样品，共需 10～20 个。在实验室将这些原始样品再分成 10～20g 的小样，用于测定饲料的化学成分（如食盐、锰）或为此目的添加的专门成分。所谓专门成分是指专用的示踪剂（微量示踪剂），按大约 10g/t 的比例添加，另一种是使用钴混合物，这也可替代通常将这种元素添加到预混料的方法。饲料加工标准将规定混合时间内变异系数小于 5％作为优质混合料。每台设备都应确定混合时间。

混合时应注意一些问题，如饲料加工的顺序、混合机清理程序和整批产品的彻底出料，如果不注意就会发生交叉污染。对于有些饲料添加剂和药物产品，要特别注意其交叉污染的问题。这不仅因为它们可能对家兔具有毒性，而且残留物可能蓄积在兔肉中，从而影响食用兔肉的人类的健康。

家兔对于有些药物，如氨苄青霉素或林可霉素是特别敏感的。对于编制加有这类抗生素的加工程序时，要采取专门的策略。现在使用软件编程更容易防止这种情况的出现，因为这种软件已包含饲料加工生产之前考虑到的所有不相容性。不过，要彻底避免出现这种情况，最佳的方法是对于含药饲料的加工采用独立的生产线。现代饲料加工企业所采用的对策是建立双生产线，其中一条用于含药饲料的生产，而另一条决不允许对含有药物或含有污染可能性添加剂的饲料进行加工生产。

四、液体添加

液体饲料是一种高能量、高营养的补充饲料，主要有油脂、糖蜜、酶制剂、微生态制剂、霉菌抑制剂、抗氧化剂、矿物质、维生素、氨基酸等。它的特点是用量少，易消化吸收，对动物的增重抗病效果明显。

（1）油脂　饲料中添加油脂可以补充平时日粮中脂肪含量的不足，以满足家兔毛皮生长的特殊需要，并对颗粒饲料机起到保养作用。凡是经常加工添加脂肪的饲料颗粒机，磨板和孔眼光滑，机器运转正常，经常保持完好状态，可延长使用年限。家兔饲料中一般的油脂添加情况是，油脂的比例一般为2%，冬季最高可达3%，夏季炎热期最低可保持0.5%。如超量添加脂肪，将会引发家兔腹泻，并会造成颗粒软化甚至难以成形。当饲粮的脂肪含量大于20～30kg/t时，在制粒加工时应使用额外添加脂肪的机械装置，在几个位置分散添加脂肪。一般来说，脂肪首先是添加到混合机内；第二次添加的位置是在制粒机的出料口，这是为了利用颗粒饲料仍然是热的且吸附能力强的有利条件。这种添加是一种喷涂系统，20kg/t的脂肪含量可在这个系统添加；第三次添加脂肪的阶段是在颗粒饲料冷却后，需要专门的机械（喷涂机等），将脂肪喷涂到颗粒饲料上。

（2）糖蜜　糖蜜是在主混合机之后的位置添加。少量的糖蜜（20～30kg/t）可以在位于主混合机之后的连续混合机内进行添加。如果还有20～30kg/t的糖蜜，可以刚好在制粒之前的颗粒调质器内进行添加。糖蜜的添加必须采用自动控制，因为这是一个连续的过程，粉料通过机器的流量决定了添加的糖蜜的数量。在机器内混合得越久，产品均匀度就越合格，混合料的质量就更好。由于糖蜜的糖分含量高，当温度超过50～60℃时糖焦化为固态，因而添加糖蜜时应注意温度的控制。

（3）氨基酸　耐高温的液体，如氨基酸和胆碱，一般是小剂量添加，必须添加到混合机内。对于胆碱要特别注意，因为它对其他维生素有拮抗作用。

（4）酶　酶的使用旨在提高大麦和小麦这类饲料的消化率，对于家兔来说，研制新的酶产品是有意义的。酶可以呈粉状或液体状添加，粉状酶在热加工后的稳定性尚不明确。为避免这一问题，除了对这类添加剂的热稳定性技术进行改进之外，还应开发带有冷却器的生产设备，使酶可以作为液体在冷却器的出料口添加。

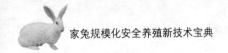

五、制粒

制粒是将粉状配合饲料或单一原料（米糠、牧草等）经挤压作用而成为粒状饲料的过程。制粒不是一个单独的加工过程，它是三个单一加工过程的组合，始终按如下顺序运转：粉料调质-制粒-冷却。

颗粒饲料有诸多优点：①制粒过程中，在水、热和压力的综合作用下，使淀粉糊化和裂解，酶的活性增强，纤维素和脂肪的结构有所改变，经蒸汽高温杀菌，减少饲料霉变生虫的可能性，改善适口性，有利于畜禽充分消化、吸收和利用，以提高饲料消化率。②营养全面，动物不易挑食，减少了营养成分的分离，保证每日供给平衡饲料。③颗粒料体积减小，可缩短采食时间，减少畜禽由于采食活动造成的营养消耗。饲喂方便，节省劳动力。④体积小，不易分散，在任意给定空间，可存放更多产品，不易受潮，便于散装储存和运输。⑤在装卸搬运过程中，饲料中各种成分不会分级，保持饲料中微量元素的均匀性，以免动物挑食。家兔饲料始终是作为颗粒饲料进行生产，并且是优质颗粒饲料（细粉含量低），直径为3～4cm。

1. 调质

粉料进入位于制粒机顶部的调质器内，通过输入蒸汽达到调质的目的。调质器是横卧于制粒机顶部的圆柱形容器。

不同类型的调质器具有如下可变参数，即调质器的容量、调质器的数量、内部结构、表面喷涂和加热装置、长时间调质装置、摩擦型调质器。

根据所使用的原料类型，可添加2%～5%蒸汽进行粉料的调质。粉料的温度上升程度取决于添加的蒸汽数量。停留时间是影响调质的另一个重要因素，因为它是添加蒸汽使粉料加热的时间。粉料的最佳调质是随配方中的原料类型而改变：高淀粉配方较高纤维配方能够吸收更多的蒸汽。停留时间与达到的温度无关，更多的是与调质周期的长短有关，调质周期的长短对于粉料有很大的影响。

调质对于粉料的影响如下：

（1）物理性质　调质后的粉料增加了可塑性，对于机器的磨损减小，其黏性高于未调制粉料。粉料不应该被喷湿，因为这可能导致在随后的制粒期间出现问题。纤维的黏性往往好于淀粉。

（2）化学性质　温度超过 60℃ 会导致淀粉的部分糊化。如果出现高温，蛋白质稳定性会受影响；如果出现过度加工，酶和维生素的稳定性也会受到影响。

（3）微生物学环境　在调质后，原料的微生物天然污染较低。相对于其他类型的饲料生产来说，专门的调质加工过程是对粉料进行充分消毒的过程。

就经验而论，温度愈高和停留时间愈长，加工的粉料就愈多，并且可使随后的制粒过程得到改善。现在的饲料生产厂家可以采用各种各样的调质器。饲料加工厂应根据其具体的任务和每个厂家的物流状况进行设备的安装。停留时间从单轴式一般调质器的 20s 到长时间三级调质器的 240s（能进行表面热喷涂）。

粉料温度的提高取决于配方的原料。蒸汽添加量取决于原料对水的吸收能力。不同原料对水的吸收能力是不同的，而且不同批次的同种原料对水的吸收能力也是不同的。谷物原料吸收的蒸汽量高于纤维原料。就谷物来说，小麦吸收的蒸汽量高于大麦和玉米。

调质器应采用不锈钢结构，便于清理，使饲料卫生保持最佳状态，还能延长设备的使用年限。内部的定时清理和维护必须遵守规范。除了添加蒸汽之外，像膨化机或压缩机之类的专业调质器，通过摩擦力将能量传递给饲料，不仅使温度升高，而且内压也会随之增加，这就会导致淀粉局部糊化，使其比重增加，从而改变饲料的物理结构。

随着调质温度的增加，糊化度逐渐增加，较高的温度对制粒质量有利。但在饲料加工的制粒工艺中，调质温度并非越高越好，过高的温度会引起养分产生变化进而影响到饲料的营养价值，85℃ 是调质温度的上限温度；而粉碎颗粒大小对糊化度的影响呈现随着粉碎粒度的增加，糊化度先增加、达到最大糊化度后开始降低的抛物线形式。有试验表明，调质温度为 85℃、60 目（245μm）粉碎粒度下糊化度最佳。

2. 制粒操作要点

制粒的目的是使粉料转变为密实的圆柱形颗粒饲料，即粉使用

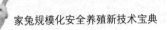

蒸汽调质后，被压辊通过压模孔进行挤压变为颗粒形状。

在制粒的时候，与粉料有关的各种参数、制粒机或制粒过程本身都会影响成品颗粒饲料的品质。堪萨斯大学饲料工艺系的研究人员指出并量化了主要的影响因素（图 4-1）（Behnke, 1996）。配方是主要的影响因素，包括淀粉中的原料，还包括这些原料的粉碎程度。到达制粒机的粉料粒度无疑会产生影响，应密切关注。大的粒度（大于1.5mm）会妨碍制粒。另外，非常细的粒度会引起家兔的消化问题。因而要在这两种极端值之间寻求一个折中数值。

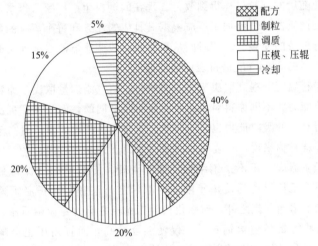

图 4-1　影响颗粒饲料品质的主要因素

配方中原料的物理、化学性质会影响饲料的制粒性能。高脂肪含量的原料对颗粒饲料的质量不利，因为其润滑效应使通过压模的粉末流速度提高。也要注意纤维原料各组分的含量，纤维类型比纤维含量的影响要大。木质纤维损害颗粒饲料品质。纤维素含量高的原料在加工时具有更好的变形性，使饲料颗粒的品质更好一些。

就淀粉而言，糊化大约是在60℃开始的，这种作用有利于制粒。可是就制粒能力而言，不同的淀粉来源会带来不同的结果。在谷物中，小麦制成的颗粒饲料质量最好，而玉米最差，大麦介于二者之间。通常豆粕的含油量低，其含油量的变化会影响到颗粒饲料的质量。大豆和葵花籽含油量高，会损害颗粒饲料的质量。在纤维来源中，麦秆使颗粒饲料的质量变差，而紫花苜蓿和甜菜渣有利于提高颗粒饲料的质量。糖蜜的含量低并且可在高温下因为焦糖化作用而提高颗粒饲料的质量。配方中的原料不仅对颗粒饲料质量有很大的影响，而且也影响到在压模中的通过量（生产能力）和对压模及压辊的磨损效应。矿物质尤其是石灰石的磨损效应较大，因而必须使用小粒度的石灰石。燕麦的纤维含量高，因而它对压模的磨损效应也较大。甘薯含有较多的二氧化硅，而二氧化硅对于压模的磨损非常厉害，会缩短压模的使用年限。

现代饲料加工厂所使用的原料种类较之过去更多，原料种类的范围广，就有更多的机会生产优质颗粒饲料。粉料的密度对压制有相当大的影响，低密度的粉料用于生产颗粒饲料往往较为困难。

如前所述，调质是非常重要的，通常使用最高的温度和最长的停留时间进行加工，才会生产出更为优质的颗粒饲料。细粉具有良好的可塑性。颗粒饲料的挤压设备和配件（压模和压辊）显然对于家兔颗粒饲料的质量影响最大。家兔饲料的压模孔径通常为 $3\sim4mm$。

除了模孔直径外，应明确规定压模孔（作为压缩用）的长度。为了压制出优质的颗粒饲料和获得足够的生产力，必须在这两个因素间有所权衡。在压模孔径给定的条件下，模孔长度较长则压制程度更大，而生产能力则较低。制粒机的能源消耗直接与压制能力有关，因而它与压模长度和孔径有关。

压辊是通过压模来压缩粉料，它对颗粒饲料的质量也有很大影响。使用与压模配套的压辊会使其更好工作。压模与压辊之间的距离必须非常近，大约为 $0.2mm$，以便使制粒机的产量最大化。如果间隙大，粉料的压力就会降低，并且产品在孔内的停留时间较长。其结果是颗粒饲料的质量降低，且有过分烘烤的风险。压模和压辊是会磨损的，压辊需要有良好的维护措施，每次都要更换压模和压辊，为的是使制粒机生产能力最大化。图 4-1 显示了压模和压辊对成品颗粒饲料质量影响的比例。

在一定的配比范围内，粗纤维与其他富黏结力的组分配合，会在颗粒内部起到骨干支撑作用，有利于提高颗粒饲料的结实度，但如果粗纤维水平太高，物料通过环模时阻力增大，产量减小。饲粮纤维水平对颗粒饲料的加工品质具有显著的影响。颗粒加工特性指标与纤维水平间呈显著的线性关系。其中，颗粒的容重、长度和硬度与纤维水平间具有显著的二次曲线关系，当纤维水平为 15.98％时，颗粒直径越大、含粉率越小、硬度越高。

对于淀粉含量高的精饲料原料玉米，其粉碎粒度、调质温度对以后的配合饲料颗粒制粒性能均有极显著影响，且二者互作效应明显，而添加常用作食品黏合剂的羟甲基纤维素后，对糊化度的提升更是显著；如果在饲料加工工艺中探索不采用添加黏合剂来提高制粒性能的生产模式，可考虑从饲料原料下手。

3. 冷却

由于从制粒机出来的颗粒饲料是热（50～65℃）而潮湿（含水量 14％～16％）的，因此在进行筒仓贮存之前需要干燥和冷却。目的是将颗粒饲料的水分含量降低到与调质前淀粉含水量相同的水平，温度则应降低到与环境一致。热的颗粒饲料易碎，且容易变质。因此，要避免从高处落下和在管道及后处理装置中猛烈碰撞，否则细粉将会增多。

冷却器恰好紧接在制粒之后，以避免颗粒饲料通过管道或汽车运输受到震动而粉碎。大多数用逆流式冷却器，因为它对颗粒饲料处理的效率高、质量好。其他类型的冷却器如卧式或直立式冷却器仍在使用，但是不再提倡。外部空气通常来自风机，穿过冷却器内的颗粒饲料。热空气通过大口径镀锌或不锈钢管与通风设备相连，通常是经屋顶通过风机排出。优质颗粒饲料在冷却后通过分级筛除细粉，而细粉将被收回到调质器。

4. 颗粒饲料质量

生产良好质量的颗粒饲料是饲料加工厂的主要目标，因为它对家兔生产性能有很大影响。细粉被证明对环境卫生有不利影响，并且它常常在其后的饲用时期诱发家兔消化道和呼吸道的紊乱。改变颗粒饲料质量的可能性如下：

（1）在调质时，可增加蒸汽的进气量，使粉料的温度提高；但应注意过多的蒸汽会使压辊在压模上打滑，颗粒饲料的产量将会下降。

（2）在制粒时，可以调整压辊与压模之间的间隙，以便增加或减少制粒产量。

（3）有时可使用黏结剂，如木质素磺酸盐、糊精、膨润土和海泡石，用以提高颗粒饲料质量。

当产生劣质颗粒饲料时，应分析在粉碎、调质、制粒、冷却等各个加工过程和最后向农场运送的各个环节可能存在的所有原因，并采取相应措施提高质量。

第五章 家兔安全生产管理新技术

第一节 家兔消化特点及生活习性

一、家兔的消化系统

家兔的消化系统包括消化管和消化腺。消化管为食物通过的管道，包括口腔、咽、食管、胃、小肠、大肠和肛门。消化腺分泌消化液经导管输送到相应的部位，消化腺分壁内腺和壁外腺，壁内腺有胃腺、肠腺等，壁外腺有唾液腺、肝、胰等。

1. 消化管

（1）口腔

口腔是消化管的起始部，前壁和侧壁为唇和颊，顶壁为硬腭，底下为颌骨和舌。前以口裂与外界相通，后以咽峡与咽相通。唇颊与齿弓之间的空隙为口腔前庭，齿弓以内部的部分为固有口腔，舌位于其内。

（2）咽

咽位于口腔和鼻腔的后方、喉的前上方，是消化道和呼吸道的共

同通道。有 7 个口与邻近器官相通，前上方以两个鼻后孔与鼻腔相通，在鼻后孔前部两侧各有一耳咽管口经耳咽管与中耳相通；前下方以咽峡与口腔相通，后上方以食管口与食管相通；后下方以喉口与喉腔相通。

（3）食管

食管是连接咽与胃之间的管道，分为颈段、胸段和腹段。颈段长，位于喉和气管背侧，经胸段前口进入胸腔，在纵膈内后行穿过膈的食管裂孔进入腹腔与胃的贲门相接。

（4）胃

消化系统中第一个重要的腔室是胃，家兔为单胃，呈囊袋状，横位于腹腔前部，它只有很薄的肌肉层，蠕动力很小，饲料的下行速度慢，在胃内停留的时间相对较长，并且始终不会充盈。家兔胃的贲门处有一个大的肌肉皱褶，可以防止内容物的呕出，因此家兔不能嗳气，也不能呕吐，消化道疾病较多。在吞食软粪后，胃底部的功能相当于软粪的储存腔，家兔的胃液与其他家畜相比具有较强的消化力和较高的酸度。

（5）小肠

小肠约 3m，分为十二指肠、空肠和回肠。十二指肠从出幽门至十二指肠空肠曲，全长约 50cm，呈 U 形袢，袢内的十二指肠系膜内有散漫状的胰腺。从十二指肠空肠曲至回盲韧带游离缘，长约 230cm，以空肠系膜悬吊于腹腔左侧。从回盲韧带游离缘至回盲口，长约 40cm，其末端膨大，为圆小囊。

（6）大肠

大肠包括盲肠、结肠和直肠。从盲结口至盲肠盲端。家兔的盲肠壁薄，无纵肌带，但具有螺旋状排列的收缩部，对应着盲肠内部的螺旋瓣状黏膜皱褶，这是家兔的消化道特征。家兔的盲肠很发达，长约 50cm，与兔体长相等，粗大呈袋状，占消化道总容积的 49%，其游离端直径变细，管壁变薄，称蚓突，蚓突中含有丰富的淋巴组织，可以产生大量的淋巴细胞，具有体液免疫功能，同时蚓突中还可以分泌碱性黏液，降低盲肠中的酸度，有利于微生物活动。与其他畜种相比，家兔的盲肠和结肠在消化系统中占有更为重要的地位，家兔吞食

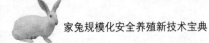

源自盲肠软粪的食粪行为，使盲肠的微生物在家兔营养物质的整体消化利用中具有更为重要的作用，因为盲肠的微生物活动对于消化过程和营养物质的利用是非常重要的，而且对于消化道疾病的控制也是非常重要的。结肠位于盲肠下，以结肠系膜连于腹腔侧壁。

从盲结口至骨盆腔前口，长约 100cm，分升结肠、横结肠和降结肠。升结肠较长，沿腹腔右侧前行，反复盘曲达胃幽门部的腹侧，从右侧横过体正中线到左侧的一段肠管为横结肠，后行至骨盆腔前口的一段肠管为降结肠。升结肠前部管径较粗，有三条纵肌带和三列肠袋。距盲结口约 35cm 处有 3～4cm 长的结肠管壁厚、管腔较窄，为结肠狭窄部，内壁有 8～9 条纵行皱褶，软内容物通过此部位就变成了粪球。

从骨盆腔前口至肛门，位于骨盆腔内长 8cm 左右。直肠末端侧壁有一对直肠腺，长 1～1.5cm，分泌油脂带有特异臭味。

2. 消化腺

（1）唾液腺

分泌唾液的腺体，包括腮腺、颌下腺、舌下腺和眶下腺。

腮腺位于耳根腹侧，咬肌后缘，呈不规则的三角形，其导管开口于上颌第二前臼齿相对的黏膜上。颌下腺位于下颌后部的腹侧内面，呈卵圆形，其导管开口于舌系带两侧的口腔底黏膜上。舌下腺位于舌的腹侧，有许多导管开口于舌下部黏膜。眶下腺是兔所特有的，位于眼窝底的前下部，其导管穿过面颊开口于上颌第三臼齿相对的黏膜上。

（2）肝

肝是体内最大的消化腺，重 100g 左右，占体重 3.7％左右，呈红褐色，位于腹前部，前面隆凸为膈面，后面凹为脏面。兔肝分叶明显，分为 6 叶，即左外叶、左内叶、右内叶、右外叶、尾叶和方叶。其中左外叶和右内叶最大，尾叶最小，方叶形状不规则，是位于左内叶与右内叶之间的小叶。肝门位于肝的脏面，是门静脉、肝动脉、肝管、淋巴管、神经等出入的门户。右内叶的脏面有胆囊，自胆囊发出胆囊管延伸到肛门，与来自各肝叶的肝管汇合共同形成胆总管，后行开口于十二指肠起始部。

（3）胰腺

胰腺弥散于十二指肠系膜内，兔胰仅有一条胰管开口于十二指肠升支起始5～7cm处，与胆总管开口处相距很远，这一结构特点是兔特有的。胰内还有胰岛，是散在胰腺泡之间的细胞团，分泌胰岛素，调节糖代谢。

3. 兔盲肠生理特性

就单胃家畜来说，兔盲肠的容积最大。在庞大的盲肠内，微生物对食物残渣进行消化，同时，盲肠为微生物的活动提供适宜的条件。初生仔兔在未吃奶前，胃肠道无菌，吃奶而没有睁眼的兔胃肠道内的细菌很少。仔兔睁眼后，盲肠和结肠开始出现大量的微生物。

兔盲肠内环境与反刍家畜瘤胃有十分相似之处，有利于微生物的活动。首先，温度较高而稳定。兔盲肠内的温度平均为40.1℃（39.6～40.4℃），个体之间差异不超过1.0℃，昼夜之间的差异不超过1.0℃。其次，稳定的酸碱度。盲肠食糜发酵产生的脂肪酸，其中78.2％是乙酸，9.3％为丙酸，12.5％为丁酸。部分被盲肠壁吸收入血液，部分被圆小囊和蚓突所分泌的碱液所中和，使盲肠内容物的酸碱度保持在相对稳定的水平。据测定，兔盲肠的pH值平均为6.79。第三，厌氧条件。盲肠内容物呈糊状，无自由水和气泡，其环境条件适宜以厌氧菌为主的微生物区系。第四，适宜的水分。含水率平均为80.0％（75.0％～86.0％）。

兔盲肠中存在大量的微生物、发酵粗纤维，将其分解为挥发性脂肪酸，并在盲肠被吸收。在盲肠内容物发酵过程中，盲肠酸度增加，从而危及微生物的生存。在回肠与盲肠相接处的膨大部位有厚壁圆囊，称为圆小囊，能分泌碱性液体（pH值为8.1～9.4），中和盲肠中因微生物发酵而产生的过量有机酸，维持盲肠中适宜的酸碱度，创造微生物适宜的生存环境，保证盲肠消化粗纤维过程的正常进行。圆小囊具有节律压榨、吸收和分泌3种功能。

兔白天排粒状干粪球，夜间排团状软便。兔有直接吃掉晚上排到肛门上的软粪的特点。吃自己软粪的生理现象，可使家兔从软粪中再获得其中富含的B族维生素和蛋白质，也是健康兔的表现。只有病兔、摘除盲肠的兔和无菌兔才没有食粪的行为。

二、家兔的消化特点

1. 口腔内的消化

口腔是消化道的入口，家兔口腔的显著特点之一就是三片嘴唇，上唇裂开，形成豁嘴，因此门齿容易露出，便于采食。口腔底部有一个发达灵活的舌，表面覆盖黏膜。舌下表面光滑；上表面粗糙，着生各种小乳头，有助于夹持饲料。家兔是味觉最发达的动物之一，因此对饲料有敏锐的辨别力和选择性。在舌根的后方有较厚的淋巴组织叫扁桃体，凹陷处叫扁桃体窦，舌参与饲料的咀嚼，充当搅拌器的作用，将饲料送到齿下磨碎，并将磨碎的饲料送到食道吞咽。

家兔的唾液腺是口腔内的消化腺，有 4 大对，分别是腮腺、颌下腺、舌下腺和眶下腺，其中腮腺最发达。一般哺乳动物缺乏眶下腺，眶下腺是兔的生物学特点之一。唾液腺分泌的唾液呈碱性，分别经导管输入口腔，其作用为：一是润滑口腔，浸润饲料便于咀嚼和吞咽；二是溶解饲料中的可溶性物质，引起味觉，提高食欲；三是唾液中含有少量淀粉酶，将淀粉分解为麦芽糖和葡萄糖；四是唾液可中和、冲淡口腔内的有害物质，保护口腔黏膜；五是唾液中含有溶菌酶，可杀死一些随饲料进入口腔的病菌；六是随食团进入胃内的唾液可中和胃酸，刺激胃液分泌。

2. 胃内的消化

口腔的后部是咽，是消化道的共同通道，吞咽时会咽软骨翻转盖住喉头，暂时停止呼吸，食物由口腔进入食道，到达胃部。

家兔的胃为单室胃，呈蚕豆形，横位于腹腔的前部，横膈膜和肝的后部。胃壁的肌肉由 3 层平滑肌组成，外层为纵行，中层为环形，内层为斜行。它们交替收缩，产生胃的各种运动。胃底和胃体部黏膜的腺体能分泌含有盐酸和胃蛋白酶原等消化液的胃液。胃黏膜分泌的酶是以酶原的形式出现，没有活性，受到激活剂的激活后方有消化功能。

家兔胃的消化有明显的年龄特征，仔兔出生后胃液中缺乏游离盐酸，此时的胃液对蛋白质没有消化力，一般要在 15 日龄后，仔兔开始采食植物性饲料后胃液中才开始出现少量的游离盐酸，并开始出现胃内酶的活性和消化力，随着仔兔生长发育和日粮成分的变化，胃内酶的活性和消化力不断加强。

胃液的分泌受到神经和体液的共同调节，神经调节是一种复杂的反射动作，体液调节是由胃肠黏膜所产生的化学物质通过血液循环到达胃，以调节胃腺的分泌活动。饲料的形态、气味、定时喂料的时间、饲养员的动作以及饲料对口腔黏膜感受器的刺激等均可引起胃液的分泌，这种食物尚未进入胃部就引起的胃液分泌称为头期胃液分泌。定时喂兔，到饲喂时间就能引起兔子的食欲和胃液的分泌，有助于促进消化。当兔子采食后，饲料进入胃内，继续刺激胃腺的分泌，称为胃液分泌的胃期，胃期胃液的分泌包括饲料对胃壁的机械性刺激所引起的反射性分泌和饲料在胃内刺激幽门部黏膜所产生的促胃液激素，通过血液循环到达胃，促进胃液的分泌。此外胃液的分泌还受到胃酸本身的自我调节，即胃内到达一定酸度时，胃液分泌受到抑制，这是由于胃酸对胃黏膜的作用，抑制了促胃液素释放的缘故。

3. 小肠内的消化

小肠是饲料营养物质消化和吸收的主要部位，从胃进入小肠的食糜，除了纤维素外，其他物质主要靠小肠内的消化液和小肠运动起消化作用，变成可吸收利用的各种营养成分，然后经过小肠绒毛吸收入血液和淋巴，提供给机体各组织。

兔的小肠可分为十二指肠、空肠和回肠三部分。回肠末端膨大，形成一厚壁的圆形囊状物，称之为圆小囊，其开口于盲肠，是家兔特有的结构，其他家畜没有发现这样的器官。小肠黏膜形成许多褶皱，并有很多绒毛，扩大了小肠的吸收面积。绒毛在十二指肠和空肠最密，回肠逐渐稀少。当食糜进入十二指肠后，立即受到肠壁分泌的肠液、胰腺分泌的胰液和肝脏分泌的胆汁三种消化液的作用，同时也要经受小肠壁蠕动的机械性消化。胆汁能使脂肪乳化成微小的油滴易于消化吸收。除纤维素外，淀粉、蛋白质和脂肪等营养物质均在小肠分解为葡萄糖、氨基酸和脂肪酸等可被消化吸收的简单物质，靠着肠壁上绒毛的运动和黏膜的通透性，营养物质被吸收入绒毛，分别通过血管和淋巴管两路汇入到血液循环中去。在小肠黏膜里还有许多淋巴组织，有的孤立存在，称之为孤立淋巴结，有的集结在一起，形成集合

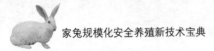

淋巴结。淋巴组织对肠道起保护作用。

淀粉在口腔内淀粉酶的作用下，部分淀粉被分解成麦芽糖。其中绝大多数淀粉，在小肠内经过胰液和肠液中的淀粉酶作用，继续分解为麦芽糖，再经肠液中麦芽糖酶的作用分解为葡萄糖。多数葡萄糖被小肠黏膜吸收，部分葡萄糖被微生物分解为有机酸。

脂肪在口腔内不能被消化，进入胃后被粗略乳化，在十二指肠中由于胆汁酸的作用而被乳化，在胰液和肠脂肪酶 IDE 作用下分解为甘油和脂肪酸，被小肠壁吸收。

蛋白质在胃内只能被胃蛋白酶分解为蛋白胨、多肽和少量的氨基酸。小肠内的碱性环境使胃蛋白酶逐渐失去作用，而胰蛋白酶在肠液和胆汁的协同下，进一步将蛋白质逐渐分解为氨基酸。

4. 大肠内的消化

大肠包括盲肠、结肠和直肠。盲肠是个大的囊袋，容积约占整个消化道的一半。盲肠是微生物的发酵场所，未经胃和小肠消化吸收的营养物质，可通过盲肠微生物作用进一步被分解和发酵，产生的挥发性脂肪酸或氨，一部分被肠壁吸收入血，一部分被微生物利用合成自身物质。盲肠末端有一个较细而光滑的盲端——蚓突，蚓突壁较厚，内含有丰富的淋巴组织，经常向肠道内排放大量的淋巴细胞，参与肠道防御功能，同时也不断分泌高浓度的重碳酸盐类的碱性液体，对维持盲肠内适宜的环境起到了重要作用。

结肠位于盲肠后，分大、小结肠，小结肠末端与直肠相连，终止于肛门。结肠和直肠的主要功能是吸收肠内容物的水分及无机盐，使之形成粪球。同时，其特殊的运动与分泌功能形成软粪，被兔采食。

经小肠的消化和吸收后，剩下的食糜和未经消化的纤维素进入大肠。盲肠中大量的细菌和原生动物分泌纤维素酶，对饲料中的纤维素进行分解。结肠的前端也有同样的消化能力。盲肠和结肠有明显的蠕动。盲肠的蠕动把食糜推进结肠，结肠的蠕动又把食糜推回盲肠，在回肠和盲肠之间有回盲瓣，专门防止大肠内容物倒流入小肠。这样使食糜在此来回移动保证了微生物对纤维素的分解。纤维素经微生物消化后，分解成可以被吸收的简单物质，由大肠吸附体内。当食糜通过盲肠和结肠前端的消化吸收后，水分也被吸收，剩下的糟粕在结肠后端和直肠内形成粪便经肛门排出体外。

5. 兔盲肠的消化特点

（1）能有效利用低质高纤维饲料

兔依靠盲肠中的微生物和球囊组织的协同作用，能有效地利用低质高纤维饲料。在兔日粮中供给适量的粗纤维饲料，对兔的健康有益，如果饲料中粗纤维含量过低或极易消化，向盲肠的输送物质增多，而盲肠内容物缺少供给盲肠微生物所需要的养料，这样就使部分有害细菌大量增殖而引起肠炎、腹泻，甚至死亡。因此，在兔日粮中应提供适量的粗纤维，以保证消化道的正常输送和消化吸收。

如果饲料搭配不合理，蛋白质、能量饲料比例过高，缺乏适量的粗纤维饲料，会导致兔腹泻而死亡。

（2）能充分利用粗饲料中的蛋白质

据报道，兔对青粗饲料中的蛋白质有较高的消化率。兔对低质量的饲草所含蛋白质的利用率高于其他单胃家畜。兔对苜蓿干草中的粗蛋白质，消化率达70.7%以上，与马几乎相等；而对低质量的饲用玉米颗粒饲料中的粗蛋白质，消化率达80.2%，远高于马；比猪对粗饲料中的蛋白质消化率高。由此说明，兔不仅能有效地利用饲草中的蛋白质，而且对低质饲草中的蛋白质有很强的消化利用能力。

（3）能耐受日粮中的高钙比例

肉兔对日粮中的钙、磷比例（2∶1）要求不如其他畜禽那样严格，即使钙、磷比例高达12∶1，也不会降低生长率，而且还能保持骨骼的灰分正常。这是因为当日粮中的含钙量增高时，血钙含量也会随之增高，而且能从尿中排出过量的钙。

（4）对淀粉的消化

兔盲肠内纤维素分解酶活性较低，但淀粉酶的活性却较高，因而兔盲肠应用日粮淀粉、糖产生能量的能力较强。但盲肠中淀粉酶活性高有可能引起肠炎。如果喂给富含淀粉的日粮，在活性高的淀粉酶作用下，能产生可被细菌利用的底物，使细菌增殖加快并产生毒素，所以喂给高淀粉日粮会使家兔发生腹泻。

三、家兔的生活习性

1. 夜食性和嗜眠性

家兔仍保留其祖先白天潜伏洞中，夜间四处活动觅食的习性。白天无精打采，闭目养神，呈静伏或睡眠状态，这时除听觉外其他刺激不易引起兴奋。白天采食量很少；夜间精神旺盛，采食、饮水增加，占全日的70%以上。因此，在保证正常喂料、饮水及日常管理工作外，白天应保持兔舍及周围环境的安静，尽量不要妨碍家兔睡眠。晚上要喂足料，饮足水。

2. 穴居性和胆小性

打洞穴居是家兔沿袭其祖先的本能之举。家兔穴居能够避免其他动物的伤害，也说明了它的胆小习性。即使在人工养殖条件下，一旦接触到土面就要掘土挖洞，以隐藏自身并繁育后代。在建造兔舍和选择饲养方式时，要考虑到这一点，防止家兔在兔舍内乱打洞穴，造成无法管理的被动局面。兔胆小怕惊，经常竖耳听声，一有响动就会马上戒备或迅速逃跑。突然惊吓会引起精神紧张，有时会使泌乳母兔拒哺、正在分娩母兔难产。嗅、视到陌生人或陌生的动物，都会惊恐不安，伺机逃跑，严重者还会造成孕兔流产，甚至将仔兔咬死或吃掉。因此在饲养管理中，应特别防止生人及车辆或其他动物进入兔舍。

3. 喜洁性

家兔喜爱清洁干燥的生活环境，潮湿污秽的环境，易造成家兔传染病和寄生虫病的蔓延，一旦患病，即使能够治愈，亦会造成一定损失。所以，应该遵循干燥清洁的原则，选好场址，搞好兔场设计和做好家兔的饲养管理工作。实践证明，越是生产性能高的兔种，对环境卫生要求也越高。

4. 独居性

家兔群居性差。群养家兔，不论公、母，同性别的成年兔经常发生争斗和咬伤，特别是公兔之间或者在新组织的兔群中，争斗咬伤比较严重，管理上应特别注意。在生产中，由于性成熟前的幼年兔，撕咬和争斗现象较少，因此3月龄前的幼年兔多采用群养。但3月龄以上的公、母兔要及时分笼饲养，同时也可防止早配和乱配。根据有关对比试验显示分笼饲养与不分笼饲养的兔，在同等生长时间段内生长速度有十分明显的差异。

5. 啃咬性和草食性

家兔具有啮齿行为，经常啃咬兔笼、产仔箱以及食槽等有棱（棱角、棱缘）硬物，来磨蚀其不断生长的门齿，保持上下门齿的吻合度。因此可以经常往笼内投放一些树枝。兔笼设计应注意所用材料的坚固性和耐用性。家兔喜吃青绿多汁带甜味的青饲料，其次是粗磨饲料、颗粒饲料，不喜欢吃粉料，尤其是过细的粉料，粉料比例不当，易引起肠炎。给家兔饲料的基本原则是以青料为主，精料为辅。

6. 食粪性

家兔的食粪行为，从开始吃饲料后终生不间断，这属于正常的生理现象。通常家兔排出两种粪便，一种是在白天排出的粒状的硬粪，一种是夜间或清晨排出的软粪。家兔排出软粪时会自然弓腰用嘴从肛门处吃掉，稍加咀嚼便吞咽，每天所排的软粪被自己吃掉。当家兔生病时停止食粪，所以在管理上要注意观察舍内是否有软粪，如发现软粪，应及时对家兔进行健康检查，做到有病早治，减少损失。

7. 耐寒怕热

家兔被毛浓密，汗腺不发达，仅在唇边有少许汗腺，又有浓厚被毛覆盖，体内热量不易散发。所以家兔具有较强的抗寒能力，但耐热能力较差。刚出生的仔兔无被毛，对环境温度依赖性强，当温度降至 $18\sim21℃$，便会冻死，窝温一般要求在 $30\sim32℃$。家兔的最适环境温度为 $15\sim25℃$。当气温超过 $30℃$ 时，就会影响家兔的生产性能，导致家兔食欲减退，发育缓慢，繁殖力下降。在炎热夏季，要注意降温防暑。可搭棚遮阴，保证阴凉时给足食物，并及时供应清凉饮水。

8. 嗅觉发达、视觉差

家兔有发达的嗅觉，能嗅出饲草的新鲜程度，辨别出是否发霉有毒，所以，家兔很少误食发霉的毒草发生中毒现象。家兔常以嗅觉辨认异性和栖息领域，母兔通过嗅觉来识别亲生或异窝仔兔。但家兔视觉很差，对颜色基本无识别能力。在生产中，当仔兔找代乳母兔时，应注重混淆嗅觉而不需考虑毛色。

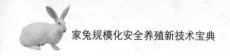

第二节　仔兔安全管理技术

从出生到断奶这段时期的小兔称为仔兔，这个时期是兔从胎生期转为独立生活的过渡时期。仔兔生前在母体子宫内生活，营养由母体供应，环境稳定；出生后生活环境发生了急剧变化，此时仔兔的生理功能尚未发育完全，适应外界环境的调节功能还很差，抵抗力低，但生长发育极为迅速。

按照仔兔生长发育的特点，可将仔兔期分为三个不同的时期，即睡眠期、开眼期和追乳期。在这三个不同时期内，仔兔的饲养管理不同。

一、睡眠期仔兔的饲养管理

仔兔从出生到 11 日龄开眼称为睡眠期。睡眠期仔兔体无毛，闭眼，体温调节能力差，容易受冷冻而死亡，而且很少活动，除吃奶外几乎整天都在睡觉。这个时期的饲养管理要点有以下两方面。

1. 早吃奶，吃足奶

在幼畜能产生主动免疫之前，其免疫抗体是缺乏的。因此，保护年幼动物免受多种疾病的侵袭只能靠来自母体的免疫抗体。免疫抗体或者由出生前通过胎盘获取，或者于出生后从初乳中获取，或者两种过程相结合传递给幼畜。反刍动物、马和猪的抗体传递完全通过初乳，并由小肠吸收；狗、大鼠、小鼠从母体获得抗体的途径既有在胎内通过胎盘获取，也有出生后从初乳中吸取；而兔、豚鼠的抗体传递是在胎内通过胎盘实现的。因此，初乳对兔来说没有反刍动物、马、猪那样重要。但由于初乳营养丰富，是仔兔出生时生长发育所需营养物质的直接来源，又能帮助排泄胎粪，因此，应保证仔兔早吃奶、吃足奶，尤其要及时吃到初乳，这样才能有利于仔兔的生长发育，确保体质健壮，生活力强。反之，如果仔兔出生后未能及时吃到初乳，或者是处于饥饿状态，不仅不利于其生长发育，而且很容易发病而造成死亡。因此，在仔兔生后 6 小时内要检查母兔的授乳情况，如发现仔兔未吃到奶，要及时让母兔喂奶。

仔兔生下后就会吃奶，母性好的母兔很快就会哺喂仔兔。仔兔的代谢作用很旺盛，吃下的乳汁大部分被消化吸收，很少有粪便排出来。因此，睡眠期的仔兔只要能吃饱、睡好，就能正常生长发育。吃饱的仔兔腹部圆胀，肤色红润，安睡不动。但在生产实践中，初生仔兔吃不到奶的现象常常发生，表现为在窝内乱爬，皮肤有皱褶，肤色灰暗，很不安静，饲养人员如以手触摸，仔兔头向上窜，并发出"吱吱"叫声。这时必须查明原因，针对具体情况，采取有效措施。

（1）强制哺乳

有些母性不强的母兔，特别是初产母兔，产仔后不会照顾自己的仔兔，甚至不给仔兔哺乳，以至仔兔缺奶挨饿，如不及时采取措施，就会导致仔兔死亡。这种情况下，必须强制哺乳，具体方法是：将母兔固定在产仔箱内，使其保持安静，将仔兔分别放置在母兔的每个乳头旁，嘴顶母兔乳头，让其自由吮吸，每日强制哺乳4～5次，连续3～5天，母兔便会自动哺乳。

（2）调整仔兔

在生产实践中，有的母兔产子数过多，有的则过少。产子数过多时，母乳供不应求，仔兔营养供给不足，发育迟缓，体质虚弱，易患病死亡；产子兔少时，仔兔吮吸过量，往往引起消化不良，母兔泌乳量高而仔兔吃不了时也容易患乳房炎。在这种情况下可采用调整仔兔的方法。具体做法是：根据母兔的产子数和泌乳情况，将大窝中过多的仔兔调整给产子数少的母兔代养，但两窝仔兔的产期要接近，最好不要超过1～2d。即将两窝仔兔的产子箱从母兔笼中取出，根据要调整的仔兔数、体型大小与强弱等，将其取出移放到带子母兔的产子箱内，使仔兔充分接触，经0.5～1h后，将产仔箱送回到母兔笼内。此时要注意观察，如母兔无咬仔或弃仔情况发生则为成功。此外还可在被调整的仔兔身上涂些代养母兔的尿液，令其气味一致，则更能获得满意的效果。

调整仔兔应在母兔产后3天内进行，这就要求母兔配种做到同期化。同时调整的数量不用太多，要依据代养母兔的乳头数和泌乳量确定。

为了防止因调整仔兔而扰乱血统，可以给被调整仔兔身上做标记，白色兔可以在身上进行墨刺，深色兔可在耳根部穿一细线并系好。系线时不能过紧，以免影响生长，但线也不宜留得时间过长，否则会与草垫和毛缠结，同时要做好记录，尤其在种兔场更应该注意。

（3）全窝寄养

母兔产后死亡，或者患乳房炎不能哺乳，或者良种母兔进行频密繁殖需另配保姆兔时，采取这种方法。寄养的方法和要求与调整仔兔相同。

（4）人工哺乳

需调整或寄养的仔兔找不到母兔代养时，可采用人工哺乳的方法。人工哺乳的工具可用玻璃滴管、注射器、塑料眼药水瓶等，在管端接一段乳胶管即可，使用前先煮沸消毒。可喂鲜牛奶、羊奶或炼乳（按说明稀释）。奶的浓度不宜过大，以防消化不良。一般最初可加入 $1\sim1.5$ 倍的水，一周后加入 $1/3$ 的水，半个月后可喂全奶。喂前要煮沸消毒，待奶温降至 $37\sim38℃$ 时喂给。每天喂 $1\sim2$ 次。喂时要耐心，滴喂的速度要与仔兔的吸吮动作合拍，不能滴得太快，以免误入气管而呛死。喂量以吃饱为限。

（5）防止吊乳

母兔在哺乳时突然跳出产仔箱并将仔兔带出的现象称为吊乳，在生产中时常发生。主要原因是母乳不足或者母乳多、仔兔也多时，仔兔吃不饱仍吸着奶头不放，或者在哺乳时母兔受到惊吓而突然跳出产仔箱。如果被吊出的仔兔不能被及时送回产仔箱，很容易被冻、踩或饿死，在生产管理上要特别注意。发现仔兔被吊出时，应尽快将其放回产仔箱并查明原因，采取措施。如果是因为母乳不足引起的吊乳现象，应该调整母兔的饲粮，提高营养水平，增加饲料喂量，并多喂青绿多汁饲料，促进母乳分泌，满足仔兔的营养需要。对于乳多仔兔也多的情况可以调整或寄养仔兔。如因管理不当所致，则应设法为母兔创造适宜的生活环境，确保母兔不受惊扰。如果被吊出的仔兔已受冻发凉，则尽快为其取暖。可将仔兔放入手中或怀内取暖，也可将仔兔身躯浸入 $40℃$ 温水中，露出口鼻。实践证明，只要抢救及时，方法得当，大约在 $10\min$ 后仔兔即可复活，可见仔兔皮肤红润，活动自如。如果被吊出的仔兔出现窒息但还有一定温度，应马上进行人工呼吸。人工呼吸的方法是将仔兔放在手掌，头向指尖，腹部朝上，约3s时间屈伸一次手指，重复七八次后仔兔有可能恢复呼吸，此时将它头部略放低，仔兔就能有节律地自行深呼吸。被救活的仔兔应该尽快放回产仔箱内，便于恢复体温。约经半小时后被救仔兔的肤色转为红润，呼吸趋向正常，要尽快吃到母乳，以便恢复正常。

另外，设计专门的产仔箱可以减少吊乳的发生。实行母仔分养、定时哺乳的方法可以从根本上解决吊乳的发生。

2. 认真搞好管理

搞好仔兔的管理工作一般应注意以下几点。

（1）夏天防暑，冬天防寒

仔兔出生后体表无毛，没有任何体温调节能力，体温随着外界环境温度的变化而变化。因此，首先要注意仔兔的保温。春冬季节气温偏低，特别是北方各省兔舍内要进行增温保温，要求兔舍温度在15～25℃范围内。南方各省可关闭门窗，挂草帘，堵风洞，以防贼风吹袭，提高室内温度。产仔箱内放置干燥松软的稻草或铺盖保暖的兔毛，保持箱内干燥温暖。产仔箱内垫草和盖毛的数量视天气而定，冬季天冷可以适当多些，夏季天热可适当少放些。

夏季气温较高，阴雨天较多，蚊蝇猖獗，仔兔体表无毛，易被蚊蝇叮咬。所以夏季产仔箱内垫草要少放些，但不能不放，同时要做好室内通风、降温工作。

（2）预防鼠害

预防鼠害的工作在睡眠期非常重要。因为这个时期的仔兔没有御敌能力，所以睡眠期的仔兔最容易遭到鼠害。老鼠一旦进入兔舍，就会把全窝仔兔咬死甚至吃掉，并且兔舍内灭鼠非常困难。处理好地面和下水道是非常有效的方法。

（3）防止仔兔窒息或残疾

长毛兔产仔做窝拔下的细软长毛，受潮湿和挤压后就粘连成块，并不能达到保温的作用。另外由于仔兔在产仔箱内爬动，容易将细毛拉长成线条，如果缠在仔兔颈部就会造成窒息，如果缠在腿腹部，就会引起仔兔局部肿胀坏死而成残疾。因此，长毛兔拔下的营巢用毛，要及时收集起来，改用标准毛兔的被毛或其他保温材料垫窝，标准毛

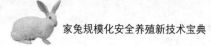

蓬松、保温，又不会缠结。

（4）防止感染球虫病

携带有球虫的母兔或患有球虫病的母兔，球虫排出的毒素经血液循环至乳汁中，可使仔兔消化不良、拉稀、贫血、消瘦，死亡率很高。预防感染球虫病是提高仔兔成活率的关键措施之一。预防的主要方法是注意笼内清洁卫生，及时清理粪便，经常清洗或更换笼底板，并用日光暴晒的方法杀死虫卵，同时保持舍内通风，使球虫卵囊没有适宜条件孵化成熟，平时在饲料中添加一些抗球虫药。

（5）防止发生黄尿病

出生后一周内的仔兔容易发生黄尿病。其原因是患乳房炎的母兔乳汁中含有葡萄球菌，仔兔吃后便发生急性肠炎，尿液呈黄色，并排出腥臭的稀便，沾污后躯。患兔体弱无力，皮肤灰白无光泽，很快死亡。防止此病的方法是保证母兔健康无病。喂给母兔的饲料要清洁卫生，笼内通风干燥，经常检查母兔的乳房和仔兔的排泄情况。如发现母兔患乳房炎时，应立即采取治疗措施，并对其仔兔进行调整和寄养。若发现仔兔精神不振，粪便异常，也要立即采取防治措施。

（6）保持产仔箱内干燥与卫生

仔兔在开眼前，排粪排尿都在产仔箱内，时间过长就会造成空气污浊，垫毛潮湿，滋生大量致病菌，引起仔兔患病。认真搞好产仔箱内的清洁卫生，保持垫料干燥，也是提高仔兔成活率的措施之一。平时可在阳光下暴晒消毒，去除异味，经常更换干燥清洁的垫草。

为了搞好管理，最好是将母仔分开，特别是在晚上，应将产仔箱放在安全的地方。实行母仔分养、定时哺乳的方法，即在母兔分娩后将产仔箱取出，以后每天定时将母兔捉送至产仔箱或将产仔箱送往笼，令其给仔兔哺乳。这样做虽然增加了劳动量但是可以提高仔兔成活率和断奶重，同时可及时观察仔兔情况，确保母仔安静，便于给仔兔创造一个较高温的小环境，防止吊乳现象的发生，还有利于给仔兔单独补料，防止母仔争料，并可有效防止鼠害。

采用母仔分养、定时哺乳的管理方法时，要注意定时进行、对号哺乳，产仔箱放置要有固定的顺序，以避免气味多变、母兔拒绝哺乳。最好每箱加盖编号，防止混箱，但需保持箱内冬暖夏凉。

二、开眼期仔兔的饲养管理

从仔兔的开眼到 20 日龄这段时间称为开眼期。仔兔的开眼时间一般在 9～12d，仔兔开眼的迟早与发育有关，发育良好的仔兔一般在 12 日龄前就开眼，延期开眼的仔兔体质往往较差，且易患病，需加强护理。

开眼期的仔兔被毛已经长出，虽没有达到完整的程度，但已具备了比较强的体温调节能力，同时这个时期的仔兔也具有一定的活动能力，15～16 日龄的仔兔可以自由出入产仔箱，不存在吊乳的现象。

开眼仔兔的管理比较简单，主要是以下几个方面：

1. 帮助仔兔开眼

有的仔兔由于眼屎的缘故，到 12 日龄还没有睁眼，需要帮助其睁眼。具体方法是用眼药水擦洗眼睑。

2. 经常检查产仔箱，补充更换垫草

开眼期的仔兔粪尿量增加，因此要经常检查产仔箱，补充更换垫草，尤其在冬季更要注意补充干净干燥的垫草保温，夏季高温需撤掉部分垫草。

3. 淘汰大窝仔兔中的部分发育落伍者

大窝仔兔中有一部分发育缓慢、体质弱小的仔兔，应及时将其淘汰，以利于其他仔兔的生长发育。

三、追乳期仔兔的饲养管理

从 21 日龄到断奶这段时期称为追乳期。追乳期的仔兔生长速度很快，母乳已不能满足其营养需要，仔兔总是追随母乳吸吮，使之不能休息，出现掉膘现象，体况下降，此时的仔兔已开始吃料，但吃料时间的早晚取决于母兔的泌乳力。母兔泌乳能力低，仔兔提早吃料来补充其快速生长所需要的营养物质。这个时期的仔兔要从完全依靠母乳提供营养逐渐转变为依靠采食饲料为主，这是一个剧烈变化的过程。此时，仔兔的消化道发育尚不健全，所以转变不能太突然，否则很容易引起消化道疾病而死亡。为了提高哺乳期仔兔育活率，这个时期的饲养管理重点应放在仔兔的补料和断奶上。

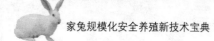

1. 做好仔兔的补料工作

传统的补料时间是 21 日龄。仔兔的补料方法有两种，一种是提高母兔的饲料量或质量，增加饲料槽，由于母仔同笼饲养，共同采食，因此最好采用长形饲槽，以免由于采食时拥挤，体弱的仔兔吃不到饲料。另一种是补给仔兔优质饲料，要求补给仔兔的饲料容易消化，富有营养，清洁卫生，适口性好，加工细致，同时在饲料中拌入矿物质和维生素、抗生素或呋喃西林或氯苯胍、洋葱、大蒜、橘叶等消炎、杀菌、健胃等药物，以增强体质，减少疾病发生。仔兔胃小，消化力弱，但生长发育快，需要营养多，根据这一特点，在喂料时要少喂多餐，均匀饲喂，逐渐增加。一般每天应喂 5～6 次。在开食初期以吃母乳为主，补料为辅，到 30 日龄时，则逐渐过渡到以补料为主，母乳为辅，直至断奶。逐渐进行，使仔兔逐渐适应，才能获得良好的效果。

补给仔兔优质饲料时，最好采用离母哺喂的方法，以免母兔抢食仔兔饲料，有利于提高断奶重。实践证明，离母哺喂比随母哺喂的效果好。

2. 做好仔兔的断奶工作

根据目前的养兔实践来看，仔兔一般到 40～45 日龄时即应断奶。仔兔断奶的时间因品种不同而异。若断奶过早，仔兔消化系统还没发育成熟，对饲料的消化能力差，生长发育会受到影响。一般情况下，断奶越早，仔兔的死亡率越高。断奶过晚，仔兔长期依靠母兔乳汁营养，影响消化道中各种酶的形成，也会导致仔兔生长缓慢，同时对母兔的健康和每年繁殖的胎次也有直接影响，所以仔兔断奶应以 40～45 日龄为宜。

仔兔的断奶方法，要根据全窝仔兔体质的强弱而定。若全窝仔兔生长发育均匀，体质强壮，可采取一次断奶法，即在同一天将仔兔和母兔分开饲养。如果全窝仔兔体质强弱不一，生长发育不均匀，可采取分期分批断奶法，即先将体质强壮的仔兔断奶，体质弱的仔兔继续哺乳，几天后看情况再进行断奶。断奶母兔在 2～3 天内只喂给青粗饲料，停喂精料，以使其停奶。断奶时，最好采用捉走母兔将仔兔留在兔笼内的办法，以防环境骤变，对仔兔不利。

3. 做好仔兔的饲养管理工作

仔兔的哺乳和断奶过程，是从依靠母乳维持生命活动逐渐转变为依靠自己采食食物，吸收体外营养物质来维持生命活动的过程。在生理上是一次很大的改变，再加上仔兔消化系统尚未发育完全，免疫能力很差，极易感染各种疾病，因此要注意以下几点。

（1）及时预防疾病

仔兔刚开始采食时，味觉很差，常常会误食母兔的粪便，同时饲料中往往也存在各种致病微生物和寄生虫，因此，仔兔很容易感染上球虫病和消化道疾病。所以最好实行母仔分养的方法，并在仔兔饲料中定期添加氯苯胍，氯苯胍对预防仔兔球虫病有良好作用。另外，要经常检查仔兔的健康状况，如果有拉稀和黄尿病情况发生，要查明原因，及时采取措施。通过观察仔兔的耳色，可判断出仔兔的营养状况。耳色桃红表明营养良好，耳色暗淡或苍白，则说明营养不良，应增加营养供给。耳温也是仔兔健康状况的标志，耳温过高或过低都属于病态，要及时诊疗。

兔瘟对兔危害极大，断奶时给仔兔皮下或肌内注射 1mL 兔瘟疫苗，一周后即可产生免疫力，免疫期为半年。

另外，为了避免仔兔误食母兔的粪便，并且由于仔兔追吃母乳引起母兔掉膘，最好实行母仔分养、定时哺乳的方法，在仔兔开眼前母兔泌乳性能好时，每天哺乳一次即可，到开眼后每天哺乳两次，间隔 12h。

（2）搞好清洁卫生

仔兔开食后，粪便增多，更要勤换垫草，保持产仔箱内清洁卫生。箱内潮湿，既不利于保温，又不利于仔兔健康。另外，仔兔断奶前应做好准备，饲喂用具要事先消毒。断奶仔兔的料要配好。

（3）注意仔兔饮水

当仔兔开始吃饲料以后，由于采食干物质量增加，单纯依靠乳中的水分已经满足不了需要，必须补充饮水，饮水量的多少对采食量影响很大。

仔兔的饲养管理工作是非常细致的，必须抓好每一个环节，采取有效措施来保证仔兔的正常生长发育。任何疏忽都会使仔兔感染疾

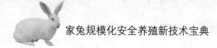

病，甚至死亡，造成损失。因此，对仔兔的饲养管理工作要仔细，这是提高仔兔成活率和获得养兔生产高效益的关键所在。

第三节　育肥兔安全管理技术

商品育肥兔一般有两种情况：一是专门的肉兔品种或其杂交种，以及专门的肉兔配套系断奶饲喂到 2.5～3 月龄体重达到 2～2.5kg 出栏；二是中途的淘汰兔在出栏前短期内育肥，迅速增加产肉量和改善肉质。

一、影响育肥的因素

1. 品种

品种是能够对肉兔育肥产生直接影响的因素。一般情况下，与兼用或毛用品种相比，专门的肉用品种兔在育肥方面更加具有优势，而且杂种一代兔也比纯种兔更加有优势。还有专门化配套系培育的商品兔，其育肥与纯种兔相比也更加优良。以杂交种为例，由两个不同品种或品系的公、母兔杂交所产的第一代杂种兔的生长速度与纯种兔相比，大约快了 1/5。

2. 营养

保证肉兔的营养供给充足是进行快速育肥的重要保证。在育肥期，肉兔每日推荐的营养水平大致为：粗蛋白质为 16%～18%，消化能为 11.3～12.1MJ/kg，钙为 1%，磷为 0.5%，食盐为 0.5%。同时为了保证育肥效果，还可以使用部分添加剂，例如生长促进剂、调味剂等。如果有可能，还可以使用全价颗粒饲料。但要注意的是，必须为肉兔提供充足的饮水。

3. 环境

总体来说，肉兔育肥期的环境要求是安静且弱光，最好是黑暗。在温度方面，5～25℃皆可；相对湿度 60%～70% 最佳；光照强度方面，控制在 4W/m²；在空气流速方面，如果采用的是自然通风条件，那么排气孔的面积最好在地面面积的 2%～3% 之间，进气孔的面积则为 3%～5%；如果是人工控制，那么要根据季节的不同进行调整。

二、一般饲养原则

饲料营养全价，适口性好。家兔日粮应按照营养标准，做到粗、精结合，青、干搭配，饲料多样化，满足营养需要。可适当补给添加剂，保证饲料全价性。

饲料品质及喂养方法：不喂发霉变质、有毒、含露水、冷冻或污染的饲料；饲喂方法可采用限饲、半限饲和自由采食法，限制采食法多用于全价颗粒饲料；半限饲采食应粗、精料分开饲喂，精料定时定量，青干草随意采食；自由采食法多用于育肥期肉用兔和哺乳母兔。

要逐步更换饲料。夏秋季喂青绿饲料，冬季增喂多汁饲料等，饲料更换应逐步进行，使兔肠胃有个适应过程，以免引发消化道疾病。另外，季节不同、生理阶段不同，也要相应调整饲料和饲喂方法。如冬季寒冷采食量增加，饲料能量水平和供给量应高于夏季。

三、育肥兔的肥育方法及饲养管理措施

1. 品种的选择

掌握肉兔育肥的技术要点是为了改善兔肉品质，提高产肉性能，使兔生产出又多又好的兔肉。优良品种肉兔应具备生长快、饲养周期短、饲料报酬高、肉质好、产仔多、经济效益显著等特点。利用这些配套系中的快速生长系与我国的某些地方当家品种，如新西兰兔等进行二元杂交生产商品兔，则在短时期内就能取得很明显的经济效益。幼兔育肥一般不去势，成年兔育肥，去势后可提高兔肉品质，提高育肥效果。肉兔的饲喂方式，一般采用全价颗粒饲料任其自由采食，其营养成分是根据肉兔的营养需要而配制的。

2. 肥育方法

家兔的肥育分为仔兔育肥、青年兔育肥和成年兔育肥。

（1）仔兔肥育

仔兔育肥，30日龄体重要求在500g以上，达到这个要求可获得较好的育肥效果，低于此体重的仔兔参加直线育肥，饲料报酬低，经济效益差。

仔兔断乳采取移母留仔法，即原笼原窝在一起，同胞兄妹兔不建

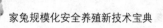

议分开。如笼小饲养密度大可按体重大小分群饲养，以防大欺小。育肥实行小群笼养，不可一兔一笼，更不可不分窝别和年龄而实行大群饲养。小群笼养有利于互相抢食来刺激兔子积极采食行为的兴奋性，一兔一笼会使仔兔产生孤独感和生疏感，大群不分窝别和年龄饲养易发生相互撕咬。

按兔生长发育特点，可将肉用兔的生长育肥过程分为生长育肥前期、生长育肥中期和育肥后期。一般生长肥育期为两个月左右，仔兔断乳后15日内（35～50日龄）为生长育肥前期，51～70日龄阶段为生长育肥中期，71日龄之后为育肥后期。仔兔断乳15日内的育肥前期，由于仔兔刚断奶，离开母体，不利因素较多，应加强饲养管理。此阶段以精料为主，青粗料为辅。饲料营养水平应较高，蛋白质约占18％，保证多种维生素和微量元素供给，最好饲喂全价颗粒饲料，采用群养法，保证其有充分运动、充分生长的条件。

① 生长育肥前期　这一阶段主要是饲料转变的过渡期。因为兔的育肥是以饲喂精料为主的，而改变饲料时应有一定的过渡时期，精料要逐渐增加。这一阶段饲料营养水平应较高，蛋白质约18％、能量水平约为11.0MJ/kg，保证多种维生素和微量元素供给，最好喂给全价颗粒饲料，辅以青嫩、新鲜的青饲料，切忌喂给含粗纤维高的饲料。转换饲料要逐渐过渡，避免饲料变化过快而使仔兔出现消化系统疾病，一般应有1周左右的时间。仔兔育肥饲喂前期采用定时定量限制饲喂法，因为仔兔的消化功能差又有些贪食，限制饲喂有利于消化液的分泌，减少消化性疾病的发生。30～60日龄每日每只喂40～60g。后期采用自由采食法，有利于增重，每日每只可采食90～120g，青饲料不限制。成年兔采用全期自由采食。早上喂全天量的30％，中午喂全天量的20％，夜晚喂全天量的50％。

此阶段，由于仔兔刚断奶，抗病能力差、对环境变化敏感、消化功能薄弱等不利因素较多，应加强管理。室温不宜太低，应保持在18～24℃最为适宜。此外为了提高育肥效果，对断乳后的仔兔应该进行一次驱虫。

② 生长育肥中期　此阶段家兔的骨骼生长快，在饲料搭配上应减少精料比例，蛋白质水平保持在16％左右、能量水平约为11.5MJ/kg，

膘情保持中等偏下，增加青绿饲料喂量，冬季可多喂些优质青干草，适当补喂块根块茎饲料，添加钙和其他微量元素，保证骨骼生长。此外应保证兔有充足光照时间，这样亦有利于其骨骼生长。建议育肥兔适宜的光照时间是每天 8h。

在这一时段可根据兔的实际情况，选择合适的时间，可将兔按体型大小重新组群，对肉用公兔进行去势处理。家兔去势后可降低体内的代谢和氧化作用，有利于体内脂肪的贮积，公兔适时去势可加快提高生长速度和肉质，且去势后公兔性情温顺，便于饲养。去势能增加体重 10%～15%。可采用以下方法去势：

a. 手术去势　将兔仰卧固定，一手将睾丸挤入阴囊并捏紧，另一手用刀沿阴囊纵向切开挤出睾丸，掐断精索韧带，涂碘酒即可。进行手术时要注意消毒。

b. 橡皮筋去势法　用橡皮筋在阴囊底部扎紧，断绝其血液供应，使其枯萎脱落。

c. 注射法　可采用碘酊去势法，即用浓度为 2%～3% 的碘酊，按小型兔 0.3mL/只、中型兔 0.4mL/只、大型兔 0.5mL/只，慢慢注入碘酊到睾丸发硬为止。或采用氯化钙去势法，即将 1g 氯化钙溶于 10mL 蒸馏水中，加入 0.1mL 甲醛溶液，在阴囊纵轴前方消毒，给每个睾丸注射 1～2mL 药液，睾丸出现肿胀，3～5d 自然消肿，7～10d 萎缩，从此丧失性欲。

若采用幼兔育肥法，3 个月龄体重达 2.5kg 的小公兔不用去势。

③ 生长育肥后期

生长育肥后期这一阶段主要以催肥为目的。饲料能量水平应不低于 12.0MJ/kg，蛋白质水平保持在 16%～17%。适当增加饲养密度，减少活动空间，保持环境安静，减少光照，有利催肥。在屠宰前半月停止用药，以免药物残留影响肉质。当育肥兔采食量持续减少；用手触摸育肥兔的腰、腿、颈等部位，肌肉丰厚、肥实、富有弹性，表明育肥效果较好，可以出栏。

（2）青年兔肥育

青年兔肥育主要指三月龄到配种前淘汰的后备兔催肥。育肥期一般为 30～40d，当体重达到 2kg 以上时即可宰杀。肥育时注意保持笼

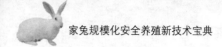

位狭小、光线较暗、温度适宜。

（3）成年兔肥育

成年兔肥育指淘汰种兔在屠宰前经过短期肥育以增加体重和改善肉质。肥育良好的兔子在此期间可望增重 1～1.5kg。

3. 饲养标准

生长兔的日粮消化能为 10.46MJ/kg，粗蛋白含量为 15%，采食量约 150g；成年兔的日粮消化能为 9.20MJ/kg，粗蛋白含量为 14%，采食量约 125g；哺乳兔的日粮消化能为 11.30MJ/kg，粗蛋白含量为 17%，采食量为 250～300g。有研究已证实，在日增重 35～40g 的育成兔日粮中，应含有含硫氨基酸 0.61%、赖氨酸 0.65%、精氨酸 0.60%。

4. 饲料配方

饲料营养全价，适口性好。家兔日粮配制时，应按照营养需要，适当补给添加剂，保证饲料全价性。家兔喜吃甜的、有香味的饲料。据有关资料显示：肉兔的日粮中含 15.6% 粗蛋白质对仔兔及成年兔的生长发育最为适宜，因此要合理配制日粮。同时一定要按照肉兔不同生长阶段适当调整配方，这样可使肉兔摄食的营养既全面又均衡，这是养好肉兔的重要条件。幼兔饲料配方可供参考，如：豆饼 20%、玉米面 20%、麦麸 16%、糠 10%、豆腐渣 30%、骨粉 2%、多种维生素 0.5%、微量元素 0.5%、干酵母粉 0.5%、食盐 0.5%。冬季青绿饲料缺乏时，多喂些胡萝卜等多汁饲料。在饲养前期，以粗干饲料为主，精料为辅，后期逐渐转为以精料为主，粗干料为辅，以增加蛋白质、脂肪在体内沉积。育肥前配方：青干草粉 50%、黄玉米 17%、豆饼 15%、麦麸 15%、骨粉 2%、食盐 1%。育肥后期的配方：青干草粉 50%、黄玉米 27.5%、豆饼 10%、麦麸 10%、骨粉 2%、食盐 0.5%。另外，还可加入适量多种维生素、微量元素等添加剂。

无论喂给哪种日粮配方，都必须坚持每天多次饲喂，并注重夜间喂食。为了减少育肥时的消耗，3～4 月龄的育肥公兔可以进行去势，育肥的兔应放在单笼饲养，减少活动量，以利增重和沉积脂肪。

5. 饲养管理措施

适合肉兔的温度通常是 5～25℃，同时需要减少光照和活动范

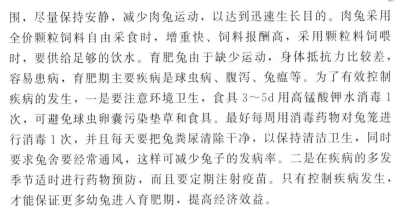

围，尽量保持安静，减少肉兔运动，以达到迅速生长目的。肉兔采用全价颗粒饲料自由采食时，增重快、饲料报酬高，采用颗粒料饲喂时，要供给足够的饮水。育肥兔由于缺少运动，身体抵抗力比较差，容易患病，育肥期主要疾病是球虫病、腹泻、兔瘟等。为了有效控制疾病的发生，一是要注意环境卫生，食具3～5d用高锰酸钾水消毒1次，可避免球虫卵囊污染垫草和食具。最好每周用消毒药物对兔笼进行消毒1次，并且每天要把兔粪尿清除干净，以保持清洁卫生，同时要求兔舍要经常通风，这样可减少兔子的发病率。二是在疾病的多发季节适时进行药物预防，而且要定期注射疫苗。只有控制疾病发生，才能保证让更多幼兔进入育肥期，提高经济效益。

科学饲喂，肉兔的生长速度快，对饲养要求比较严格。前期选易消化、适口性好的优质干粗饲料，再配以精料进行喂养。凡发霉变质、有毒、含露水、冷冻或污染的饲料，不可喂。对菜籽饼、棉籽饼等去毒处理的饲料则应控制给量。肉兔的育肥，以在骨架生长发育完成以后进行效果最好。因为在育肥过程中，短期内所增加的体重主要是肌肉和脂肪。如用幼兔或中兔育肥，由于体积过小，为其皮、骨所限，反而不如骨骼已经长成的瘦兔进行育肥的效果好。提高仔兔断奶体重，关键在于要选母性强、泌乳力高的母兔作种用，加强哺乳母兔的饲养管理，使母兔能正常泌乳。凡断奶体重大的仔兔，育肥期增重快，易抵抗断奶的应激。仔兔断乳后进入育肥期，要做好饲养上的转变。断乳后，最好原笼原窝饲养，或按体重、强弱分开，实行小群笼养或大群饲养。饲养环境要清洁、干燥、阳光充足。断乳后1～2周内饲喂断乳前的饲料，以后逐渐过渡到育肥料。肉兔的育肥，一方面要增加营养的储积，另一方面要减少营养的消耗，以使同化作用在短期内大量地超过异化作用，使食入的养分除了维持生命外还有大量营养储积体内，形成肌肉与脂肪。由于构成肌肉和脂肪的主要原料是蛋白质、脂肪和淀粉，因此，育肥家兔时必须以精料为主，在育肥兔的消化吸收能力的限度以内充分供给精料。另外，还可加入适量多种维生素、微量元素等添加剂，对提高育肥性能可起到重要作用。饲养方法是每日喂4次，自由采食，不断水，使家兔吃好、休息好，达到快速育肥的效果。

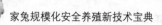

为了避免饲料变换得太快，在育肥以前应先有一段准备期，10～15d。在这个阶段逐渐变换饲料成分。给饲的方法是少量多餐，以改变其习惯，最后完全喂给精料；正式给饲前半小时，先给少量以引起食欲。

出栏时间根据品种、季节、体重和兔群表现而定。正常情况，90日龄达到2.5kg即可出栏。大型品种兔，骨骼粗大，皮肤松弛，生长速度快，但出肉率低，出栏体重可适当大些；中型品种兔，骨骼细，肌肉丰满，出肉率高，出栏体重可小些，达2.3kg以上即可。冬季气温低，耗能高，不必延长育肥期，只要达到出栏最低体重即可；其他季节，青饲料充足，气温适宜，兔生长较快，育肥效益高，可适当增大出栏体重。

当育肥兔采食量持续减少，食欲下降时，表示可以出栏。在采食量减少后，改变饲养方法采食量恢复正常，表明育肥尚有潜力，不能出栏。

总之，育肥兔的安全管理工作在生产中占有重要的地位，首先要选择良好的品种进行肥育，并利用好杂交优势；其次要重视育肥兔的饲养管理，兔舍的选择、饲养方式、舍内环境都影响着育肥兔的生长和发育；最后，育肥兔疾病控制及防疫也是重要工作。传染病对兔群的威胁最大，有造成全群覆灭的危险。任何一类或一种疾病的大发生，都会造成经济损失和精神打击。因此，在生产实践中，科学饲养最关键，制定合理的饲养管理程序，必须坚持预防为主的方针，采取有效的防疫措施，使兔病降低到最低程度。从长远讲，重视育种工作，特别是将抗病力育种放在重要的位置上，以上工作做好了，兔病的预防就会事半功倍。

第四节　种兔安全生产技术

家兔是多胎多产的草食小家畜。一般小型兔3～4月龄、中型兔4～5月龄、大型兔5～6月龄达到性成熟。适宜的初配月龄小型品种4～5月龄、中型品种5～6月龄、大型品种7～8月龄，或体重达到该品种成年兔体重的80%时初配。兔子有刺激性排卵的特点，其发情周期为 7～15d，发情期为 3～5d。母兔发情时有明显的发情特征，最适宜的配种特征为繁殖母兔阴部大红，阴部含水量多、特别湿润时，即"粉红早、紫红迟、大红正当时"。家兔妊娠期一般为 30～31d，分娩需 20～30min，少数需 1h 以上。母兔分娩时，一般不需人工照料，但应及时供给清洁的饮水，以防母兔咬食仔兔。母兔最适宜的繁殖年龄是 1～3 岁，2.5 岁以后的繁殖力逐渐下降，除个别优秀种兔外，3 岁以上都不宜再留作种用。种公兔的繁殖年龄视体况可适当延长。

一、种兔选育

1. 引种

（1）慎选种源场　引种前首先要对供种单位进行仔细考察，应选择拥有动物防疫条件合格证、种兔销售经营资质的养兔场。对种兔的品种纯度、来源、繁殖性能、疫情及价格情况详细了解。备选供种单位至少 2～3 个，鉴别比较后再确定。不能从有传染病流行的区域引种。

（2）严格挑选　派遣有专业技术和生产经验的人员对所购品种体型、外貌、体质健康进行认真检查，选择生产性能高、适应性强、遗传稳定、毛色纯正、发育正常、营养良好、体质健壮的优良青年种兔，以 3～4 月龄、体重 1.5～2.5kg 为好，防止购进弱兔、淘汰兔。为避免近交，应索要兔种谱系资料。新购种兔前要求供种单位预先免疫和驱虫。

（3）做好运输　选择专门的运输车、竹笼或铁丝笼，清洗和消毒。按体质强弱、大小、性别、品种分群装笼，避免拥挤和打斗致残。运输种兔应选择晴朗天气，避免在大风、大雨天气调运种兔，以免种兔受风吹和雨淋而伤风感冒。运输途中要注意通风、遮阳、防暑，减少应激，给予适口性好的青绿饲料如青干草、胡萝卜饲喂，不可喂水分多的青菜，以避免腹泻。

（4）隔离观察　新种先隔离饲养 15d，确认其健康后再合群饲养。到达目的地后，应先休息稳群 1～2h，然后饮用水中加入电解多维，饮水后 2h 才能开食，饲喂少量原引种场饲料。

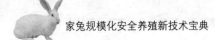

2. 繁育

选种就是根据种兔的体形外貌、生长发育、健康状况、生产性能和用途，从同一品种或品系繁殖的后代兔中，选择符合种用要求的优秀公、母兔留作种用。其目的就是要对种兔群进行提纯复壮、除杂、弃劣。体形外貌是最基本、最容易掌握也是最必要的选择标准。主要根据头型、眼球颜色、耳型、肉髯、被毛颜色和结构及体躯各部位状态来判断该兔是否符合该品种（品系）的体形外貌特征；同时，要选育背腰平直、胸宽腹紧、臀部丰满、四肢强健以及发育良好，体质结实、健康，没有獠牙、牛眼、白内障、八字腿、单睾或隐睾、跛行或震颤等遗传性缺陷的优秀个体。种公兔选择重点是体形外貌必须符合该品种（品系）的特征，生长发育良好，体质强健，健康无病，性情活泼，性欲强、睾丸饱满、匀称，配种效果好。种母兔除体形外貌符合该品种（品系）特征、生长发育良好外，要求母兔的外生殖器形态正常、干净、无炎症；奶头数4对以上、排列整齐、大小匀称、无瞎奶头；腹部柔软、无包块；配种受胎率高，母性好，泌乳力高（21d窝重）；凡连续3次以上配种失败而空怀者，胎产活仔低于4只或产仔时有食仔恶癖者均不留作种用。

选配就是根据种公、母兔的血缘关系、质量等级、年龄、生产特点、相互亲和力和管理人的目标，有意识地指定不同公、母兔间的配对繁殖，不许随意配对繁殖。选配是科学合理利用种公、母兔，充分发挥良种效应，实现优生、多产，不断提高种兔群生产效率的重要技术措施之一。在一般情况下，应避免随意近亲交配。禁止未到初配年限和超过4岁的种公、母兔参加配种。提倡壮年兔与青、老年兔搭配繁殖，壮年兔（1～2年）与壮年兔搭配效果最好。为不断提高种兔群的生产性能水平，提倡采用品质（等级）优的种公兔或与母兔同级的种公兔与母兔进行组配繁殖，应禁止用有相同或相反缺陷（如弓背或凹背）的种公母兔配对繁殖。在商品肉兔生产中，利用杂种优势，推广优秀的杂交组合，以提高其繁殖性能、生长性能及成活率。

二、种公兔饲养管理

"母兔好，好一窝；公兔好，好一坡"。种公兔在兔群中所占比例很小，但所起的作用却很大。饲养种公兔的目的就是要及时完成配种任务，使母兔能够及时配种、妊娠，以获得数量多、品质好的仔兔。因此，必须重视种公兔的饲养，提高精液品质和精子活力，增强种公兔的体质和配种能力。

1. 适宜的营养水平

所提供的日粮应能全面满足种公兔对能量、蛋白质、氨基酸、矿物质、维生素等的需要，以保证种公兔体质健壮、性功能旺盛和精液品质良好。

（1）提供适宜水平的能量

种公兔日粮中的能量水平不宜过高，控制在中等水平即可，以10.46MJ/kg为宜。能量过高，会导致种公兔过肥，性欲减退，配种能力差；能量过低，会造成种公兔过瘦，精液数量少，配种能力差，效率低。对于未成年的种公兔，日粮的能量水平应比成年兔高，以保证其正常生长发育。在配种旺季，日粮的能量水平也应提高，或通过调整采食量来提高能量水平。

（2）供给充足优质的蛋白质

种公兔精液干物质中大部分是蛋白质。如果日粮中蛋白质不足，会造成精液数量减少、精子密度低、精子发育不全、活力差，甚至出现死精和丧失配种能力；所配母兔受胎率下降，所产后代质量差，甚至不孕，因此，在配制种公兔日粮时，必须保证蛋白质含量，植物性蛋白质饲料和动物性蛋白质饲料比例要合适。试验结果表明，长期饲喂低蛋白日粮引起精液质量和数量下降时，对种公兔每天补喂15～20颗浸泡并煮熟的黄豆或豆饼、蚕蛹以及紫云英、苜蓿等豆科牧草，能明显提高种公兔的精液品质。一般而言，种公兔日粮中粗蛋白水平应维持在16%～18%，赖氨酸含量不低于0.7%。

（3）适量维生素和矿物质

维生素不足会影响种公兔的正常生理代谢，造成食欲减退、生长停滞、正常精子数量少和受精能力下降。维生素A、维生素E与生育有关，在饲料中经常缺乏时会使精子数量减少，出现畸形，甚至使睾丸萎缩，不产生精子，性反射降低。B族维生素也是种公兔维持健康和正常繁殖功能所必需的。很多因素会影响种公兔日粮中维生素含量，如日粮配制不当、维生素补充料质量差、饲料储存不当、温湿度等环境条件。高温高湿条件下维生素质量下降，因此夏季日粮中维生素的添加量要高于需要量。同时，建议配制好的饲料在 4 个月内用完。实践证明，供给种公兔营养丰富的青绿饲料或南瓜、胡萝卜、大麦芽、菜叶等维生素含量高的饲料，或在饲料中添加复合维生素，可显著提高种公兔的繁殖能力。矿物质元素，特别是钙、磷是种公兔精液形成所必需的营养物质，饲料中钙含量不足时，会导致四肢无力、精子发育不全、精子活力低；磷是核蛋白的主要成分，也是精子生成所必需的矿物质；锌对精子的成熟具有重要意义，缺锌时精子活力降低，畸形精子增多。硒能够影响公兔生殖器官的发育和精子的产生，缺硒时睾丸和附睾的重量减轻，精子的活力和受精力均降低。饲喂种公兔矿物质饲料有骨粉、蛋壳粉、贝壳粉等，并要注意钙、磷比例合理，应为（1.5～2）：1。生产中还可以通过在饲粮中添加微量元素添加剂的方法来满足公兔对微量元素的需要。

2. 饲料营养长期稳定

饲养种公兔，除了保证饲料营养全面均衡外，还要保持营养长期稳定，因为精子由精原细胞发育而成，精原细胞的发育需要较长的时间，如在发育过程中某一时期营养不足或营养失衡，均会造成生精障碍，降低精液品质，影响配种效果。实践证明，对精液品质不良的种公兔，改喂优质饲料后 20 天左右方能见效。因此，要提高种公兔精液品质，在配种前 30 天就要加强饲养。同时，根据配种强度适当增加蛋白质饲料，以达到改善精液品质和提高受胎率的目的。

3. 饲料体积小，适口性好

为了满足种公兔的营养需要，应根据 NRC 标准等配制日粮进行饲喂。种公兔的饲料宜精，适口性要好，容易消化。要注意饲料品质，不宜饲喂体积过大、营养浓度低的粗饲料，以免造成种公兔腹大下垂，形成"草腹肚"，影响配种。种公兔的饲喂应定时定量，控制采食量，以保持八分膘为佳。当种公兔过肥时，要减少喂料量，增加配种频率，过瘦的公兔则应增加饲喂量，并适当减少配种次数或者停配，待体况恢复后再正常使用。

4. 搞好管理

种公兔管理除了要保持圈舍清洁、干燥、阳光充足，创造良好的环境条件外，还应做好以下几项工作。

（1）单笼饲养

种公兔要单笼饲养，笼位要宽大，原因如下：一是配种时要将母兔放到公兔笼内，不宜将公兔放到母兔笼内，以免影响配种效果；二是公母兔交配时会有追逐过程，若笼位过小，跑动困难会影响配种。

（2）适时配种

青年公兔应适时进行初配，过早、过晚都会影响性欲，降低配种能力。公兔的性成熟早于体成熟，初配体重为成年体重的75％～80％，初配年龄要比性成熟晚0.5～1个月。一般来说，初配年龄小型兔为4.5～5月龄，中型兔为5.5～6月龄，大型兔为6.5～7月龄，巨型兔为8～9月龄。

（3）保持笼具清洁卫生并及时检修

种公兔的笼位是配种的场所，应保持清洁卫生，减少细菌滋生，以免引发一些生殖器官疾病。在配种时种公兔笼底板承重大，特别容易损坏，因此要及时检修，以免影响配种效果。特别是在高温季节，公兔睾丸下降到阴囊中，阴囊下垂、变薄、血管扩张（以增大散热面积，可见睾丸露出腹毛之外），易与笼底板接触，如果笼底板有损坏、不光滑，甚至有钉、毛刺，则很容易刮伤阴囊引起感染和炎症，甚至使种公兔丧失种用价值。

（4）定期检查精液品质

为保证精液品质，应经常对种公兔精液进行检查，以便及时了解日粮是否符合营养需要，饲养管理是否符合要求，特别是种公兔是否可以参加配种，及时淘汰生产性能低、精液品质不良的种公兔。在配种旺季前10～15d应检查1次精液品质，特别是秋繁开始前，由于夏季高温应激，对种公兔精液品质影响较大，及时进行精液品质检查有利于减少空怀。

（5）合理利用

要充分发挥优良种公兔的作用，实现多配、多产、多活，必须科学合理地使用。首先，公母比例要适宜。商品兔场公母兔比例以

1∶（8～10）为宜，种兔场公母兔以 1∶（4～5）为宜。一些规模化兔场若采用人工授精，公母比例可以达 1∶（50～100），能大大降低种公兔的饲养量。一般而言，兔群规模越小，公兔所占比例越大；兔群规模越大，公兔所占比例越小。其次，要注意配种强度，不能过度使用。强健的壮年公兔，可每天配种 2 次，连续使用 2～3d 后休息 1d；体质一般的种公兔和青年公兔，每天配种 1 次，配种 1d 休息 1d。在配种旺季，可适当增加饲料喂量，保证种公兔营养。如果种公兔出现消瘦现象，应停止配种 1 个月，待其体况和精液品质恢复后再参加配种。在长期不使用种公兔的情况下，应降低饲喂量，否则容易造成种公兔过肥，引起性欲降低和精液品质变差。为改善配种效果，宜采用重复配种和双重配种的方式，提高母兔受胎率。最后，要做到"五不配"，即达不到初配年龄和初配体重时不配，食欲不振、患病时不配，换毛期不配，吃饱后不配，天气炎热且无降温措施时不配。

三、种母兔的饲养管理

养好种母兔的目的，在于提供数量多而品质好的仔兔。为了发展养兔生产，改良兔种，扩大兔源，就必须不断提高母兔的生产性能，如产仔数、泌乳力和断奶窝重等各项指标，这些与改进饲养管理条件密切相关。一般种母兔根据生理状况可分为空怀期、怀孕期和哺乳期三个阶段，各阶段由于生理条件的变化，所需要的饲养管理技术措施都不相同。

1. 空怀母兔的饲养管理

空怀期主要指幼兔断奶后至下次怀孕前这一时期。在此期间要求母兔能正常发情与受胎，对长期不发情或屡配不受胎的母兔要进行原因分析。

（1）影响母兔受胎的因素

第一，营养不良影响母兔的正常发情、排卵与受胎，母兔在哺乳期营养不良消耗了大量营养，体质下降，体弱消瘦，断奶后得不到恢复，影响到脑垂体分泌功能降低，卵泡不能正常生长，发情和排卵就不正常，因而就会出现不发情或配种不受胎的现象。第二，饲料搭配不当，缺少运动，母兔养得过肥，在体内卵巢和输卵管周围积存了大量脂肪，而影响内分泌腺体对激素的合成和释放，引起排卵困难，影响受胎。第三，饲料品种单一，营养不全面，卵巢上的卵泡发育不健全，体积小，形状不正，内含原生质少，营养成分也不齐全，这样的卵子就不容易正常受精，即使勉强受精，受精卵也会常在发育过程中死亡。第四，季节影响，秋配是全年受胎率最低的季节，8～9月份兔子在换毛，脱换的被毛数量大，生长的绒毛多，需要养分多，母兔由于换毛抑制了垂体前叶分泌的促卵泡成熟的激素和雌性激素，卵巢功能处于静止状态，所以一般不发情，即使有发情现象，配种也不易受胎。第五，管理不善，卫生条件差，母兔生殖器官易患病，如子宫内膜炎、输卵管炎、卵巢囊肿等疾病，影响母兔正常发情和排卵。

（2）提高母兔受胎率

第一，母兔应保持适当肥度，要有6～7成膘。对过肥或过瘦的母兔，应调整日粮中蛋白质和碳水化合物含量的比例。对过瘦的母兔增加精料喂量，迅速恢复体膘；过肥的母兔要减少精料量，每天放入运动场加强运动。第二，营养全面，青绿饲料不可缺少。在青草丰盛季节，只要有充足的品质良好的青绿饲料供应，一般是能满足空怀母兔的营养需要的。但是在青饲料枯老的季节，草老、质量差兔子不爱吃，单喂老青草不能满足营养需要时，要注意搭配各种瓜类或蔬菜、藤蔓等，也可适当补充精料。第三，改善管理条件，舍内空气流通，无臭味。对长期照不到光线的兔子要调换到光线较好的笼内，笼内外及兔体均要保持清洁卫生，促进机体新陈代谢旺盛，体质健壮，增强对疾病的抵抗力，保持母兔性功能的正常活动。第四，对长期不发情的母兔可采用异性诱导法或利用激素催情。异性诱导法即每天将母兔放进公兔笼中一次，通过公兔的追逐爬跨刺激，提高卵巢的活性，诱发发情。一般通过2～3次公兔的爬跨刺激，母兔有发情表现，能接受配种。利用激素催情，诱发排卵，常用的有孕马血清绒毛膜促性腺激素，经注射后能促使母兔发情和超数排卵。对一般不发情或发情不接受配种，或者是配种后不受胎的母兔可采用此法。第五，采用复配或双重交配，可提高母兔的受胎率和产仔数。第六，抓好秋繁，提高秋季配种受胎率。因为家兔在秋季开始换毛，所以秋配要安排在立秋

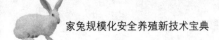

前进行，为避免天气炎热，抓紧在早晨或晚间配种，减少因换毛带来的不受胎现象。

2.怀孕母兔的饲养管理

母兔怀孕期饲养管理得好坏，对受精卵的正常发育、仔兔的初生重、产仔数和仔兔的成活率以及母兔的泌乳力都有很大影响。因此对怀孕母兔的饲养管理应根据不同时期的特点以及胎儿生长发育的规律采取不同的措施。

（1）防止流产

家兔敏感性强，胆小易受惊，当母兔怀孕后，在管理上稍不当心，就很容易发生流产事故，而且母兔流产后饲养者还不容易发现，因为母兔已将流产的胎儿胎盘全部吃完。

影响流产的因素主要有以下三点：第一，不正确地摸胎会引起胚胎死亡。摸胎最好在配种后的12～14d进行，如摸胎过早，因受精卵在第6d至第7d才在子宫壁上着床，当胎盘未形成之前胚珠很小，在子宫内游动不易摸到，而且胚胎没有胎盘的保护受到外力的刺激很容易引起早期胚胎死亡。在进行摸胎时动作要轻，用力不能过猛，切忌用手去抓、捏和计数胚球数目。第二，母兔怀孕后要一兔一笼，防止挤压，也不要无故提兔。确实需要捕捉兔子时动作要轻，一手抓领皮，一手托住臀部，切不可动作粗暴使兔惊恐异常或提住兔的两耳任兔挣扎扭动，甚至将兔跌落在地，会立即造成流产。长毛兔怀孕后一般不进行采毛，如必须采毛时要用剪毛法，不允许拔毛，剪毛需由技术熟练者操作。第三，饲喂的饲料要清洁、新鲜，若饲喂霉烂、变质的饲料，胚胎容易中毒死亡，母兔吃发霉的饲料而引起的流产事故很多，要引起高度重视。

（2）加强母兔怀孕后期的营养

母兔怀孕期很短，仅一个月，在怀孕后的15d称怀孕前期，此阶段胚胎生长很慢，需要的营养较少；从第15d到30d称为怀孕后期，此阶段胎儿增长很快，其增长量大约等于初生仔兔重量的90%。例如，青紫蓝兔第10d的胚胎体重平均是7g，第20d胎儿重3.6g，而第30d的胎儿平均体重是52g。所以在怀孕后期为了保证胎儿的体重迅速增加，必须充分供给各种营养，同时怀孕母兔除满足胎儿的生长发育外，还需供给本身的营养需要，特别是初产母兔还在继续生长发育，更需要有足够的养分。怀孕母兔所需要的营养物质以蛋白质、矿物质、维生素为最重要。蛋白质是组成胎儿的重要营养成分，而矿物质中的钙、磷是胎儿骨骼生长所必需的物质。如果饲料中蛋白质含量过低，产下的仔兔初生重低，生活力不强，或死胎多，也会造成母兔乳房发育不良、泌乳量低等现象。缺钙使仔兔体质不强，容易死亡。总之怀孕后期增加母兔营养补给不仅能使胎儿正常生长，仔兔生活力强，而且可增强母兔体质，提高母兔泌乳量。

（3）做好产前准备工作

母兔配种时最好是集中配种，这样可以集中产仔，便于管理。当母兔怀孕至27d时也就是临产前3～4天，要清洗消毒好巢箱，并将晒过敲软的稻草铺在巢箱内，待产母兔最好都集中到产房，也就是将准备分娩的母兔调整到条件较好的兔舍，冬季可防寒保温，夏天可以通风凉爽又可防止鼠害和兽害，以便饲养员经常检查、观察情况，产房内事先做好笼底板、食盆等所有用具的清洗消毒工作，再将待产母兔和巢箱一起放入笼内，让母兔熟悉环境，隐匿巢箱内衔草营巢。如发现母兔在巢箱内大小便的，应立即取出巢箱，重新洗过晒干，到预产前一天再放入笼内。怀孕母兔在临产前1～2d，食量大减，有的粪便糊烂不成粒状，大部分母兔均用嘴扯下腹胸部毛放在巢箱内，这就是分娩的预兆，应作好接产准备。

（4）分娩时与产后注意事项

母性强的经产母兔在分娩时不需要有人值班，它会顺利地产下仔兔，舐净仔兔身上的黏液，吃去胎盘，咬断脐带，产仔完毕后跳出箱外，整个分娩过程很短，一般20min到1h即可结束。但是对初产母兔或母性不强的母兔分娩时要有人值班看护，注意母兔是否蹲在巢箱内分娩。冬季防止产在箱外冻死，若发现仔兔产在箱外需立即将仔兔取出进行保温，对受冻的仔兔进行急救。当母兔正在分娩时不要大喊大叫，室内保持安静，防止母兔因受惊而发生难产。必须准备好清洁的饮水（冬季需温水）和鲜嫩的青绿饲料，待母兔产后食用，否则容易发生由于舐干唾液、口渴难忍而误食仔兔。母兔产仔完毕跨出箱外时，饲养者要小心地将巢箱取出笼外，清点仔兔，重新理巢，将污湿

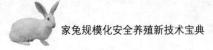

的草和毛、死胎兔一起取出，换上清洁的稻草，铺成四周高中间凹如同锅底状，在稻草上铺一层兔毛，将仔兔放好再盖上兔毛，然后做好分娩产仔记录。发现母兔未拉毛的要将乳头周围的毛拔光，一方面刺激乳房加速泌乳，一方面便于仔兔吮乳。

3. 哺乳母兔的饲养管理

哺乳母兔饲养得好坏对仔兔健康有很大影响，如果哺乳母兔饲养管理不好，会使母兔的泌乳量不足而影响到仔兔的生长发育，造成仔兔的体弱和死亡，因此要重视哺乳母兔的饲养管理，防止发生乳房炎，为提高母兔的泌乳力创造有利条件。

（1）观察母兔的泌乳情况

一般泌乳量高、母性强的母兔，一边产仔一边喂奶，等产仔完毕全部仔兔已吃饱奶，会安睡不动。有的母兔产后隔 1～2h 才跳进巢箱内喂奶，仔兔在巢箱内寻找奶吃，到处乱爬，皮肤皱缩。对这种母兔就要进行分析，是乳腺内有奶不愿意去喂奶，还是因为乳腺内无奶而不喂奶，必须及时采取措施。

（2）人工强迫喂奶

对乳腺内有奶而不喂奶的母兔往往是母性不强或第一次产仔，不习惯给仔兔吃奶，需采取人工强迫喂奶，其方法是将巢箱取出，按时把母兔提出笼外伏在巢箱内，不让母兔跳出箱外，仔兔就会寻找奶头吮乳，一天提两次强迫喂奶，一般经过 3～5d 训练，母兔就会自动去喂奶。

（3）影响母兔泌乳的因素

乳汁的分泌是个复杂的过程，它不仅与乳腺细胞的形状和大小有关，也与细胞本身的新陈代谢、中枢神经的调节和母兔的营养状况有密切关系，母兔产后奶水不足或无奶的原因很多，最主要的原因有：①母兔怀孕后期饲料条件太差，缺乏蛋白质营养，肌体消瘦，乳腺发育不好，乳房干瘪，或者是全部喂的是高能量饲料，而蛋白质、矿物质、维生素供应不足，母兔过肥，乳房积累脂肪过多，分泌失调；②母兔配种过早加上营养不良，生长受阻，乳腺发育不全；③母兔年老体质下降，生理功能衰退；④患有慢性炎症，食欲不旺，消化不良，营养不足；⑤由于管理不当，母兔患了乳房炎。

（4）提高母兔的泌乳力

母乳是初生一个月内仔兔的主要营养来源，母兔每昼夜可以泌乳60～150g，产乳高的可分泌150～250g，个别可达300g以上。加强饲养管理是提高母兔泌乳力的主要措施，乳房形成乳汁所需要的营养物质是从饲料中取得的，因此，饲料品种多样化、营养全面是提高母兔泌乳量的物质基础。兔乳含有极丰富的营养，因此饲料中要加喂豆饼、麸皮、大麦、豆科牧草等含蛋白质较多的饲料。矿物质不能缺少，如果饲料中钙、磷不足，不仅影响泌乳量，严重的会使母兔后肢瘫痪。乳汁中维生素的含量随饲料中维生素含量的高低而变化，多喂青绿多汁饲料，保证饮水的充分供应，能明显提高母兔的泌乳量。母兔产后10～20d是泌乳的高峰期，仔兔吮乳量增大，母兔吃食量也增加，必须供给充足的营养以满足机体的需要，并延长泌乳高峰期。发霉变质的饲料，不仅能降低泌乳量，还会影响乳汁的质量，仔兔吃后会下痢或消化不良。兔舍的清洁卫生、干燥、通风、透光是保证母兔健康、促进乳汁分泌的重要条件。哺乳母兔消耗能量多，吃食量大，要少喂勤添，增加喂食次数，如果一顿吃食量过大会引起消化不良等疾病而影响产乳。对无奶或奶少的母兔要进行人工催乳，精料可加喂豆腐渣，或浸泡发胀的黄豆，每顿10～20粒；青饲料加喂蒲公英、鲜杏叶，中草药吃王不留行、木通等，还可用蚯蚓1条焙干粉碎拌在食料中，每天1次，连服3d，也有催乳效果。

（5）防止发生乳房炎

引起母兔发生乳房炎的原因有：母兔奶量过多，吮乳仔兔太少，乳汁吃不完而积累在乳房内；或者是母兔带仔兔太多，母乳分泌少，仔兔吸破乳头而感染细菌；或者是笼内有刺、钉等锋利的物品刺破乳房而感染。饲喂哺乳母兔要根据母兔的营养状况而决定增减精料量。对营养良好的母兔在分娩前后3d减少精料喂量，以防产后奶量过多；对营养不良的母兔产后应及时调整日粮，调整带仔数。根据不同情况区别对待，细心观察，经常检查，如发现问题要及时采取措施。

四、种兔配种的注意事项

（1）配种时不要把公兔提到母兔笼内，防止环境改变使公兔精力分散，延误交配时间。

（2）配种前需将公兔笼中的食盆、水盆移出笼外，再将母兔放入笼中交配。

（3）掌握公、母兔初配月龄和体重，通常母兔 7～8 月龄、公兔 9～10 月龄才可开始交配，由于不同品种生长速度不同，即初配体重有差异，故强调月龄，未到月龄不要配种。

（4）公母兔比例及配种次数。公母兔数比一般为 1：（8～10），壮年公兔 1d 可配 2～3 次，连配 3d 休息 1d，青年公兔 1d 配种 1～2 次，连配 2d 休息 1d。公、母兔使用年限以 3 年为宜，如果体质健壮配种年限可适当延长，但过于衰老和繁殖力差、后代不理想的，应当及时淘汰。

（5）集中配种。把适于繁殖的母兔在 6d 内全部配上种，可以集中产仔，便于饲养管理。

（6）环境安静，不可多人围观。

（7）如果将发情母兔放入公兔笼内，公兔因嗅到母兔身上有其他公兔气味而咬打时应立即取出母兔，待休息 2～3h 后再行配种。若母兔因公兔追逐而逃避，拒绝交配，甚至发生咬打，应立即取出母兔，另换 1 只公兔配种。

（8）如果有的发情母兔尾巴和后腿不抬起而不能正常交配，可采取人工辅助办法进行交配，用 1 根绳子扣住母兔尾巴、经过腰部用右手将绳子固定在母兔肩部，左手伸入母兔腹下托起臀部让公兔交配。若仍配不上，则将母兔送回笼，伺机待配。

五、种兔场养殖规范

1. 种兔场饲养管理制度

饲养人员必须在严格遵守卫生防疫制度的前提下，按技术规程进行种兔饲养管理。种兔饲养区的作息时间为 6:00～11:00，17:00～22:30。兔场日常事务须定时按下列程序进行。

（1）检查兔群健康状况及采食情况，发现病死兔子时作相应处理、记录，同时检查产仔哺乳情况，调换产箱内垫料，保持产箱内清洁干燥。根据预先安排作有关称测、记录、喂料、加水或检查水箱内

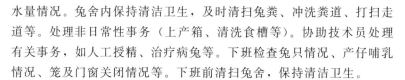

水量情况。兔舍内保持清洁卫生，及时清扫兔粪、冲洗粪道、打扫走道等。处理非日常性事务（上产箱、清洗食槽等）。协助技术员处理有关事务，如人工授精、治疗病兔等。下班检查兔只情况、产仔哺乳情况、笼及门窗关闭情况等。下班前清扫兔舍，保持清洁卫生。

（2）称测与记录是兔场工作中一项极为重要、不可缺少的工作，称测记录正确与否直接关系到选种的准确性。饲养员必须按有关要求按时间节点、准确无误、精确到位地做好称测、记录工作。种兔饲料必须按场方规定给予，不得少喂或随意换用其他饲料等。

（3）定期检查食槽、饮水器，清除食槽底部剩料、变质饲料或被兔粪、尿污染的饲料，检查饮水器，防止因沉淀物积聚而堵塞，兔笼被占用前必须检查饮水器功能，尤其是用于饲养刚转场幼兔的兔笼，新兔笼使用前还应检查笼底状况，若笼底不平整，应用铁砂布磨平。一旦食槽被粪尿等排泄物污染时，应立即换下，及时清洗干净，不得将潮湿的食槽、产箱投入使用。

（4）种兔实行定位饲养，种兔记录表格应随种兔而走，未经安排不得擅自调换种兔笼，每只兔死亡或出售后，有关表格也同时取下存档，所有记录过的表格不得涂改或做他用。为确保选种的准确、可靠，在无标记情况下，种兔核心群留用的兔不得寄养。

2. 种兔场消毒制度

（1）门卫消毒池内的消毒液有效。闲人一律不得入内，生产人员在紫外线灯照射下更衣、换鞋，消毒后方能进入生产区。

（2）饲养人员应保持兔舍、兔笼清洁、干燥，各兔舍门前消毒液定时更换。每月2次，所有兔舍进行清扫喷雾消毒。

（3）在兔产仔前3d，对产箱进行彻底清扫、消毒，产箱垫草需切短，使之柔软，喷雾消毒并晒干。产箱先用火焰消毒，产前再用来苏尔喷洒。

（4）凡由种兔饲养区内转至区外后需要重新返回饲养区或直接从区外进入区内的人员、器具等必须严格消毒方可进入。

（5）兔只断奶转群，调整笼、出售或其他处理后，原兔笼、食槽、饮水器、产箱及使用过的运输车等须及时清洁、消毒，木箱、食槽、运输箱要晒干。

（6）饲养员和技术人员在接触病、死兔后须认真及时洗手、消毒；病、死兔所接触的笼具等也同时进行消毒。

（7）除上述要求的消毒外，食槽、饮水器每月全面清洗、消毒1次；兔笼定期用火焰消毒，每季度全面消毒1次；兔舍每周打扫2遍，喷雾消毒2遍，种兔舍每半年熏蒸消毒1次，商品兔舍每批出栏全面消毒1次（包括兔笼、食槽、饮水器等）；一般情况下工作服应每周清洗1次。

3. 种兔场卫生防疫制度

（1）卫生防疫宗旨　保护所有兔的健康。卫生防疫区域如种兔饲养区、饲料加工区、兔饲养区，尤其是核心群种兔饲养区为重点防疫区。

（2）人员、器具的管理　除饲养人员、饲料加工人员和分工在防疫区内工作的技术人员外，凡有必要进入防疫区的人员、器具等必须经技术人员准许后方可进入。种兔饲养区内不得有人员居住。饲养人员和技术人员进入种兔饲养区时要求首先更换工作服、鞋，洗手，并进行其他卫生消毒处理，然后方可进入兔舍，每幢兔舍配备各自专用工作服、鞋，不得调换、混用；防疫区内人员不得将工作服、鞋穿至防疫区外。饲养员、饲料加工人员休假或外出参观畜禽饲养单位，特别是养兔单位后，须在生活区更衣换鞋，并做严格卫生消毒处理；场外疫病流行时，停止接待疫区来访人员，本场人员也应避免外出。

（3）鉴于兔场对外宣传及技术人员对外咨询或其他工作业务需要，有必要组织场外人员参观兔舍时，一般情况下只安排参观示范兔舍，可结合看录像等予以补充。特别情况下需进入兔舍内参观时，也应尽可能避免接触兔栏，参观后有关场地应及时消毒。

4. 种兔的选择、引进及疾病、死亡兔的处理

（1）经生产性能测试合格被选留下来的后备种兔，须经认真健康检查，并做必要驱虫、预防注射后方可转入核心群。

（2）从场外引进的种兔须来自非疫区，隔离检疫确认无病并作驱虫、预防注射方可进入种兔饲养区。

（3）种兔一经销售，即不得返回场区，更不得退回种兔饲养区。如有需要对外配种时，禁止自然交配，固定种兔、人工授精。

（4）兔只打耳号、转群等时，应利用工作台、运输箱等，不得让兔接触地面。

（5）病兔应及时隔离，加强治疗，若病愈后有必要重新利用时，应作检疫检查，确认符合种兔健康要求后方可返回原处。死亡兔只应置于指定的容器和地点，做无害化处理。任何人不得擅自处理，不得在防疫区内剖检死兔。

5. 定期预防、监测

（1）结合兔场技术工作定期进行种兔卫生、健康监测，定期免疫接种；基础兔群每半年免疫接种 1 次，分别在春季和秋季进行。

（2）种兔场所用饲料或原料不得来源于兔病流行疫区；自行加工饲料时需按卫生要求，不使用霉烂变质饲料；颗粒饲料生产应尽可能少量多次，每次生产数量以最多为兔群 3 个月的消耗量为准。

（3）保持兔场环境卫生，减少蚊蝇滋生，兔舍要经常打扫干净，清除尘、毛等，并注意兔舍内氨气等有害气体浓度的变化，尽可能将其降低到最低限度，使兔舍内环境保持适合种兔饲养的最佳状态；兔场内特别是防疫区内要切实采取有效措施，做好防雀和防鼠、灭鼠工作。

六、我国种兔业存在的问题及发展对策

1. 我国种兔业存在的问题

经济的发展和人们生活水平的提高促使现代畜牧业向高营养、健康安全、绿色生态方向发展。家兔产品由于切合现代绿色健康的消费理念，其市场需求不断增加。而市场需求的增长促进了我国家兔产业的发展，养兔业也成为我国农村新的经济增长点。家兔产业的健康持续发展需要种兔业的突破和推动。家兔种业不仅是家兔产业发展的基础，也是家兔产业发展水平的标志，是促进兔业长期稳定发展的根本。然而，目前我国家兔种业发展仍处于初级阶段，存在着诸如商业育种的科研体制机制尚未建立，科研与生产脱节，育种资源和人才不足，育种方法、技术和模式与种业发展需求不相适应；家兔种业的科技研发能力尤其是自主创新能力不强，缺乏市场竞争力；家兔品种资源种质退化、混杂和流失现象比较普遍，家兔生产发展与良种供需的矛盾日益突出；种兔企业数量多，但缺乏稳定性，其供种能力和质量

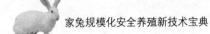

保证与家兔产品市场的发展需求不相适应；专业协会数量少，组织功能不健全，尤其是基层协会，与国内家兔种业发展需求极不相应等问题，严重制约了我国家兔产业发展。

2. 我国家兔种业发展对策

（1）加强品种培育和基础研究力度

对于种兔业，优良品种的培育和提升始终是重中之重，也将促进养兔业的长足发展。近年来，浙系和皖系长毛兔的育成极大地带动了长毛兔的养殖，提升了我国长毛兔生产和研究的全球地位，使我国从20世纪80年代的长毛兔进口大国变成能够自给自足的长毛兔养殖大国，节省了大量引种外汇。康大肉兔配套系的育成也卓有成效，我国肉兔种业不再完全依靠从西欧发达国家进口。发展自主知识产权的优良品种不仅有利于使我国畜禽走出"引种-退化-再引种-再退化"的怪圈，还可以让种兔业改善"重引进，轻培育；重改良，轻保种"的状况。以往的家兔品种培育均以传统培育为主，其改进慢、耗费高。BLUP（Best Linear Unbiased Prediction）育种值估计法、分子育种等现代先进育种技术在猪、牛、鸡等大宗畜禽已经有多年研究并有一定的应用，然而在种兔培育中还处在刚刚启动的阶段，其主要原因在于家兔生产性状分子遗传基础研究不够，性能测定和种兔评定不足，遗传参数估计所用规模群体小，准确性受影响，因而加强基础研究显得尤为重要。随着家兔基因组的公布、分子数量遗传学的发展和广大育种者的重视，相信家兔分子数量遗传育种会为我国的家兔产业带来较好的经济和社会效益。

（2）品种资源保护和开发并重

搞好我国家兔遗传资源的保护和开发利用，需要财政资金的投入和支持，需要建立健全我国家兔良繁体系、资源监测评价体系，需要加强有关家兔遗传资源保护方面的基础科学技术研究和专业队伍的建设。①首先要深入开展我国遗传资源尤其是地方兔种资源的遗传特性和多样性研究，为建立我国家兔资源监测评价体系，进一步拓宽家兔种质遗传资源利用途径和提高利用价值提供科学依据。②要具体研究制定适用于我国家兔品种资源实际的保种目标、保种技术及实施方案。③在品种资源特性研究基础上，以市场需求为导向，利用地方家兔资源品种特性和优点，针对性地开发特色家兔产品——肉、皮、毛，以资源开发利用带动品种保护和研究，加快资源优势向经济优势的转变。由政府引导促进企业和品种资源原产地建立长期合作关系，既保证了企业拥有充足品种来源，又促进了特色家兔资源长久发展。家兔品种资源不单纯是为保护而保护，应该保护和开发利用并重，加强保护以利开发、加强开发带动保护，使品种资源得到有效保护，同时也能带来经济效益。

（3）企业主动投入种兔生产和研究

首先，从国外家兔育种经验看来，企业是种兔业发展的主要推手，而且在品种培育、繁育、商品兔生产各个环节，都有专门的企业负责，分工明确，职能清楚。就育种工作长期性特点来讲，企业主导品种的培育，短期效益确实不明显，甚至亏本；然而，长远来看，优良品种是种兔企业在激烈市场竞争中长期保持不败之地的关键因素。例如，法国家兔育种公司、欧洲兔业、德国齐卡等西欧养兔发达国家育种公司的育种实践也足以证明向种兔业的源头投入是企业未来保持强大核心竞争力和取得更大收获的正确选择。我国浙系长毛兔育成既为品种育种企业带来了巨大的经济效益，也为企业的长久发展提供了强大基础。

其次，政府良种补贴和财政项目资金可以向家兔企业倾斜，让企业更有信心和恒心去发展种兔业，引导企业生产者、大学和科研院所加强合作研究和开发，坚定产学研相结合的道路。

最后，家兔业作为节粮型、环保型畜牧业也应该得到企业自身的大力宣传，把家兔肉、皮、毛等绿色健康的产品向广大消费者推介，吸引市场消费，提高国家和民营资本的参与兴趣和投入力度，从根本上解决种兔业可持续发展问题。

（4）政府加强服务及配套体系建设

① 针对家兔种业组织管理监督体系不健全问题，畜牧种业主管部门应该重视。家兔业虽小，但是在山东、四川、重庆、河北、安徽等省市畜牧业中也是不可或缺的一部分，是农村经济新的增长点。全国家兔养殖区域化较为明显，在家兔业主产区种畜禽管理部门应该设立包括家兔在内的特种畜禽种业管理机构，引进专门人才在《中华人

民共和国畜牧法》《种畜禽管理条例》和《优良种畜登记规则》等法律法规指导下进行种兔业管理政策、办法的制定和监督实施，把种兔业纳入畜禽种业日常管理范畴，让种兔业有法必依，得到规范管理，从而健康、有序和良性发展。

②管理部门可设立种兔评定和种兔质量检测专门机构，从技术上推动种兔业的规范化和整体提高种兔质量，有效防止"炒种"及以商品兔充种兔的欺骗行为发生，提高种兔市场准入门槛，严格监督种兔生产行为。政府主管部门在种兔业监督管理、服务配套体系建设中应该发挥主导作用。

③有家兔研究传统优势的大学和科研院所可根据家兔产业发展适当增加养兔学课程，有条件的可成立兔学科，加大家兔专门科技人才的培养。

④国家兔产业技术体系岗位科学家和试验站在完成科研任务和推广示范的同时，可加强员工培训并重点培养，使养兔者成为合格的种兔业人才，后备人才培养这项工作可以考虑纳入体系奖励考核指标。养兔主产省、市、县农业部门应引进专门人才或培养现有人员，加强种兔业知识培训，完善服务体系，提高种兔业管理和服务职能。

（5）种兔行业各组织单位有机整合

我国种兔业企业主要呈现数量偏少、实力偏弱的特点。企业作为种兔业主体，没有发挥出市场引领作用。家兔育种企业需要加强联合，从引种、育种、扩繁等环节找到共同利益结合点和合作契机，产生整合效应，减少企业因实力较弱而单兵作战所蒙受的损失。同时在全国家兔育种委员会的领导下以及现代兔产业技术体系支持和企业自主参与下，借鉴牛、猪等家畜全国联合育种经验，或可实现家兔的联合育种。欧美家兔育种协会给我们展示了可取的经验，即由家兔行业各组织或个人组成全国家兔育种协会，按安哥拉兔、肉兔等不同生产类型进行分会设置，进行自我管理、自我监督，促进种兔业的行业自律和管理。当然，在我国国情下，可由畜牧主管部门或全国家兔育种委员会进行管理和领导，这或将结束我国只有家兔生产协会而无家兔育种专业协会的历史，从激发行业自身潜力方面来促进我国种兔业的发展。

第六章　兔场卫生防疫新技术

第一节　兔场卫生防疫新概念

一、卫生防疫概念

无公害防疫是指在畜禽生产过程中，严格执行国家与行业标准，杜绝使用一切对人类健康、社会环境和动物自身安全有影响的手段和产品，以期生产出符合质量要求的合格的畜禽及产品，最大限度地满足人民生活和社会发展的要求。

家兔是一种弱小的动物，对疾病的抵御能力不强，而且疾病传播速度很快。当疾病传播的时候，临时预防是无济于事的，所以对于养兔企业来说，一定要改变观念，注重"防病不见病，见病不治病"的理念，贯彻健康养殖的精神，从重点疫病防控着手，做好各项工作。

二、免疫接种

免疫接种就是人为地把疫苗或菌苗等生物制品注入动物体内，激发兔体产生特异性免疫，从而使易感兔群转化为非易感兔群的一种方法，以预防传染病的发生和流行。免疫接种是预防和控制家兔传染病的一项极为重要的措施。

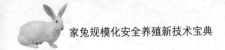

三、免疫接种类型

1. 预防接种

为了防患于未然，平时必须周密地给健康兔群进行免疫接种，预防接种应按正规的免疫程序进行，且不同地区、不同类型的兔场的免疫程序皆有不同。一般来说，免疫程序的制定首先要考虑本地近几年疾病流行情况及严重程度，按此来拟定本年度需要接种何种疫苗和达到的免疫水平，争取免疫水平达到最佳。在接种前应做好调查，兔的年龄大小、健康状况、怀孕情况、泌乳以及饲养条件都应注意。

2. 紧急接种

当发生传染病时，为了迅速控制和扑灭疫病的流行，要对该疫群、疫区和受威胁区域尚未发病的兔群尽快进行应急性免疫接种。事实证明，在疫区紧急接种兔瘟、魏氏梭菌、巴氏杆菌、支气管败血波氏杆菌等疫（菌）苗，对控制和扑灭疫病具有良好效果。

理论上紧急接种除使用疫（菌）苗外，也常用免疫血清。免疫血清虽然安全有效，却用量大、价格高、免疫期短，大群畜禽使用往往供不应求，目前在生产上较少使用。

发生疫病做紧急接种时，必须对已受传染威胁的兔群进行逐只的详细检查、诊断，而且只能对正常无病的兔进行紧急接种。病兔应进行隔离治疗或淘汰，通常不再接种疫（菌）苗，否则不但不能治疗病兔，还会促使其更快发病。所以在紧急接种后几天内兔群中发病数有可能增加，但通常在注射 6～8d 后，发病数会明显下降，并且使疫病的流行很快得到控制。

紧急接种时，要防止通过针头、器械的再次感染，尤其是在病兔群接种时，必须一兔一针头，并且对注射部位进行消毒才可以进行接种。

四、疫苗的使用

1. 常用疫苗的保存、运输及用前检查

（1）疫苗运输要防止玻璃瓶磕碰，包装要完整。运送途中需避免

直射日光和高温，并且尽快送到保存地点（或预防接种场所）。冻干苗应在低温条件下运送，运送大量疫苗时应用冷藏车，少量运送时可放在装有冰块的保温瓶（箱）里。

（2）无论何种疫苗，均应保存在低温、阴暗、干燥及清洁的地方。冻干苗按照要求应放在−15℃以下保存，温度越低，保存时间越长；灭活苗（死苗）应该保存在2～15℃的阴暗环境中，非冻干活菌苗（湿苗）应该保存在4～8℃的冰箱中，灭活苗和湿苗都不能冻结保存。保存温度应保持恒定，温度不能有太大波动，反复冻融会造成病毒、细菌的死亡，进而导致疫苗失效。

（3）用前检查 疫苗使用前应仔细检查，有以下情况之一的疫苗不得使用：①没有标签或标签模糊不清，没有经过合格检查；②过期失效；③疫苗的质量与说明书不符，如色泽、沉淀、制品内有异物、气泡、絮状物发霉和有臭味；④瓶盖不紧或玻璃瓶破裂；⑤没有按规定方法保存。

2.疫苗的使用

（1）疫苗的稀释

① 器具消毒 一切用于疫苗稀释的器具，如注射器、针头、容器等，使用前必须清洗干净，并经高压灭菌或煮沸消毒，防止疫苗污染。

② 稀释剂选择 必须选择符合要求的稀释剂来稀释疫苗，注射用弱毒苗的稀释剂一般用灭菌生理盐水或灭菌蒸馏水，油苗不可稀释。

③ 稀释方法 稀释疫苗时，首先将疫苗瓶盖消毒，再用注射器将少量的稀释剂注入疫苗瓶中，充分振荡使疫苗完全溶解后，再加入其余的稀释剂。如果瓶太小，可将疫苗吸出放于另一灭菌容器中，再将原疫苗瓶用稀释剂冲洗若干次。

（2）疫苗稀释后应尽快使用

疫苗应在用前从冰箱里取出，稀释后要尽快使用。尤其是活疫苗，稀释后于高温条件下或阳光照射下容易死亡。通常来说，疫苗应于2～4h内用完，超过时间的要废弃，更不能隔天使用。

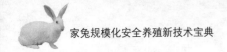

五、免疫程序

目前常用兔免疫的疫（菌）苗及免疫程序如下。

1. 兔出血症（兔瘟）疫苗

当前我国有兔出血症组织灭活苗和基因工程苗。35 日龄以上断乳兔，每兔皮下注射 1mL，注射 7 天左右产生免疫力。免疫期为 6 个月，每兔每年注射两次。由于兔瘟疫苗免疫效果与日龄有关，35 日龄以前兔子免疫系统对疫苗敏感度低，不能产生较高的抗体。因此，建议群体免疫较好的兔场，小兔初次免疫推迟到 45 日龄左右进行预防注射。发生疫情时可用组织灭活苗紧急注射，3～7 天内能有效地控制疫情。

2. 兔巴氏杆菌病菌苗

兔巴氏杆菌灭活苗，30 日龄以上的家兔，每兔皮下或肌内注射 1mL，间隔 14 天后，再注射 1mL，免疫期为 6 个月，每兔每年注射两次。还可使用巴氏杆菌与兔瘟二联苗注射，30 日龄以上的兔，每兔皮下或肌内注射 1mL，7 天产生免疫力，免疫期为 6 个月，每年注射两次。

3. 兔波氏杆菌病菌苗

用支气管败血波氏杆菌灭活苗，怀孕兔在产前 2～3 周，或配种时，断乳前 1 周的仔兔、青年兔、成年兔，每兔皮下或肌内注射 1mL。7 天后产生免疫力，免疫期为 6 个月，每年注射两次。或用兔波氏杆菌与巴氏杆菌二联苗，仔兔断乳前 1 周，怀孕兔妊娠后 1 周，其他青年兔、成年兔每兔皮下或肌内注射 1mL，7 天产生免疫力，免疫期为 6 个月，每兔每年注射两次。

4. 兔魏氏梭菌病菌苗

兔魏氏梭菌灭活苗，30 日龄以上的兔，每兔皮下或肌内注射 1mL，间隔 14 天，再注射 1mL，免疫期为 6 个月，每兔每年注射两次。也可用魏氏梭菌与巴氏杆菌二联苗预防注射，20～30 日龄仔兔，每兔皮下或肌内注射 1mL；30 日龄以上的兔，兔皮下或肌内注射 2mL，7 天后产生免疫力，免疫期为 6 个月，每兔每年注射两次。

六、免疫接种的注意事项

选用质量可靠的疫苗，并且按合理的程序、方法进行免疫，会产生高水平的抗体，抵抗病原菌的感染，为了保证产生良好的免疫效果，应注意以下几点。

（1）使用前应仔细阅读使用说明书和瓶签上的使用说明，观察疫苗瓶有无破裂、霉斑和异物，封口是否完好；抽取疫苗液时尽量摇匀；疫苗开封后应尽可能当次用完，如果用不完须用乙醇消毒瓶塞后用蜡或胶布封闭胶塞针孔。每次在兔群注射疫苗前，应先用少量家兔做免疫注射预备试验，接种后观察一周，如无异常则可进行全群免疫注射。凡是体温升高或精神异常的病兔以及怀孕后期的母兔均暂时不注射疫苗，待病兔痊愈或产后及时补防；接种后要加强对兔群的观察，通常约有 1 天的减食反应，若是出现强烈的反应或并发症时，应该及时给予对症治疗。

（2）注射用具如针头、注射器、镊子等应先消毒备用，酒精棉球应在注射前 48h 备制，用 75％乙醇（取纯乙醇 75mL 加入蒸馏水或冷开水 25mL，摇匀即可）进行消毒；组织好直接参与接种工作（保定家兔、注射和记录）的人员。必须一兔一针头，认真仔细地消毒皮肤，以免造成人为感染。现用疫苗（目前我国兔用疫苗）多为皮下注射，要求注射时避开大的血管、神经，而且注射剂量要准确。进行紧急预防接种时，要按照受威胁地区、疫区、疫点，健康兔、可疑感染兔、感染兔的先后顺序依次进行。

（3）生产中经常需要用多种疫苗来预防不同兔病，所以要依据本地各种疫病流行情况，制订合理的本场（户）预防接种的疫（菌）苗种类、免疫次数和间隔时间。养兔场（户）在实践中要不断总结经验，制定出符合本场（户）具体情况的最佳免疫程序。

此外，应根据生产情况，提前到合法的疫（菌）苗采购供应处购买疫苗，并按疫苗说明书要求运输和贮藏，以免影响疫苗质量。

七、影响免疫效果的因素

免疫应答是一种复杂的生物学过程，影响因素很多，要了解认识

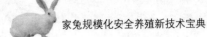

主要影响因素，尽量减少不良因素的影响，提高免疫接种的效果。

1. 疫苗因素

（1）疫苗的质量　疫苗的质量对免疫接种的成败有直接关系，劣质的疫苗不能起到良好的免疫效果。因此，建议养兔户在选择时一定要购买来自正规渠道的疫苗，最好到当地县级以上动物防疫检疫部门选购。

（2）保存的条件　疫苗的保存也是一个很重要的环节，各类疫苗都有特定的储存温度和保存条件。若是疫苗保存不当，就会导致疫苗效价降低，甚至失效。在疫苗的购买和运输过程中，也要按照要求满足保存条件。

（3）使用的方法　疫苗使用不当也会影响免疫接种效果。因此，应严格按照各类疫苗的免疫接种方法、接种部位、使用剂量、疫苗的稀释方法等进行使用，疫苗一经开封或稀释后应尽快注射，同时应遵守疫苗接种的注意事项。

（4）免疫程序　免疫程序的制定在兔病预防接种中是相当重要的部分，合理的免疫程序以及按程序进行接种是取得良好免疫效果的基础。

2. 环境因素

环境因素包括兔舍的温度、湿度、通风状况等。动物机体的免疫功能在一定程度上受神经、体液的调节，因此，兔群处在应激状态下，例如过冷过热、通风不畅、潮湿、噪声、疾病以及惊吓等，都会导致兔群的免疫反应能力下降，疫苗接种后达不到相应的免疫效果。另外，环境的清洁、消毒对免疫工作也十分重要，若不进行消毒且环境很脏，则病原微生物会大量生长繁殖，同时产生大量的有害气味，使兔群的免疫系统受到抑制，影响免疫效果。

3. 兔群体况

兔群的营养状况是影响疫苗免疫接种效果的一个很重要的因素。健康兔群的免疫应答能力较强。如果兔群营养不良，或者肥瘦、大小不均或患有疾病时，进行免疫接种就无法达到应有的免疫效果，会表现出抗体水平低下或参差不齐，对强毒感染的保护率很低，而且抗体不能维持足够长的时间，即便免疫后也可能暴发这种传染病。

4. 遗传因素

动物机体对疫苗接种的免疫反应在一定程度上是受遗传基因控制的，所以，不同品种的兔子对疾病的易感性、抵抗力和对疫苗免疫的反应能力均有差异；同一品种的不同个体对同一疫苗免疫接种后所出现的免疫反应强弱也有差异。

5. 药物因素

许多药物都有干扰免疫应答的作用，如某些抗生素、抗球虫药、肾上腺皮质激素等，消毒剂和抗病毒药物能够杀死活疫（菌）苗，破坏灭活疫（菌）苗的抗原性。所以在免疫接种的前后 3d 内不能使用消毒药、抗生素、抗球虫药和抗病毒药。免疫接种时在饲料中添加双倍量的多种维生素可有效提高兔群的免疫应答。

6. 应激因素

高免疫力本身对动物来说就是一种应激反应，所以在接种疫苗前后应尽量减少应激反应。最好多补充电解质和维生素，尤其是维生素 A、维生素 E、维生素 C 和复合维生素 B。

八、疾病防治的重要措施

兔场综合性防疫体系，即通过科学合理的饲养管理、免疫程序、药物保健等一系列防疫措施来达到疾病防治的目的。规模化兔场疾病种类繁多，对兔危害最严重的是传染病，其次是寄生虫病、中毒病及营养缺乏症，为了减少或避免兔病的发生，保障兔群的正常生产，必须坚持预防为主的方针，做到饲养管理规范化，防疫措施制度化，不断提高兔群的健康水平。

通过采取净化种源、优化环境、完善设备、加强管理、增加营养和强化免疫等技术措施，切断水平传播和垂直传播途径，从而使兔不发病或少发病。疫病控制不是单一的，而是各种措施相互联系、相互制约、相互渗透，形成的密不可分的一个防控系统。

1. 严格疫病控制

在生产区四周建防疫墙，杜绝非生产区人员出入。防疫墙内、外沿建立灌木绿化隔离带，大门设 3～4m 宽车辆进出的消毒池，使用 2%氢氧化钠溶液，每周定期更换两次。在人员专一通道设立消毒室，

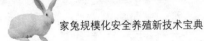

所有进出人员必须在此更衣、换鞋、紫外线照射后，方可再涉池、洗手进入生产区，并且在每栋兔舍入口处设置消毒池。饲料最好自配自产，用机械直接送入生产区料塔，或用内部专用袋经传输窗进入兔舍，以防传染病原。生产人员全部定岗定员，不得随意串岗。各兔舍工具不得交叉混用，人员进出场区必须严格控制，禁止随意进出场，生产资料等由专人负责送至消毒室。生产区人员休假结束返回后必须将衣物消毒、人体洗澡后方可进入生产区。

2. 坚持自繁自养

规模化兔场要自行组建核心群和扩繁群。在正常情况下，种公兔的年淘汰率约为100%，种母兔则必须超过100%，过低则会造成繁殖率下降。1000只母兔群生产线每月可定期补充后备公兔6～8只、后备母兔60～80只。后备种兔必须经过0～35日龄、36～70日龄和71～140日龄三阶段的严格选择，挑选体质健壮、生长速度快、饲料报酬高、来自高繁母系、品种特征明显的优秀个体。核心群进行育种改良需要引进外血时，在引种前必须对所引种兔所在地区进行有关疫病的调查，对引进兔要进行卫生检疫，并在场外隔离观察两周以上，在隔离期间还要进行有关疫病的免疫接种，再经过多次消毒后方可进场饲养。

3. 科学配制日粮

全价的日粮及平衡的营养是避免营养不良和实现繁育计划的重要保证。配制日粮既要有好的配方，又要有优质的饲料原料；饲料原料多样化能防止某些营养物质的过量和缺乏；对饲料原料进行科学的加工调制，能有效地保证日粮营养水平和提高饲料转化率，能够较好地预防消化道疾病的发生。

4. 优化生产环境

规模化兔场饲养密度大，粪尿产出量大，有害气体、微生物、尘埃多，保持兔舍内外良好的环境卫生非常重要。应尽量采用地下管道排污，防止交叉感染。舍外空地杂草要定期清除。舍内每天要打扫卫生一次，保持清洁干燥，不得有蜘蛛网、剩余霉料。粪沟内不得有积粪，兔笼底要经常清扫，不得残留污毛。室内卫生可以与岗位奖金挂钩，及时检查，经常监督。在冬季，要做好防寒保温工作，但不能为了保温而紧闭门窗，必须保证有适量的通风换气，必要时使用换气扇。舍内的硫化氢浓度要低于 $10\mathrm{mg/m^3}$，氨浓度要低于 $25\mathrm{mg/m^3}$。兔长期处于低质量的空气环境中，会体质变差，抵抗力下降，呼吸系统疾病明显上升，死亡率升高，而且这种影响不易觉察，生产中常常被忽视。夏季高温时，要全力做好防暑降温工作，尽量利用自然通风，根据不同兔种结合机械通风、喷雾降温等措施。特别要防止种公兔及繁殖母兔的热应激。

5. 控制鼠害、灭蚊等

老鼠和麻雀不但耗损饲料，而且传播疾病；蚊、蝇等也是病原体的宿主和携带者，能传播多种传染病和寄生虫病。规模化兔场要定期灭鼠，每年至少两次。兔场建立驱鸟防护设施，防止麻雀等进入兔舍和饲料库，及时清除兔舍周围杂物、垃圾及杂草堆放等，填平死水坑，并采取杀虫、灭鼠和灭蝇措施。

此外，生产中还应实行空弃药瓶、废弃扫把等生产废物回收登记制度，及时将药棉、废纸、污毛等生产垃圾集中无害化处理，这对净化兔场生产环境大有好处。

九、疫苗接种方法

1. 注射法

（1）皮下注射 应选择兔皮肤松弛、容易移动的部位施行皮下注射，常用的部位包括耳根后部、股内侧和腹下中线的两边，先将注射部位的毛剪掉，用酒精或碘酒棉球消毒，左手拇指、食指和中指提起皮肤呈三角形，右手沿三角形的基部刺入针头，把药液注射进去，看到有小包鼓起，拔出针头，然后用酒精棉球压住针口片刻。

（2）肌内注射 选择肌肉丰满的部位，如颈部和臀部进行注射。注射部位剪毛后用酒精或碘酒棉球消毒，垂直迅速地将针头刺入肌肉中，回抽无回血时再注入药液，否则应更换部位再进行注射，注射完毕后用酒精棉球按压一会。

（3）静脉注射 注射部位在耳部外缘的耳静脉。由助手一人或两人固定住兔，剪毛消毒后，左手固定兔耳，以食指和中指压住耳边缘的回流血管，拇指和其他两指固定在耳朵的尖端，右手持注射器，针头斜面朝上，与耳静脉呈30°角，准确地刺入血管，如有回血，则轻轻地将药液注入，若不见回血，应轻轻地移动针头或重新刺入，必须见到回血方可注射药液。注射完后用酒精棉球压住针口拔出针头。如果兔的血管过细，不便注射时，可用手指轻弹数次，使其扩张明显，再行注射。针头刺入血管前，须将针管内药液的气泡排除。注射时，发现针头接触处皮下有凸包或感觉注射阻力大，应拔出重新注射；如果注射的药量大，应将药液加热到接近体温，再进行注射。

（4）腹腔内注射　当静脉注射困难或家兔心力衰竭时可选用腹腔内注射法，治疗时，将脐后腹底壁、偏腹中线左侧3mm处剪毛后消毒，抬高家兔后驱，对着管柱方向，针头呈60°刺入腹腔，回抽活塞不见气泡、液体、血液和肠内容物后注药，刺针不宜过深，以免伤及内脏。怀疑肝、肾或脾肿大时，要特别小心。注意，注射最好是在兔胃或膀胱成空虚时进行，1次补液量为50～300mL，但药液不能有较强刺激性，针头长度一般以2.5cm为宜，药液温度应与兔体温相近。

2. 口服法

（1）拌料法

家兔病情较轻，用药数量少又无特殊气味的情况下，可把药物碾碎拌入少量可口的精饲料中，让病兔自由采食。如果几只病兔同时喂药时，应将药量分开拌入等量饲料后，进行单独经料喂给。或者按只数计算好药量，统一拌入饲料中，然后按量分开，单独喂给，防止集体下药，采食不均而造成浪费、过敏或中毒等情况。

（2）灌药法

家兔病情严重不能吃食或药物气味过大时，应采取灌药法。灌药的方法有两种，一种是用汤匙灌药，把药捣碎加水调匀后，设法将病兔的嘴张开灌药，然后给水；另一种是用注射器灌药，把药加水调匀后吸入注射器，左手握住病兔的嘴，右手缓缓推注射器活塞，注入药液，使病兔自行咽下。

（3）灌肠给药法

家兔发生便秘、毛球病等，有时经口给药效果不好，可改用灌肠给药。操作时，一人将兔蹲卧在桌上保定，提起尾巴，露出肛门。另一人将橡胶管或人用导尿管涂上凡士林或液状石蜡后，缓缓自肛门插入，深度 7~10cm，最后将盛有药液的注射器与导管连接，即可以灌注药液，灌注后使导管在肛内停留 3min 左右，然后拔出。药液温度应接近兔体温。

（4）外部给药法

① 点眼　适用于结膜炎症，可将药液滴入眼结膜基内。若是眼膏，就将药物挤入结膜囊内。眼药水滴入后不要立即松手，否则药液会被挤压经鼻泪管开口而流失。点眼的次数一般每隔 2~4h 一次。

② 涂擦　将药物的溶液剂和软膏剂涂在病患部的皮肤或黏膜上，主要用于皮肤、黏膜的外伤或感染及病癣、毛癣菌等治疗。

③ 冲洗　用药物的溶液冲洗损伤皮肤和黏膜，以治疗局部伤口的创伤、感染。例如眼结膜炎，鼻腔及口腔黏膜的冲洗、皮肤化脓创口的冲洗等，常用的有生理盐水和 0.1% 高锰酸钾溶液等。

十、疫情的控制和扑灭

扑灭措施一般包括：①迅速报告疫情，尽快做出确切诊断。②消毒、隔离与封锁疫区。③治疗病兔或合理处理病兔。④严密处理尸体。

在发生传染病时，立即仔细检查所有的家兔，以后每隔 5d 至少要进行一次详细检查，根据检查结果，把家兔分成单独的兔群区别对待。

1. 假定健康兔

假定健康兔指无任何症状，一切正常，且与感染家兔没有明显接触的家兔，应分开饲养，必要时可转移场地。

2. 可疑病兔

可疑病兔指无明显症状，但与病兔或其污染的环境有过接触（如同群、同笼、同一运动场）的家兔。有可能处在潜伏期，并有排菌（毒）的危险，应在消毒后隔离饲养，限制其活动，仔细观察。有条件时可进行预防性治疗，出现症状时则按病兔处理。如果经 1~2 周后不发病者，可取消限制。

3. 病兔

病兔指有明显临诊症状的家兔。应在彻底消毒的情况下，单独或集中隔离在原来的场所，由专人饲养，严加护理和观察、治疗，不许越出隔离场所。要固定所用的工具。入口处要设置消毒池，出入人员均须消毒。如经查明，场内只有很少数的家兔患病，为了迅速扑灭疫病并节约人力物力，可以扑杀病兔。

按兽医要求，合理地处理好尸体和内脏，防止兔毛、血水、废弃内脏等污染环境。可食肉尸就地高温处理，兔皮用 1％石炭酸液浸泡消毒，兔毛煮沸消毒 15min 后晒干梳理存放，内脏、污物深埋。兔舍及养兔场地、饲喂用具亦需进行消毒，运动场表土铲去一寸（1 寸≈3.33cm）左右后，用 20％石灰水或 5％～10％漂白粉水喷洒，再垫上一层新土夯实。用具以 2％～5％热碱水消毒，病兔粪用发酵法处理。

(1) 兔病的日常处理

在做好各项工作的基础上，兔群发病率将大大下降，成活率、育成率均能达到较高的水平。但兔病还会经常发生的，并不是作了疫苗注射和药物预防就可以放心。发现兔病进行正确处理在兔病防治工作中十分重要。

① 及时发现，尽快处理　每天应对每只兔检查 1 次，发现疾病随即处理。耽误时间，就会丧失治疗的机会，因此，兔发病后治疗得越早越好。

② 初步判断，尽快用药　能作出明确判断的兔病如疥螨、脱毛癣、乳房炎等可采取针对性的治疗措施，而对于腹泻、发热、食欲差等病因不确定的病兔，可根据临床症状，予以试探性对症治疗。如普通的腹泻病，可给予口服或注射抗菌药物，特别是幼兔腹泻发病较多，若及早给予抗菌药配合支持性疗法能有较高的治愈率；对于传染性较强的病，如螨病、脱毛癣等，若不是新引进兔，在原兔群中发现个别病例症状明显，则表明全群已被感染，应全群用药，控制流行疫情，可减少发病率。

③ 病死兔应作病理剖检　兔在死后应立即剖检。检查病变主要注意胸腔、腹腔、骨盆腔，认真检查主要器官，如心、肝、脾、肺、肾、肠道、胆囊、膀胱、子宫等主要部位有哪些病理变化，据此作出初步判断。若遇到兔群死亡率突然增高，作病理剖检能及时作出初步

诊断，对及早控制疾病尤为重要。

④ 及时淘汰病残兔　一些失去治疗价值及经济价值的病兔应及时淘汰。如严重的鼻炎兔、反复下痢的兔、真菌性皮肤病兔、严重脚皮炎患兔、僵兔、畸形兔以及失去繁殖能力的种用兔。一些病兔虽然能存活，却不能治愈，应尽早淘汰，以避免大量散布病原微生物。

⑤ 正确处理病死兔　所有病死兔剖检后，应在远离兔舍处深埋或焚烧，减少病原散播，千万不能乱扔或给狗、猫吃。

⑥ 及时实验室诊断、查出病因　如果兔群发病死亡率突然升高，仅仅通过解剖难以初步诊断，却又查不出病因，没有很好的治疗办法，应尽早将新鲜病死兔或相关病料按照要求送到有条件的兽医诊断部门进行实验室诊断，以免耽误时机，造成更大损失。

（2）病死兔处理

尸体与一般废弃物不同，可能携带病原微生物，并能很快发生腐败分解，散发恶臭气味，污染环境，传播疾病。因此，应正确、及时处理病死兔尸体。常用的处理方法简要介绍如下。

① 推广使用火焰焚烧　用于处理死于烈性传染病的病兔尸体。处理时，先在地上挖一个十字形沟（沟长 2.6m、宽 0.6m、深 0.6m），在沟底部放木柴和干草作引火用，其上放置尸体，尸体的侧面和上面都用木柴围上，将煤油倒在其上进行焚烧。此种方法比较麻烦，但比较彻底。大型兔场常设有专用焚烧炉。

② 尽量不要使用深埋处理方法　土壤深埋方法虽然简单，但效果不理想，且会留下隐患，所以不提倡使用。因土壤的自洁作用非常缓慢，某些病原微生物能长期生存，从而污染土壤和地下水，并会造成二次污染。小规模的兔场，若采用土埋时，埋葬地点要远离兔舍、草地、居民点和水源；土壤干燥而疏松时，掩埋深度至少 2m。为防止疾病传染，死亡的兔尸四周应洒上消毒药剂，掩埋兔尸的四周最好设有围栏并做上标记。

在处理病死兔时，不论采用哪种方法，都必须将病死兔的排泄物及各种废弃物等一起进行处理，防止造成环境污染。

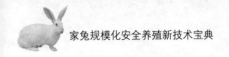

第二节　兔场卫生消毒技术

一、消毒概念

消毒是利用物理、化学和生物方法杀灭或消除传播媒介上的病原微生物，使之达到无害化的处理的过程。及时、正确地消毒对有效切断传播途径、阻止疫病的蔓延扩散有着重要的意义。因此，消毒是综合性防疫的重要措施之一，这就需要兔场工作人员一定要了解常用的消毒方法和常用消毒药的种类、剂型、配制方法等，选择恰当的消毒药，掌握正确操作消毒设施和消毒设备方法；制定不同场地、物品的消毒操作程序，并遵守消毒制度。

环境清洁和安全是家兔生产能否正常进行的前提，它不仅关系到家兔的健康和生产力，同时也是养兔生产中兽医防疫体系的基础。维持环境卫生状况良好的重要手段就是防疫消毒，消灭和根除兔场环境中的病原微生物。因此，环境消毒越来越受到养兔场的高度重视。

环境消毒主要是杀灭或清除被病原体污染的场内环境、兔体表面、设备、水源等的病原微生物，切断传播途径，防止疾病发生和蔓延。

1. 经常性消毒

经常性消毒是指为预防疾病的发生，对经常接触到家兔的人以及器物进行消毒，如工作服、帽、靴的消毒，饲养管理人员的手臂清洗、常用器械工具的消毒。经常性消毒还包括出入场门、舍门必须经过消毒。简单易行的办法是在场舍门口处设消毒槽（池）。消毒槽（池）需定期清除污物，换新配制的消毒液。工作人员进场时必须经过淋浴，并每日更换消毒后的工作服，再进入生产区，这是一种行之有效的预防措施。

2. 定期性消毒

定期性消毒是指为预防疾病发生，定期消毒兔舍、兔笼、饮水、食槽、产箱等设备用具等。

3. 突击性消毒

当发生家兔传染病时，应及时消灭病兔排出的病原体，并对病兔

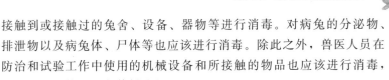

接触到或接触过的兔舍、设备、器物等进行消毒。对病兔的分泌物、排泄物以及病兔体、尸体等也应该进行消毒。除此之外，兽医人员在防治和试验工作中使用的机械设备和所接触的物品也应该进行消毒，以消灭病原体，切断传播途径。

4. 终末消毒

在发生传染病后，根据我国相关法律法规，待全部家兔扑杀或处理完毕，对其所处周围环境最后进行的彻底消毒，以杀灭和清除传染源遗留下的病原微生物，是解除对疫区封锁前的重要措施。

二、常用的化学消毒药物

1. 新型高效消毒药

（1）菌毒敌（复合酚） 是一种广谱、高效、低毒、无腐蚀性的杀菌药，一般市售菌毒敌为 0.5% 的水溶液。主要适用于笼舍及附属设施和用具的消毒。

（2）百毒杀 是高效、广谱杀菌剂，一般市售产品为 0.02% 的水溶液。主要用于兔笼舍、用具和环境的消毒。

（3）消毒灵 该药品对人畜无害，无刺激和腐蚀性，对细菌和病毒均有高效杀灭作用。可广泛用于兔笼舍、食槽、运输器具和家兔体表的消毒。

2. 笼舍通用消毒剂

（1）生石灰（氧化钙） 一般用 10%～20% 的石灰乳，作墙壁、地板或排泄物的消毒，要求现配现用。

（2）烧碱（又称火碱、苛性钠、固碱、氢氧化钠） 对细菌、病毒，甚至对寄生虫卵均有强力的杀灭作用。一般用于对兔笼舍和笼底板、木制产仔箱等设备的消毒，宜用 2%～4% 的浓度；对墙、地面及耐碱能力强的笼具、运输器具，可用 10%～20% 的浓度。凡采用烧碱水消毒，事先应清除积存的污物，消毒后必须用清水冲掉碱水，否则易对兔造成伤害。

（3）草木灰水浸液 草木灰内含有氢氧化钾、碳酸钾，在一定条件下可替代烧碱的消毒作用。具体配制方法是，在 50kg 水中加入 15kg 新鲜草木灰煮沸 1h，经过滤后即可喷洒或浸泡笼具、墙和地面，是农村可自制的廉价消毒剂，须现配现用。

（4）漂白粉（含氯石灰）　灰白色粉末，有氯臭味，微溶于水。杀菌作用快而强，并有一定除臭作用。常用5%混悬液作兔舍地面、粪尿沟及排泄物的消毒。不能用作金属笼具的消毒。

（5）来苏尔（煤酚皂）溶液　是含50%煤酚的红棕色液体，除具杀灭病原菌作用外，对霉菌亦有一定的抑制效果。一般用2%～3%的浓度作笼舍、场地和器械的消毒，也可用于工作人员的手部消毒。

（6）甲醛（福尔马林）　主要用于家兔笼舍的熏蒸消毒。按每立方米20mL甲醛加等量的水混合后，密闭门窗加热熏蒸10h。熏蒸时应转移兔子和饲料、饲草。5%～10%的甲醛溶液亦可用于粪尿沟等环境消毒。

（7）过氧乙酸　是一种高效杀菌剂，一般市售品为20%浓度的无色透明液体。以0.5%浓度喷洒，宜对笼舍、运兔车辆和笼具消毒，1%的喷雾对舍内空气消毒，亦可以3%～5%的浓度溶液进行加热熏蒸消毒。过氧乙酸不稳定，有效期为半年，宜现配现用。

（8）聚维酮碘　是元素碘和聚合物载体相结合而成的疏松复合物。常温下为黄棕色至棕红色无定形粉末。微臭，易溶于水或乙醇，水溶液呈酸性，无腐蚀作用，且毒性低。对病毒、细菌、真菌、霉菌、孢子都有较强的杀灭作用。兔舍环境、用具、饮水系统常规消毒一般制成10%的溶液，用作消毒剂。

3. 皮肤和黏膜创口的消毒药

（1）酒精（乙醇）　是兔场最常用的皮肤消毒药。酒精是一种无色、易燃、易挥发的液体，具有较强的抑菌和杀菌作用，无明显毒副作用的消毒药。一般市售酒精为95%的浓度，可直接用于酒精灯作火焰消毒。用于皮肤消毒的，须配成70%～75%的浓度，才能保证其消毒效果，配制方法：取73.7mL原95%酒精，加水至100mL即可。

（2）碘酒（碘酊）　是兔场必备的消毒药物之一。碘酒能氧化病原体原浆蛋白活性基因，并与蛋白质的氨基结合而使其变性，故对细菌、病毒、芽孢菌、真菌和原虫均具有强大的杀灭作用，对新创伤还有一定的止血作用。兔用碘酒一般为2%～3%的浓度。自己配制消毒用碘酒，可取碘化钾 1g，在刻度玻璃杯中加少许蒸馏水溶解，再加碘片 2g 与适量的 $70\%\sim75\%$ 的酒精，搅拌至溶解后继续加同一浓度的酒精至 100mL 即成。

（3）高锰酸钾（俗称锰强灰）　为深紫色结晶，易溶于水，无味，是一种强氧化剂，有杀菌、除臭的作用。一般用 $0.1\%\sim0.5\%$ 的水溶液冲洗黏膜、创伤口和化脓病灶，有消毒和收敛的作用。其作用比双氧水（过氧化氢）持久。

（4）碘伏　碘伏是单质碘与聚乙烯吡咯烷酮的不定型结合物，具有广谱杀菌作用，可杀灭细菌繁殖体、真菌、原虫和部分病毒。与酒精相比，碘伏引起的刺激疼痛较轻微，用途广泛，效果较好。医用碘伏常见的浓度是 1%，用于皮肤的消毒治疗时可直接涂擦；稀释两倍可用于口腔炎漱口；2% 的碘伏用于外科手术中手和其他部位的消毒；0.5% 的碘伏用于阴道炎冲洗治疗。

三、消毒方式

1. 物理消毒

物理消毒法主要用于兔场设施、环境、兽医室器械等的消毒。

（1）机械性消毒

用清扫、铲除、洗刷等机械方法清除降尘、污物、被污染的墙壁、地面以及设备上的粪尿、残余饲料、废物、垃圾等。这些工作多属于兔场的日常饲养管理内容，只要按照兔场日常管理认真执行，即可最大限度地减少兔舍内外的病原微生物。

这种消毒方法在一些大型兔场实施的全进全出的管理模式中特别重要。当一栋或几栋兔舍出栏后，对腾空的兔舍要进行彻底清扫，所用设备为高压水枪、铲子等，并且冲洗过程中最好使用消毒剂，特别是发生过传染病的兔舍，以免冲洗的污水不经处理成为新的污染源。

（2）通风换气

通风换气可以减少空气中微粒与细菌的数量，减少经空气传播疫病的机会。日常管理中每天定时打开门窗或排风设备，加强通风，即使在严寒季节也要在中午气温较高的时段进行通风，降低兔舍有害气体的浓度，同时可减少舍内病原菌的数量。

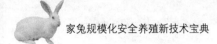

(3) 阳光及紫外线消毒

直射阳光中波长在 240～280nm 的紫外线具有较强的灭菌作用。一般病毒和非芽孢的菌体，在直射阳光下数分钟到数小时就能被杀死。即使是抵抗力很强的芽孢，连续几天在强烈阳光下反复暴晒也可变弱或被杀死。生产中对使用过的产箱、食槽、笼底板、兔笼、饲料车等在清洗干净后，在阳光充足的条件下进行直射，消毒效果较好。注意定时把所晒物品不同界面朝向太阳，达到彻底消毒的目的。

紫外线灯因为射线穿透力甚微，只对表面光洁的物体才有较好的消毒效果，因此很少用于兔舍的消毒，主要用于兔场更衣室和实验室的消毒。

(4) 高温消毒

高温消毒主要有火焰、煮沸与蒸汽等 3 种形式。

火焰消毒可以杀灭一般微生物及对高温比较敏感的芽孢，这是一种较为简单的消毒方法，兔笼、底板、食槽、产箱等设备及用具均可采用火焰消毒。也可定时采用火焰消毒方法焚烧附着在兔笼、底板上的兔毛，防止毛球病的发生。目前我国家兔养殖场（户）多采用市售的液化气喷枪或火焰喷灯进行消毒，消毒彻底，费用较低。但要注意：由于火焰消毒过程中产生的噪声比较大，兔舍消毒尽量避开集中产仔或妊娠后期较为集中时期。在带兔消毒过程中，要防止烧伤兔体。消毒要到位，宁可重复消毒，也要避免出现盲区，如笼底板下方等，每处火焰扫射时间需在 3s 之上。煮沸和蒸汽消毒效果比较好，主要用于消毒衣物和器械。

(5) 过滤消毒

过滤除菌是以物理阻留的方法去除介质中的微生物，主要用于去除气体和液体中的微生物。其除菌效果与滤器材料的特性、滤孔大小和静电因素有关。主要有网截阻留、筛孔阻留、静电吸附等几种方法。兔舍空气进口处、自动饮水系统等采用过滤消毒来净化空气和水质。

2. 化学消毒

化学消毒就是选用化学消毒剂进行消毒的方法。常用的有浸泡法、喷洒（雾）法、熏蒸法，近年来气雾法也普遍使用。

（1）浸泡法 适用于器械、用具、衣物等的消毒；场区进门处以及在兔舍进门处消毒槽内，也用浸泡消毒或用浸泡消毒药物的草垫或草袋对人员的靴（鞋）进行消毒。

（2）喷洒（雾）法 用于兔舍空间消毒以及地面、墙角、舍内固定设备等的消毒，是兔场使用最为广泛的方法。应该注意：喷洒（雾）法可增加兔舍湿度，应选择天气晴朗、温暖的中午进行，尽量避开梅雨季节和寒冷时期进行。

（3）熏蒸法 适用于密闭空间以及密闭空间的物品，如兔舍、饲料库、饲料用具、饮水器等的消毒。这种方法，简便、省钱，对房舍无损，驱散消毒后的气体较简便，但必须在兔舍无兔的情况下进行。实际操作中，首先兔舍和设备必须进行清扫、清洗与干燥，然后，紧闭门窗和通风口，舍内温度要求在 $13\sim27℃$，相对湿度在 $65\%\sim80\%$，用适量的消毒剂进行熏蒸。

（4）气雾法 消毒液通过气雾发生器喷射形成雾状消毒剂微粒，是消灭病原微生物的理想办法。用于全面消毒兔舍空间，一般用 5%过氧乙酸溶液（$2.5mL/m^3$）。

3. 生物消毒

利用微生物分解有机质而释放出的生物热（温度 $60\sim70℃$）杀灭各种病菌、病毒及虫卵等，主要用于粪便、非传染病死亡尸体的消毒。

四、消毒注意事项

1. 严格按消毒药物说明书配制，药量与水量的比例要准确，不可随意加大或减少药物浓度；

2. 不准任意或随意将两种不同的消毒药物混合使用；

3. 喷雾时，必须全面湿润消毒物的表面；

4. 消毒药物定期更换使用；

5. 消毒药现配现用，搅拌均匀，并尽可能在短时间内一次用完；

6. 消毒前必须搞好卫生，彻底清除粪尿、污水、垃圾；

7. 要有完整的消毒记录，记录消毒时间、消毒药品、使用浓度、消毒对象等。

五、不同消毒对象的消毒操作程序

1. 兔舍的消毒

针对兔舍状态（使用或空置）不同，常采用以下程序消毒。

（1）空置兔舍的消毒

空舍在下次启用之前，必须用多种方法消毒，经全面彻底地消毒后方可正常使用。

① 机械清除 首先对空舍顶棚、墙壁、地面彻底打扫，垃圾、粪便、垫草和其他各种污物全部清除，运到指定堆放点消毒处理。用清水洗刷料槽、水管笼具等设施；最后冲洗地面、走道、粪沟等，待干后用化学法消毒。

② 化学法消毒 常用 3%～5% 来苏尔、0.2%～0.5% 过氧乙酸、10%～20% 石灰乳、2%～4% 氢氧化钠等喷洒消毒。地面用药量 800～1000mL/m²，舍内其他设施 200～400mL/m²。为了提高消毒效果，空兔舍消毒应使用 2～3 种不同类型的消毒剂进行 2～3 次消毒，必要时，对耐火烧的物品还可以使用酒精或煤油喷灯进行火焰消毒。

③ 熏蒸消毒 按 25mL/m² 福尔马林、12.5mL 水、25g 高锰酸钾的比例进行熏蒸，将福尔马林倒入瓷盒中，再加入水，最后倒入高锰酸钾，然后关闭门窗 12～24h，消毒完毕后，打开门窗，通风换气 3～5d，此方法具有释放气体快、密封时间短的优点，但费用高、墙壁及顶棚很容易被熏黄（用等量生石灰代替高锰酸钾可消除此缺点）。

④ 场舍门口消毒池 放入新鲜消毒液或渗透消毒液的草袋，消毒池内药品常用 2%～4% 氢氧化钠，冬天可加 3%～10% 的食盐防止结冰。

（2）带兔圈舍消毒

① 机械清除法 舍内每天都要打扫卫生、清除排泄物，包括料箱、水槽和用具都要保持清洁，做到勤洗、勤换、勤消毒。尤其是幼兔的水槽、料槽每天都要进行清洗消毒一次。

② 保证良好的通风换气 饲养密度较大的场舍应根据季节和温度变化，及时调整通风，保持舍内空气新鲜。

③ 定期消毒 每周至少用 0.1%～0.2% 过氧乙酸消毒设施、墙

壁和地面一次。

④ 定期更换消毒液 场舍门口消毒池定时添加消毒液，每周至少更换一次消毒液。

（3）地面、土壤的消毒

兔舍、运动场地面等被病原体污染的，将清除的粪便、垃圾和铲除的表层土按粪便消毒方法处理；土地面可喷洒消毒液。若水泥地面被污染，常喷洒消毒药。大面积污染土壤、运动场地面，可将地翻一下，在翻地同时撒布漂白粉，一般病原体污染时用量为 $0.5kg/m^2$，漂白粉混土后，加水湿润。场区常用 $3\%\sim5\%$ 来苏尔或 20% 石灰水喷洒消毒。

2. 动物体表消毒

正常兔体表可携带多种病原体，尤其在脱毛、换毛期间，兔毛可成为一些疫病的传播媒介，因此在平时的饲养管理过程中要做好兔体表的消毒，对预防疫病的发生会有一定作用，特别在疫病流行期间体表消毒很重要。

3. 运载工具消毒

运载工具主要包括进入养殖场内的各种车辆（人力车、拉力车、农用机动车、汽车等），这些运载工具流动量大，活动范围广，进出频繁，受污染和传播病原体的机会最多，因此对此类工具的检疫和消毒要相当重视。

车辆在装运动物及其产品之后，都要先将污物清除、打扫、冲洗干净，然后再进行消毒。消毒后再用清水洗刷一次，用清洁的抹布擦干净。对有密封仓的车辆，可用福尔马林熏蒸消毒，其操作、用药量和要求同动物舍消毒，对疫病污染的运输车辆进行 $2\sim3$ 次反复消毒。清除的污物（包括粪、尿、垃圾、垫草、污水、污染草料等）在指定地点进行生物热消毒，对疫病污染的污物采取焚烧法处理。

4. 粪便的消毒

动物的粪便中有多种病原体，特别是患疫病动物的粪便中病原体的含量更多，是土壤、水源、草料、环境的主要污染源。及时妥善做好粪便的消毒对切断疫病的传播途径具有重要的意义。常用的消毒方法有以下几种。

（1）生物热消毒法

① 堆粪法 选择一处与人畜居住的地方保持一定的距离且避开水源的地方作为堆粪场，堆粪时在地面挖一浅长形沟或一浅圆形坑，沟的长短、坑的大小视被消毒粪便的多少而定，沟的深度一般都是在20～25cm。先将非传染性粪便或垫草、谷草或稻草等堆至25cm做底层，上面堆欲消毒的粪便高达1～1.5m，在粪便表面覆盖10～20cm厚的健康动物粪便，最外层抹上10cm厚的草泥封表。冬季不短于3个月，夏季不短于3周，即可作肥料用，用此方法消毒应注意粪便的干湿度，若粪便过稀应混合一些其他干粪土，若过干时应洒适量的水，含水量应在50%～70%，堆积后最易发酵产热、灭菌效果好。

② 发酵池法 发酵池的地点选择要求与堆粪法相同，发酵池的大小、形状依据粪便的多少而决定。当地下水位低时，池底和边缘可以不砌砖和水泥涂抹，否则就需要砌砖和抹水泥。粪池建好后，将欲消毒的粪便、垃圾、垫草倒入池内，快满的时候在粪的表面再盖上一层泥土封好，经过1～3个月的发酵。

（2）掩埋法

漂白粉或生石灰1:5与粪便结合，然后深埋于地下2m左右。适合用于被烈性疫病污染的粪便处理。

（3）焚烧法

带有致病性芽孢细菌（如破伤风杆菌、肉毒杆菌、魏氏梭菌等）粪便可直接与垃圾、垫草和柴草混合焚烧。必要时，在地上挖一壕沟，宽75～100cm，深75cm，长以粪便多少而定，在距壕底40～50cm处加一层铁梁，铁梁下放燃料，梁上放置欲消毒粪便。如粪便太湿，可混一些干草，以便烧毁。仅适用于带芽孢粪便的销毁。

5. 人员、衣物等消毒

饲管人员常接触动物，尤其接触患病动物或污染物，人员便成为传播媒介，因此，对于人员及衣物应严加管理、及时消毒。人员进出场应洗澡更衣，工作服、靴、帽等使用前先洗干净，然后放入消毒室，用28～42mL/m³福尔马林熏蒸30min备用。人员进出场舍都要用0.1%新洁尔灭或0.1%过氧乙酸消毒液洗手、浸泡3～5min。

6. 饮用水的消毒

饮用水用含 0.5～1mg/L 有效氯的漂白粉或氯制剂消毒，如果漂白粉所含有效氯为 25％，则需要漂白粉 2～4g；或者每升水使用过氧乙酸 1g，完全搅拌均匀，静置 30min 后使用。

六、影响消毒效果的因素

在实际工作中，为了充分发挥消毒剂的效力，应注意影响消毒效果的因素。

1. 微生物的敏感性

不同的病原微生物对消毒剂的敏感性有很大的差异，因此，在消毒时应考虑病原微生物的种类，选用对其敏感的消毒剂。

2. 消毒剂的作用时间

一般情况下，消毒剂的效力同消毒作用时间成正比，与病原微生物接触的时间越长，其消毒效果就越好。作用时间太短往往达不到消毒目的。

3. 消毒剂的浓度

一般来说，消毒剂的浓度越高杀菌力也就越强。但消毒剂浓度过高，一方面造成消毒药的浪费，另一方面对动物、操作人员也有伤害。有的消毒剂浓度越高杀菌效力反而下降，主要原因是高浓度可导致病原微生物表面形成一种具有保护作用的膜蛋白，比如 95％ 酒精的消毒效果要比 70％～75％ 酒精的消毒效果差。消毒药液浓度过低，也起不到消毒效果，因此必须掌握最佳的消毒浓度。

4. 环境的温度、湿度

消毒剂的杀菌效力与温度成正比，温度增高，杀菌效力增强，研究表明，通常消毒液温度每升高 10℃，杀菌力可提高 1 倍，但在选择药液的温度时，必须考虑动物所能承受的温度及高温对消毒药的影响（破坏或挥发），且大部分消毒液在 0℃ 时失去消毒作用，因而夏季消毒效果比冬季要好。湿度对消毒效果影响也较大，如用福尔马林熏蒸消毒时，相对湿度在 60％～80％ 消毒效果最好。

5. 酸碱度

新洁尔灭、度米芬（消毒宁）、氯己定（洗必泰）等阳离子消毒

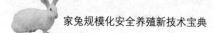

剂在碱性环境中消毒力强；石炭酸、来苏尔等阴离子消毒剂在酸性环境中消毒作用强。

6. 有机物的存在

环境中存在大量的有机物（如粪、尿、污血、炎性渗出物等），能阻碍消毒药与病原微生物直接接触，从而影响消毒剂效力的发挥。另一方面，由于这些有机物能中和并吸附部分药物，也使消毒作用减弱。因此在进行消毒之前，应首先对笼舍进行彻底清扫和冲洗，清除笼舍内的粪尿污物等，从而充分发挥消毒剂的有效作用。

第三节　兔场发病规律及综合防控技术

兔病防治，必须坚持"预防为主"的方针。应加强饲养管理，搞好环境卫生，做好防疫、检疫工作，坚持定期驱虫和预防中毒等综合性防治措施。

一、防止疫病传播

1. 兔场的选址与布局应合理

兔场应选择背风向阳、地势高而干燥、易于排水、通风良好、水源条件好的沙质土壤，以及远离交通要道、屠宰场、肉食品加工厂、毛皮加工厂、居民住宅区的地方，周围应建筑围墙。场内生产区与办公区和生活区分开。贮粪场、兽医室、病兔舍应设在距兔舍 200m 以外的下风向处，以利防疫和环境卫生。

2. 防止引种带入传染病

兔场或养兔户应坚持自繁自养，尽量避免从外地买兔以防带进传染病。兔场和养兔户必须买兔时，要从非疫区购买，购买前须经当地兽医部门检疫，购入兔全身消毒和驱虫后方可引入。引进后仍应继续隔离至少 1 个月，进一步确认健康后再并群饲养。

3. 安全防范制度

养兔场要谢绝无关人员进入；进入兔场时须换鞋和穿工作服，场外车辆、用具等不准进入场内；不从疫区和自由市场上购买草料；患有真菌性皮肤病、结核病和布氏杆菌病的人不得饲养兔；不允许在生产区内宰杀或解剖兔，不准把生肉带入生产区或兔舍；消毒池的消毒药水要定期更换，保持有效浓度。

4. 灭鼠、杀虫、防兽

老鼠、蚊蝇以及其他吸血昆虫是病原体的宿主和携带者，能传播多种传染病和寄生虫病。应当清除兔舍周围的杂物、垃圾和乱草堆等，填平死水坑，认真开展杀虫、灭鼠工作。同时，饲养区禁止犬、猫等动物进入，禁止饲养犬、猫等动物，防止其粪便污染饲料和水源。

二、加强饲养管理

1. 坚持自繁自养

兔场或养兔专业户应选养健康的良种公兔和母兔，自行繁殖，以提高兔的品质和生产性能，增强对疾病的抵抗力，并可减少入场检疫的劳务，防止因引入新兔带来病原体。

2. 适时分群饲养

为了管理方便和满足各种兔的营养需要，应适时分群饲养。按兔的年龄、性别、体重分群。刚断乳仔兔以群养为宜，每笼放 6~8 只；成年兔尤其是雄兔应单独笼养。兔白天除采食外，多静伏于笼内，夜间却十分活跃，采食频繁。因此，要注意根据兔的生活规律喂食，早晨喂日粮（精料和草）的 1/3 或 1/4，傍晚喂日粮的 2/3 或 3/4，夜间饲喂一次粗饲料。冬天严禁喂冰水或冰冻饲料。有条件的兔养殖场，笼养种公兔每周要放出活动 1~2 次，加强运动，保持健康。

3. 创造良好的饲养环境

家兔胆小怕惊，突然受惊的兔神情紧张，会引起食欲减退，孕兔可发生流产。因此，饲养人员在兔舍内动作要轻，不要大声喧哗、敲击物体等。兔舍要清洁舒适，通风良好，冬天要保温防寒，雨季要防潮。养兔的适宜气温为 15~25℃，气温连续高于 32℃ 时，公兔性欲减退，母兔受精率下降。气温高于 35℃，如通风不良，会引起兔中暑。气温低于 15℃，影响兔的繁殖。兔舍的适宜换气量是，夏季为每千克体重 3~4m³/h，冬季为每千克体重 1~2m³/h。光照时间每天以 12~14h 为好，少于 8h 母兔会停止发情，超过 16h 易引起母兔异

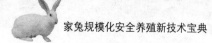

常发情，公兔精液量减少。

4. 稳定饲料配方

家兔是食草动物，应以青、粗饲料为主，精料为辅。目前饲养家兔的饲料有颗粒饲料和混合饲料两种，其配方科学，营养成分合理，符合饲养要求。但由于四季的饲料种类不同，在改变饲料时要逐步过渡，先更换 1/3，间隔 2～3d 再更换 1/3，约 1 周全部更换，使兔的采食习惯和消化功能逐渐适应变换的饲料；如突然改变饲料易引起兔的食欲减退或消化紊乱。饲喂要定时定量，每天固定饲喂时间，使家兔养成定时采食的习惯。同时根据家兔的年龄、生理阶段、体重、个体差异、季节特点及兔体对饲料的需要制定出每兔每天的喂量，不可忽多忽少。这样既可增强家兔的食欲，又可提高饲料的利用率，有利于提高生产性能，减少疾病的发生。

5. 不同季节的饲养管理

春季气候多变，又是配种季节和长毛兔剪毛期，注意幼兔和剪毛兔保暖防寒。春季鲜嫩青草多，要防止家兔贪食导致腹泻。因此，必须由少到多逐步增加青草的饲喂量。应适时进行各种疫苗的预防注射，防止传染病的发生与流行。夏季气温高，加强通风和降温，要防止兔中暑，多给清水和青草，饲料注意防霉，加强幼兔球虫病的药物预防。雨季要保持兔舍地面与兔笼的清洁干燥，做好卫生防疫工作，定期消毒，严防蚊虫、苍蝇的叮咬。秋季也是配种的繁忙季节，配种前要认真进行临床检查，注射各种疫苗。冬季要注意保暖防寒和兔舍换气，温度相对恒定，饮用温水，禁饮冷水，注意防止鼠类及其他兽害。

6. 培养健康兔群

在养兔生产中，要建立健康兔群。对核心兔群的公、母兔，要经常定期检疫和驱虫，淘汰病兔与带菌（毒）的兔，使其保持无病和无寄生虫侵害的状态。加强兽医卫生防疫工作，严格控制各种疾病传染源的侵入，保持兔群的安全与健康。培育健康兔群常用的方法有人工哺乳法与保姆兔育成法，其使用的饲料、饮水及铺垫物等均需消毒，防止污染。

三、常见传染性疾病防控技术

1. 兔瘟

（1）病因

① 应激因素　兔舍周围环境的应激刺激，如兔舍环境严重污染、空气质量差、保温控湿不良等。

② 免疫问题　如兔病毒性出血症疫苗效价低；免疫程序不合理、防疫制度不健全、免疫操作不规范和免疫接种剂量不足，以及消毒不当、母兔免疫空白，防疫密度不能达到100%，存在人为的免疫空档等。

③ 强毒感染　在临床实践中，已注射兔病毒性出血症疫苗的兔群抗体水平虽较高，但仍然发病，正是由兔病毒性出血症病毒多个血型或超强病毒毒株的存在所致。

④ 其他因素　兔群中，部分兔因受体质、遗传、抗病力、环境和免疫反应的影响，在接种兔病毒性出血症疫苗后仅产生较低的抗体水平，故不能抵抗超强病毒的侵入而发病；未及时确诊，故造成兔出血症的散播。

（2）症状及诊断

① 潜伏期　长短不一，一般为1～2d；人工感染时，多为12～72h。

② 临床类型　根据其病程长短，表现为以下三种病型。

a.最急性型　常见于新疫区或流行初期。病兔常无任何前期的异常表现，突然倒地而亡；死前，常在夜间，四肢呈划水状，抽筋、骤然惨叫几声后即死，死后呈角弓反张，天然孔流出泡沫状血样液体。病程多在12h内。

b.急性型　多见于流行中期。病兔精神委顿，伏卧笼内，被毛粗乱，减食或不食，渴欲增加，体温升高至40.5～41℃，甚至高达42℃，经数小时至24h后急剧下降到37℃左右，多尿，呼吸迫促，迅速消瘦。濒死时，也常见兴奋，在笼内狂奔、啃咬笼架、抽搐、尖叫、头颈后仰、四肢强直、划动，天然孔流出淡红色液体。多数病兔鼻部皮肤碰伤，约10%鼻出血，死前肛门松弛，被毛沾污黄色黏液。

孕兔多产死胎，有的还从阴门流出鲜血。病程多为 1~2d。

c.慢性温和型　多见于老疫区或流行后期或幼龄兔，还常见于注射过疫苗但已超过免疫期的成年家兔。病兔精神沉郁，食欲减退，体温升高到 41℃ 左右，从鼻孔流出黏液性或脓性分泌物，被毛杂乱无光，迅速消瘦，衰弱而死。多数病兔流涎；少数病兔前肢向两侧伸开，头抵笼底，多经 5~6d 后衰竭而死；少数病兔虽可耐过，但生长发育不良，尤其是耐过兔仍带毒，仍是传染源。

（3）实验室检查

a.正确取材　无菌操作，采取病死兔肝、脾、肾、气管环和心血等；其中病毒滴度以肝脏最高，其次是脾、肾和肺。

b.电镜观察　无菌操作，取病死兔肝脏制成 10% 乳剂，经超声波处理，高速离心，收集病毒浓缩物，染色后置电镜下观察，发现病毒颗粒直径 32~36μm，无囊膜，表面有短的纤突。

c.动物试验无菌操作　取病死兔的肺、气管环、肝、肾等脏器，按 1:5 加入灭菌生理盐水后，用组织匀浆搅拌器制成匀浆，用纱布过滤，加入双抗（每毫升各加青霉素、链霉素 1000IU）作用 1h，分别注射给 2 只健康兔，每只 1mL，2 只兔分别于 70h 和 96h 后死亡。症状、病理变化与自然发病的基本一致。

d.血凝试验（HA）和血凝抑制试验（HI）　无菌操作，取病死兔 10% 肝病料乳剂，高速离心（3000r/min）后，取上清液，与预先配制好的 0.75% 人 O 型红细胞进行微量血凝试验。4℃ 作用 1h，凝集价大于 1:160，判为阳性。再用已知的阳性血清做血凝抑制实验，若血凝抑制滴度大于 1:80，则证实病料中含有兔病毒性出血症病毒。

e.病理组织免疫学显色法　通过病理组织免疫学显色法证实兔病毒性出血症病毒抗原的存在，可选用免疫荧光法、免疫酶标记法和免疫胶体金标记法等。

f.快速诊断法　可以选用琼脂快速实验、酶联免疫吸附试验和聚合酶链式反应（PCR）等。

g.排病试验　无菌操作，采取病死兔的肝、脾和心血等病料，划线接种于鲜血琼脂平板，37℃ 培养 24~48h，均未见任何细菌生长。

（4）预防措施

① 针对传染源 平时坚持自繁自养；引种时应严格检疫和隔离观察三周后方可入群，及时注射兔出血症灭活苗。

② 针对传播途径 强化兽医卫生防疫制度，搞好环境卫生，做好兔舍、兔笼、用具及周围环境的定期消毒，严禁外人进入兔舍。

③ 针对易感兔群 兔群定期注射兔出血症疫苗或兔出血症和巴氏杆菌病二联灭活苗，或兔出血症、巴氏杆菌病和魏氏梭菌病三联灭活苗（简称兔三联苗），每只兔肌内注射 1mL，5～7d 后可产生较强的免疫力，免疫期可达 6 个月。

2. 附红细胞体病

（1）病因

附红细胞体是一种多形态微生物，多数为环形、球形和卵圆形，少数为顿号形和杆状。本病可经直接接触传播。如通过注射、打耳号、剪毛及人工授精等经血源传播，或经子宫感染垂直传播。吸血昆虫如扁虱、刺蝇、蚊、蜱等以及小型啮齿动物也是本病的传播媒介。

各种年龄、各种品种的家兔都有易感性。此外我国也先后查到了马、骡、猪、牛、羊、兔、鸡、骆驼和鼠等感染附红细胞体病。本病一年四季均可发生，但以吸血昆虫大量繁殖的夏、秋季节多见。兔舍环境严重污染、兔体表患寄生虫病、存在吸血昆虫滋生的条件等可促使本病的发生与流行。

（2）症状及诊断

① 症状 病兔精神不振，食欲减退，体温升高，结膜淡黄，贫血，消瘦，全身无力，不愿活动，喜卧；呼吸加快，心力衰竭，尿黄，粪便时干时稀；有的病兔出现神经症状。

② 病理变化 病死兔血液稀薄，黏膜苍白，质膜黄白，腹腔积液，脾脏肿大，胆囊胀满，胸膜脂肪和肝脏黄染。

③ 诊断 可根据贫血、消瘦等临床症状和病理变化而作出初步诊断。确诊则需做实验室检查：采取病兔耳静脉血 1 滴，滴于载玻片上，加等量生理盐水稀释，轻轻盖上盖玻片，在高倍镜和油镜下观察。或用血液 1 滴滴于载玻片上，用另一个玻片轻推或拉而制成涂片，用瑞特氏或吉姆萨染色，油镜下检查可见附红细胞体呈环形、蛇

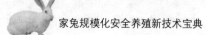

形、顿点形或杆状等。多数聚集在红细胞周围或膜上，被感染的红细胞失去球形形态，边缘不整而呈齿轮状、星芒状、不规则多边形。此外，还可应用补体结合试验、间接血凝试验、酶联免疫吸附试验与DNA技术进行确诊。

（3）防治措施

① 预防　加强兔群的饲养管理，搞好兔舍、用具、兔笼和环境的卫生，定期进行全面消毒，消除污水、污物及杂草，使吸血昆虫无滋生之地。消除各种应激因素对兔体的影响，夏、秋季节可对兔体喷洒药物，防止昆虫叮咬，并内服抗生素药物，进行药物预防。引种要严格检疫，防止带入传染源。发生疫情时，隔离病兔进行治疗，无治疗价值的一律淘汰。用0.3%过氧乙酸溶液或2%火碱溶液进行全面消毒。未发病兔群喂服混有四环素的饲料，并饮用含有0.003%百毒杀的水，进行药物预防。饲养管理人员接触病兔时，注意自身防护，以免感染本病。

② 治疗　四环素，每千克体重40mg，肌内注射，每日2次，连用7d。土霉素，每千克体重40mg，肌内注射，每日2次，连用7d。血虫净（贝尼尔）、磺胺类药物、黄色素等，也可用于本病的治疗。

3. 大肠杆菌病

（1）病因

除兔群因感染其他疫病（如球虫病、巴氏杆菌病等）而使兔体抗病力下降或因免疫抑制而继发大肠杆菌病外，究其诱发因素，可归纳为以下几点。

① 饮食问题　突然更换饲料或饲喂不定时造成饥饱不均，使胃肠内正常菌群失去平衡或pH升高，抑制有益菌生长，使病原性大肠埃希氏菌迅速增殖，引发了大肠杆菌病。具体表现在：a.夏季饲喂被雨露浸湿或带有泥土的饲草；b.冬季饲喂带有冰雪或发霉变质的饲草；c.精料喂得过多而多汁饲料喂得太少；d.饮用存放时间长、未经消毒的井水或河水等。

② 环境问题　兔群环境不佳，过热或冷热变化较大，冬季兔舍通风不良造成空气污浊，有害气体（如氨气、硫化氢等）增多，均可诱发兔大肠杆菌病。

③ 应激问题 应激因素对兔大肠杆菌病的发生或流行也起到重要作用。兔场常见的应激因素有停电、断水、免疫接种、打耳号、转群、运输等。

④ 消毒问题 兔场环境大肠杆菌污染严重而消毒又不彻底，造成该菌无处不在，就有可能诱发大肠杆菌病。

（2）症状及诊断

① 症状 临床症状主要以下痢、胀肚和流涎为特征。但有些最急性病例未见任何腹泻症状即突然死亡（特别是幼兔常见），随后兔群中陆续有表现为拉稀症状的患兔。急性者病程很短，一般 1～2d 内死亡，很少能康复；亚急性者一般经 7～8d 死亡。

病兔体温一般低于正常或正常（常由于毒素所致），精神沉郁，被毛粗乱，由于脱水以致体重很快减轻、消瘦。由于肠道充满气体和液体导致腹部膨胀。病初排黄色成型的稀软粪便，后期剧烈水样腹泻，肛门和后肢的被毛沾染黏液或黄色、棕褐色或黑色水样稀粪，常带有大量明胶黏液和一些两头尖的干粪，堵塞肛门。病兔四肢发冷、磨牙、流涎、虚脱不能站立，很快死亡。血液化验可见血细胞比重增加，红、白细胞数增高，这都是由脱水所致。

② 诊断 根据临床症状和病变可作出初步诊断。确诊必须作细菌学检查，用麦康凯培养基从结肠和盲肠内容物分离出纯大肠杆菌，同时检查小肠和盲肠粪便或肠黏液、胆囊黏膜是否有大量球虫的卵囊或球虫裂殖子存在，可以区别于兔球虫病。

（3）防治措施

① 预防 无病兔场平时要加强饲养管理，搞好兔舍卫生，定期进行消毒。减少各种应激因素，特别对断乳前后的仔兔的饲养管理更要细心周到，饲料必须逐渐更换，不能骤然改变，以免引起肠道菌群紊乱。常发本病的兔场，可用本场分离的大肠杆菌制成菌苗，进行预防注射，一般 20～30 日龄的仔兔每只肌内注射 1mL，对控制本病的发生有一定的效果。

② 治疗 兔场一旦发现病兔，立即进行隔离治疗，兔笼和用具进行消毒。可从病兔和可疑病兔分离大肠杆菌作药敏试验，选用适宜药物，进行治疗。

a.抗生素疗法　链霉素，每千克体重 15～20mg，每日 2 次，连续 3～5d。环丙沙星注射液 0.5mL，肌内注射，每日 1 次，连用 2d；庆大霉素注射液 0.5mL，内服，每日 2 次，连用 2d；甲砜霉素，每千克体重 30～40mg，加水适量内服，每日 1 次，连用 2d。抗菌王注射液 1mL，肌内注射，每回 2 次，连用 2d。

b.磺胺类药疗法　磺胺脒，每千克体重 0.1～0.2g，加干酵母 1～2 片，混合，口服，每日 3 次，连用 3d。

c.微生态疗法　促菌生液 2mL（约含 10 亿个活菌）每日 1 次，连服 3 次，在本病的早期有很好的治疗效果。

d.大蒜酊疗法　每兔每次口服大蒜酊 2～3mL，每日 2 次，连用 3 天可治愈。

e.对症疗法　可应用静脉或腹腔补液（选用葡萄糖生理盐水注射液），配合收敛等药物，保护肠黏膜，防止脱水，减轻症状，促进治愈。

4. 魏氏梭菌病

（1）病因

兔魏氏梭菌病是由 A 型魏氏梭菌产生的外毒素引起的一种急性肠道传染病，其特征为泻下大量的水样或血样粪便，脱水死亡。病原体为两端稍钝圆的革兰氏阳性大杆菌。该病的发病率和死亡率均较高。

各种年龄的家兔均易感，但以 1～3 月龄的幼兔发病率最高；一年四季均可发生，但以冬、春季发病率最高，主要是因为冬、春季饲料质量不稳定，饲料蛋白水平忽高忽低。此外，饲养管理不良及各种应激因素可诱发本病的爆发。

（2）症状及诊断

突然发病，急性下痢，排黑色水样或带血胶冻样粪便，有特殊臭味，体温不高。多数病兔在下痢后 1～2d 死亡，少数可拖至 7d 或更长。

尸体外观不见明显消瘦，主要表现为胃溃疡，胃黏膜出血、脱落，盲肠、结肠黏膜有出血斑，内充有气体和黑绿色稀薄内容物，并有腐败气味。肝脏质地变脆；脾脏呈深褐色。

取空肠或回肠内容物涂片染色镜检，可见革兰氏阳性、两端钝圆的大杆菌。同时用病料以生理盐水制成悬液，离心沉淀后，将上清液用除菌过滤器过滤除菌，再将一定量滤液注入健康小鼠腹腔，如小鼠24h死亡，则证明肠内有毒素存在，即可确诊。

（3）防治措施

a.加强饲养管理，搞好环境卫生，以增强兔群的抗病能力。兔舍内要限制养兔的数量，避免过于拥挤。控制兔舍内的湿度，保持干燥；b.严格控制饲料。首先，饲料中的粗纤维含量适当提高。第二，保证饲料的质量，防止霉变和污染。当鱼粉质量不佳的时候，宁可不用也不要冒险。第三，饲喂有规律，防止饥饱不均、突然更换饲料等；c.及时预防接种。一般繁殖母兔于春、秋季注射 A 型魏氏梭菌灭活苗 1 次；断奶仔兔应立即注射疫苗。

5.巴氏杆菌病

（1）病因

巴氏杆菌病由多杀性巴氏杆菌引起，兔对多杀性巴氏杆菌易感，并存在若干临诊类型。其中有传染性鼻炎、地方流行性肺炎、中耳炎、结膜炎、子宫积脓、睾丸炎、脓肿以及全身败血症等形式。常引起家兔大批发病和死亡，是家兔的一个主要细菌性疾病。秋季和春季发病率最高，呈现散生或地方性流行。多杀性巴氏杆菌广泛分布在养兔场内，经常可以从多数健康兔（带菌者）的鼻腔黏膜和病兔的血液、内脏器官以及死于本病的兔尸体中分离出来。许多鼻腔内携带病原体的无症状兔，在某些应激形式削弱了兔体抵抗力时，细菌便乘机繁殖，从而开始了明显的临诊经过。

（2）症状及诊断

根据病菌的毒力、数量、兔体的抵抗力以及侵入部位等的不同，本病的潜伏期也不同，一般几个小时至 5d 或更长。因此，本病有以下几种临床类型。

① 传染性鼻炎　以浆液性或黏液脓性鼻液为特征的鼻炎和副鼻窦炎。此类型很常见，一般传染较慢，但时常成为本病的病源而导致兔群不断发病。发病的初期主要表现为上呼吸道卡他性炎症，流出浆液性液体，而后转为黏液性以及脓性鼻液。病兔经常打喷嚏、咳嗽，

由于分泌物刺激鼻黏膜，常用前爪擦鼻部，使局部被毛潮湿、缠结、甚至脱落。上唇和鼻孔皮肤、黏膜红肿，发炎。一段时间后，鼻涕变得更多、更稠，在鼻孔周围结痂，堵塞鼻孔，致使呼吸困难；同时，病原菌通过喷嚏、咳嗽污染整个环境再感染其他家兔。由于病兔经常抓擦鼻部可将病菌带入眼内、耳内或皮下，从而引起化脓性结膜炎、角膜炎、中耳炎、皮下脓肿、乳腺炎等并发症。最后常因精神委顿、营养不良、衰竭而导致病兔死亡。

剖检病兔，鼻腔内有多量鼻液，其性状因病程长短而不同。当从急性型转为慢性型时，鼻液从浆液性变成黏液性甚至黏液脓性。外鼻孔周围皮肤有炎症，鼻腔和附鼻窦黏膜发红或水肿，慢性阶段其黏膜增厚。组织学变化，急性阶段可见黏膜充血、黏膜下水肿、黏膜下层有炎性细胞。在亚急性至慢性阶段，黏膜上皮含有许多杯状细胞，有些区域可能出现糜烂，鼻腔内有大量的炎性细胞及细菌。

② 肺炎型　本病往往呈现急性纤维素化脓性肺炎和胸膜炎，并常导致败血症。病初表现为食欲不振和精神沉郁，常以败血症而告终，很少能见到明显的肺炎临床症状。

剖检病兔，病变多见于肺的前下方。由于病程及严重程度有很大差异，所以病变分为实变、膨胀不全、脓肿和灰白色小结节病灶等四种形式。肺实质区有出血，纤维素覆盖胸膜表面，膨胀不全。严重时，可见包围脓肿的纤维组织。在病程的后期主要表现为脓肿或整个肺小叶的空洞。

③ 中耳炎型　家兔中耳炎的发生具有地方性，可直接感染，也可通过污染的笼具、食具或通过空气感染，但并不出现明显的临床症状，病原菌通过耳咽管而到达中耳引起感染。进一步感染内耳，严重时病原菌进入脑膜和脑实质。临床上见到的斜颈病兔是病菌感染扩散到内耳和脑部的结果，而不是单纯中耳炎的临床症状。如果感染扩散到脑膜和脑组织，则可出现运动失调和其他神经症状。

剖检病兔，在一侧或两侧鼓室内有一种奶油状的白色渗出物。病的初期鼓膜和鼓室内壁变红，内膜上皮含有许多杯状细胞，黏膜下层有淋巴细胞和浆细胞浸润。有的鼓膜破裂，脓性渗出物流出外耳道。感染扩散到脑，可出现化脓性脑膜脑炎。

④ 生殖系统感染型　多见于成年兔，交配是主要的传染途径，因此，母兔的发病率高于公兔。另外，败血型和传染性鼻炎型的病兔，细菌也可转移到生殖器官引起感染。母兔的发病通常没有明显的临床症状，但有时表现为不孕并伴有黏液脓性分泌物从阴道流出，如转为败血症，则往往造成死亡。公兔感染后，开始在附睾出现病变，进而表现一侧或两侧的睾丸肿大，质地坚硬，有的伴有脓肿。

剖检病兔，慢性感染时，子宫高度扩张，子宫壁变薄、呈淡黄褐色，子宫内充满黏稠的奶油样脓性渗出物，组织学变化主要表现为子宫上皮常发生溃疡，黏膜固有层有炎性细胞浸润。

⑤ 结膜炎型　主要表现为眼睑中度肿胀，结膜发红，在眼睑处经常有浆液性、黏液性或黏液脓性分泌物存在。炎症转为慢性时，红肿消退，而流泪经久不止。

⑥ 败血症型　急性型亦称出血性败血症。病兔精神萎靡废食，呼吸急促，体温40℃以上，鼻腔有浆液性、黏性分泌物，有时出现腹泻。临死前体温下降，四肢抽搐，病程短者24h内死亡，较长者1～3d后死亡。流行开始也有不表现任何异常而突然死亡者。

剖检病兔，主要表现为全身性出血、充血和坏死。鼻黏膜充血，有黏液脓性分泌物。喉头黏膜充血、出血，气管黏膜充血、出血，伴有多量红色泡沫。肺严重充血、出血，高度水肿。心内、外膜有出血斑点，肝脏变化，有许多小坏死点。脾、淋巴结肿大、出血。肠黏膜充血、出血。胸腔均有淡黄色积液。

（3）防治措施

① 预防　a.建立无多杀性巴氏杆菌的种兔群是预防本病的最好方法。b.坚持自繁自养，如引入兔子时，必须隔离观察一个月，并进行细菌学和血清学的检查，健康者方可混群饲养。c.定期进行疫苗注射防疫，同时加强环境卫生和消毒措施。d.防控本病，环境是关键。而在环境控制中，通风换气、湿度和饲养密度是关键要素。

② 治疗　可用青霉素类、广谱抗生素等进行治疗。链霉素，每千克体重20000～40000IU，肌内注射，每日2次，连用5d。氯霉素，每千克体重60～100mL，肌内注射，每日2次，连用5d。有呼吸道症状的病兔，可用青霉素、链霉素、卡那霉素等滴鼻，每次3～4滴，

每天 2～4 次，有一定效果。氟苯尼考皮下或肌内注射，每千克体重 0.1mL，每隔 24h 一次，连用 2 次。鼻炎一针灵，用 20mL 生理盐水或注射用水稀释，待摇匀充分溶解后，供肌注或静脉注射，每千克体重 0.5mL，重症加倍，间隔 7d 再注射一次，防止复发。兔呼清，混饮，兔饮水每 100g 兔呼清兑水 400kg，集中饮水，连用 2～3d，拌料 200kg，预防量酌减或遵医嘱。适用于规模化兔场呼吸道疾病的全群治疗和预防。

6. 波氏杆菌病

（1）病因

当兔群受到不良因素刺激或饲养管理不当时，波氏杆菌病易在兔群中流行。流行特点如下。

① 传染源　主要是带菌兔和患兔。

② 传播途径　多经呼吸道感染。

③ 易感者　支气管败血波氏杆菌在全世界哺乳动物中广为分布。分离到该菌的哺乳动物有：a.家畜，包括猪、犬、猫、马、牛、绵羊和山羊；b.实验动物，包括兔、小鼠、大鼠、仓鼠和猴；c.野生动物，包括鼠类、雪貂、浣熊、狐等。亦可见于人类。

④ 发病年龄　虽各种年龄兔均可发生，但存在易感性上的差异。仔幼兔的发病率和病死率明显高于成年兔；公兔发病率高，死亡率低。

⑤ 高发季节　虽无明显季节性，但多发生于气候骤变的春、秋两季。

⑥ 重要诱因　当兔体受到气候骤变、寄生虫感染、感冒和饲养管理不良等各种因素的影响，或灰尘和强烈刺激性气体的刺激，而致抗病力下降时，均易发病。

（2）症状

潜伏期：长短不一，视临床类型而异，一般在 1 周左右。

临床类型如下。

① 仔幼兔　多取急性经过。病初，病兔从鼻腔流出少量浆液性鼻液，很快发展成黏液性或脓性鼻液，继而出现呼吸困难，迅速死亡。病程短促，仅 2～3d。

② 成年兔　通常有下述两型。

a.鼻炎型：病兔鼻腔黏膜充血，鼻孔流出多量浆液性或黏液性真液，多不见脓性。

b.支气管肺炎型：病兔鼻炎长期不愈，鼻腔经常流出黏液性或脓性分泌物，打喷嚏，呼吸促迫，食欲不振，渐进性消瘦。

③ 哺乳母兔　主要表现咳嗽，呼吸困难，精神不振，减食至绝食，以及被毛粗乱；发病 3～4d 后，多以死亡告终。

④ 公兔　多以咳嗽、呼吸困难、精神不振、被毛粗乱和食欲下降为主。

（3）防治措施

① 针对传染源　兔群发生疫情后，立即将病兔严密隔离，并及时淘汰病情严重兔。

② 抢救疗法　根据药敏试验结果，选用高敏药，通过滴鼻或饲喂等方式给予病兔。

③ 紧急免疫　在发病兔群，选用兔支气管败血波氏杆菌灭活苗，对 25 日龄以上的易感健康兔进行颈部皮下注射，每只 1mL，以作紧急免疫。

四、常见普通病防控技术

1. 兔腹泻

兔腹泻是一种发病率和死亡率都很高的疾病，在兔场比较常见，也是多种疾病共同表现的常见症状，各种年龄段的兔均可发生，但断乳前后的幼兔发病率最高，而且家兔对腹泻的抵抗力较差，一旦发病，基本死亡。

（1）病因

家兔腹泻大多数是由饲喂不洁或腐败变质的饲料、露水草和冰冻饲料，或是饲料不安全，或是突然变换饲料引起，还有垫草潮湿导致腹部受凉也会引起腹泻。而幼兔腹泻病的发生主要是因为机体的消化功能尚未适应由吃奶到吃料的过程。总的来说，饲料管理上的变化和饲养管理上的失误是引起兔消化混乱和腹泻的主要原因。

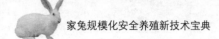

（2）症状及诊断

腹泻可以分为两种情况，一种是传染性腹泻，另一种是非传染性腹泻。传染性腹泻病因是病原微生物，具有传染性，病死率高。非传染性腹泻主要是由饲养管理等因素造成，容易恢复。

这里主要介绍非传染性腹泻，非传染性腹泻可分为消化不良腹泻和胃肠炎性腹泻。

① 消化不良腹泻　病兔食欲减退，精神不振。排稀软便、粥样便或水样便，被毛污染，失去光泽。病程长的渐渐消瘦，虚弱无力，不愿运动。有的出现异嗜，如采食被毛或是粪尿污染的垫草。有的出现轻度腹胀和腹痛。

② 胃肠炎性腹泻　病兔食欲废绝，全身无力，精神怠倦，体温升高。腹泻严重的兔子，粪便稀薄如水，常混有血液和胶冻状黏液，有恶臭味。腹部触诊有明显疼痛。由于重度腹泻，呈现脱水和衰竭，病兔精神沉郁，结膜暗红，呼吸急促，常因虚脱而死。

（3）防治措施

① 预防　为了预防腹泻的发生，保证仔兔健康生长，平时应加强饲养管理，保持兔舍清洁、干燥，温度适宜，通风良好。给哺乳母兔以营养丰富、易消化的饲料；仔兔由哺乳为主转变为吃饲料为主时，应逐渐变更，使其有个逐渐的适应过程。应给予易消化的饲料，不喂变质、冰冻的饲料和饮水。

② 治疗　发现病兔，及时停止给料，但水照常供应。非传染性腹泻和传染性腹泻用药及治疗方法是不同的。对于传染性腹泻或腹泻严重的病兔，可用广谱抗生素，如庆大霉素、卡那霉素，0.5～1mL/只，肌内注射，每日两次，连用5d。

对非传染性腹泻首先考虑除去病因，改善饲养管理，不用抗生素，以吸附和调理为主。

2. 兔腹胀

兔腹胀又称胃肠扩张，2～4月龄的幼兔容易发生，特别常见于饲养管理不善，经验不足的初养家兔的养殖场。

（1）病因

由于兔子贪食过量的适口性的饲草饲料，如玉米、小麦、黄豆等，容易发酵和膨胀的麸皮，含露水的豆科饲料，雨淋的青草以及腐烂的饲草、饲料等均易发生此病，该病也可继发于肠便秘、肠鼓气、球虫病过程中。

（2）症状及诊断

常于采食后几小时发病，病初兔卧伏不动。胃部肿大，继之流涎，呼吸困难，可视黏膜潮红，甚至发绀，叩击腹部发出鼓音，同时伴有腹痛症状。眼半闭，磨牙，四肢聚于腹下，时常改变蹲伏位置。如果胃继续扩张，最后常导致窒息或胃破裂而死亡。

剖检可见胃体积显著增大且有气体，内容物酸臭，胃黏膜脱落。胃破裂者，局部有裂口，腹腔被内容物污染。多数病兔肠内也存在大量气体。

（3）防治措施

① 预防　加强饲养管理，喂料要定时定量，切忌饥饱不均。更换干、青饲草时要缓慢过渡，被雨淋或是带露水草要待晾干后再喂，禁喂腐败、冰冻饲草饲料，控制饲喂难以消化的饲料等。更换适口性好的饲料、饲草时应逐渐增加。

② 治疗　兔一旦发病要立即停食，同时灌服植物油或是石蜡油10～20mL，萝卜汁10～20mL或是食醋40～50mL；口服小苏打片和大黄片各1～2片；口服二甲基硅油片，每次1片，每日1次；大蒜泥6g、香醋15～30mL，1次内服。服药后使其运动，按摩腹部，必要时可皮下注射新斯的明注射液0.5mL，还可用注射器从肠管缓慢抽气。

3. 兔肺炎

肺炎是肺实质性的炎症，涉及一个或是全部肺小叶，常见于幼兔。

（1）病因

肺炎在临床上以体温升高、咳嗽为特征。肺炎多发于幼兔，多因细菌感染引起，常见的病原菌有肺炎双球菌、葡萄球菌、巴氏杆菌、波氏杆菌等。当误咽或灌药时使药液误入气管，可引起异物性肺炎。在家兔受寒感冒、鼻炎和气管炎时，病原菌则乘虚而入，继发引起肺炎。天气突然变化、兔舍潮湿、通风不良或者长途运输等都可以导致肺炎发生。

（2）症状及诊断

兔精神不振，打喷嚏，食欲减退或是不食，体温升高可达到40℃以上，粪便干小，流浆液、黏液或是脓性鼻液，呼吸极度困难，口鼻呈青紫色，时有咳嗽，伴随呼吸发出鼻塞音和喉鸣音。听诊肺部呼吸音粗，并发出各种啰音。急性病例很快死亡。

剖检死兔，肺表面可见到大小不等、深褐色斑点状肝样病变。

（3）防治措施

① 预防　加强饲养管理。饲喂营养丰富、易消化、适口性强的饲料，增强体质或抗病能力。兔舍要向阳，通风良好，做到冬暖夏凉。防止感冒也是预防发生肺炎的关键。

② 治疗　病兔应隔于温暖、通风良好的兔舍内，充足饮水。可选用卡那霉素，1～2mL/只，肌内注射，每天2次，连用3～5d。或磺胺噻唑或磺胺嘧啶注射液，成年兔2～3mL，幼兔1～2mL，肌内注射，每天1～2次，连用3～5d。

4. 兔感冒

感冒是家兔的一种常见病，又称"伤风"，是急性上呼吸道感染的总称，若治疗不及时，很容易继发支气管炎和肺炎。

（1）病因

感冒常发生于早春、晚秋季节，当兔体质较差、抵抗力下降时，在气候突变、笼内潮湿、通风较差、昼夜温差过大特别是天气较冷时兔舍有贼风等多种原因的作用下，就会导致鼻腔黏膜发炎而引起感冒。

（2）症状及诊断

感冒是由寒冷刺激引起的，以发热和上呼吸道卡他性炎症为主的全身性疾病，以流鼻涕、体温升高、呼吸困难为特征。患兔常用前脚擦鼻，打喷嚏、咳嗽，眼无神并且湿润。食欲减少或废绝。

（3）防治措施

① 治疗　对病兔加强护理，放到温暖的地方，给予优质饲料和温水。如果是流行性感冒，应及时隔离治疗。可选用复方氨基比林注射液，肌内注射2mL，每天2次，连用3～5d；或选用庆大霉素注射液1～2mL、安乃近注射液1～2mL，肌内注射，每天2次，连用3～

5d；也可选用柴胡注射液 1mL、庆大霉素注射液 1～2mL，肌内注射，每天 2 次，连用 3～5d。

② 预防　在气候寒冷或是气温骤变的季节，要加强防寒保暖工作。兔舍应保持干爽、清洁，通风良好。

5. 兔湿性皮炎

家兔的湿性皮炎是皮肤的慢性进行性疾病，常呈散发性流行。

（1）病因

本病主要是由下巴、颈下、颌下间隙或其他部位皮肤长期潮湿，继发性细菌感染所造成的。造成这些部位皮肤长期潮湿的主要原因有：饮水器械漏水造成兔毛经常弄湿；垫草长期不换或是笼内潮湿；由于牙齿疾病导致错位咬合，继而引发多涎，造成皮肤被毛的长期潮湿。

（2）症状及诊断

长期潮湿的皮肤很容易受到细菌的入侵。随着病情的不断加重，病兔主要表现为病处掉毛，皮肤炎症溃疡和坏死。病理变化是受感染组织囊肿、溃疡和凝固性坏死。在这一过程中，受害组织的周围及其下的皮下组织有急性和慢性细胞浸润。

（3）防治措施

① 预防　做好兔舍和兔笼的防潮工作。安装乳头式饮水器应高于兔背部，防止兔身体触碰饮水器乳头。

② 治疗　如进行适当的治疗，一般能很快痊愈，但是如果感染到全身就很难治疗。治疗主要措施是消除导致潮湿的原因，主要包括经常更换垫草，更换漏水的饮水器，剪掉错位咬合的牙齿，有口腔炎症的病兔要及时治疗。治疗的过程是首先剪掉病处的毛，皮肤涂抹消毒药。患部要经常用广谱抗生素进行涂抹。如果病情严重要用抗生素做全身治疗。

6. 兔溃疡性脚皮炎

溃疡性脚皮炎主要以家兔后肢跗趾区跖侧面最为常见，前肢掌指区跖侧面有时也有发生。

（1）病因

导致本病的主要原因是脚底毛磨损，兔脚承受重量大，足部皮肤

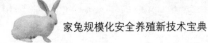

受损后导致感染、发炎和组织坏死。本病很少发生在幼兔和体型小的兔身上。笼底有浸渍尿液、潮湿时更容易发生本病，但笼底积粪和经常清洗也有此病发生；过于神经质而经常踏脚的兔更容易发病。导致溃疡的主要病原菌是金黄色葡萄球菌。

（2）症状及诊断

病变部皮肤有溃疡区，上面有干性痂皮。病变大小不一致，但位置很一致，多数位于后肢跖趾区的跖侧面，偶尔位于前肢掌指区的跖侧面。与发生溃疡的上皮相邻的真皮，可能继发感染，有时在覆盖溃疡区的痂皮碎片下形成脓肿。除了上述病变以外，严重时也可发生不吃、体重下降、弓背、走动时脚高跷等病症。如细菌侵入血液则呈现败血症，病兔很快死亡。病兔的体重负担经常由一条腿换成另外一条腿，由后肢换成前肢。据观察，前肢之所以发病是因为体重负担从疼痛的后肢换成前肢。

（3）防治措施

首先保证笼的底板完好，底板上换上干燥柔软的垫，防止受伤部位再次发生创伤，加快痊愈。预防饮水器滴水，保持笼具清洁卫生，兔舍注意通风，是预防本病的重要措施。

一般用外科方法处理伤口。首先用镊子将干燥痂皮轻轻掀下，清除坏死的溃疡组织，用高锰酸钾一类消毒液冲洗伤口，经药棉吸干后，再涂上氧化锌软膏、碘软膏、0.2%的醋酸铝溶液或青霉素粉等抗生素。如有囊肿存在，则应切除囊肿，使用抗生素作全身治疗。

7. 大便秘结

（1）病因

喂青饲料不足，缺乏足够的饮水和运动，长期喂粗硬干草，饲料内混有灰砂异物，大量食物停滞在盲肠、结肠、直肠和小肠内。当患毛球病或肠内有大量寄生虫时，也易发生便秘。霉菌毒素、大肠杆菌毒素可使盲肠神经麻痹，肠壁蠕动缓慢，可诱发盲肠秘结；大量使用抗生素可诱发本病发生。

（2）症状及诊断

粪便量少，粪球变细小、坚硬且干燥；有的不排便；有的病兔粪球呈两头尖的形状。腹部膨胀，精神不振，不爱吃食，甚至废食。常用嘴啃肛门，头常回顾腹部。

（3）防治措施

对病兔少喂或不喂精料，必要时可适当停食，引诱或强迫运动，大量给饮温水。

① 人工盐（用 44％干燥的硫酸钠、18％食盐、2％硫酸钾、36％碳酸氢钠混合制成）或芒硝，大兔 5～6g，幼兔减半，加温水 20mL，口服。

② 蓖麻油或甘油，大兔 15～18mL，幼兔 7～9mL，加等量温水，口服。

③ 菜油 25mL，蜂蜜 10mL，加温水 10mL，口服。

④ 鲜大黄根 25g，水煎服。

8. 气管炎

（1）病因

寒冷刺激、机械和化学因素刺激是原发性支气管炎发生的主要原因。寒冷刺激可降低机体的抵抗力，特别是呼吸道黏膜的防御能力，使呼吸道的常在菌如肺炎球菌、巴氏杆菌、葡萄球菌、链球菌等得以大量繁殖而产生致病作用，引起急性支气管炎。机械、化学因素刺激，如吸入粉碎饲料、飞扬的尘土、霉菌孢子、花粉、有毒气体或发生误咽等，均可刺激支气管黏膜引起炎症。喉、气管炎症，也经常继发支气管炎。

（2）症状及诊断

病兔精神沉郁，食欲减退，体温稍升高，全身倦怠。咳嗽，初期为干痛咳，以后随炎性渗出物的增加，变为湿长咳。由于支气管黏膜充血肿胀，加上分泌增加，致使支气管管腔变窄而出现呼吸困难。病初流浆性鼻液，以后流黏液性或脓性臭液，咳嗽时流出更多。胸部听诊肺泡呼吸音增强，可听到干、湿性啰音。慢性支气管炎主要是持续性咳嗽，咳嗽多发生在运动、采食或气温较低的时候（早、晚或夜间）。

（3）防治措施

将病兔放在温暖通风的兔台或空气新鲜的室内，喂柔软青嫩蔬菜和易消化的精饲料。

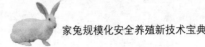

① 内服青霉素片（50000IU）0.5～1 片，同时内服磺胺噻唑 0.2～0.3g 与等量苏打，每隔四小时 1 次。

② 肌内注射油剂青霉素 50000～100000IU，或注射适量水剂青霉素，每天 3 次。

③ 肌内注射磺胺嘧啶，每次成兔 2mL，幼兔减半，每日 3 次。

五、神经系统疾病防控技术

神经系统常见疾病如中暑简介如下。

1. 中暑病因

兔易发生中暑是由兔的生理特点所决定的，由兔的体温调节特点可知兔的体温调节不如其他动物健全，对高温的耐受能力较差。兔中暑的原因很多：第一是天气闷热，兔舍潮湿而通风不良，兔笼内装兔过多，是发生本病的重要原因；第二是盛夏炎热天气进行长途车船运输，车载过于拥挤，中途又缺乏饮水，也易发生本病；第三在露天兔场，遮光设备不完善，长时间受烈日暴晒，易发生中暑。

2. 中暑症状及诊断

（1）病史调查

有过热或暴晒史。

（2）临床症状

病初精神不振，全身无力，食欲废绝，体温显著升高，可达 42℃以上。皮温升高，触摸体表有烫手感。可视黏膜潮红，心脏搏动增强、急速。呼吸困难、增效、浅表，呼出气灼热。病情进一步发展，出现神经症状，开始呈现出短时间的兴奋，随即转入沉郁、昏迷、倒地不起，四肢抽筋，意识丧失，口吐白沫或粉红色泡沫，最后多因窒息或心脏麻痹而死。

热应激则表现为多方面的功能下降。一般表现为食欲下降，据报道，家兔在 32.2℃时的采食量比 23℃时下降 25.8%。生产性能降低，如肉兔增重缓慢、毛用兔产毛下降；家兔在 32.2℃下的体增重比 23℃时降低 49.8%，这是由采食量下降、兔的营养不足造成的。繁殖性能下降是由于高温能抑制下丘脑促性腺激素的合成与分泌，对睾丸功能产生不利影响。热应激致公兔睾丸萎缩，性欲低下，精子活力下降。热应激使母兔雌激素分泌减少，发情不规律，影响性功能，降低受胎率。

3. 中暑防治措施

（1）预防

在炎热季节，兔舍通风要良好，保持空气新鲜、凉快，温度过高时可用喷洒水的方法降温。兔笼要宽敞，防止家兔过于拥挤。露天兔场要设凉棚，避免阳光直射，并保证有充足的饮水。长途运输最好在凉爽天气进行，车船内要保持一定的温度和充足的饮水，装运家兔的密度不宜过大。

（2）治疗

立即将病兔置于阴凉通风处。为促进体热散发，可用毛巾或布浸冷水放在病兔头部或躯体部，每 3～5min 更换 1 次，或用冷水灌肠。为降低颅内压和缓解肺水肿，初始可实施静脉少量放血，或静脉注射 20% 甘露醇注射液 10～30mL，或静脉注射 25% 山梨醇注射液 10～30mL。体温下降至正常、症状缓解时，可行补液和强心，以维护全身功能，在饮水中适当添加电解多维和葡萄糖也有缓解热应激的作用。

中暑的中草药疗法：霍香水灌服，大兔 5mL，小兔 2mL，每日 2 次，1～2d 可愈。

天热时，室外兔箱上应使用草类、树枝等遮盖，运动场和放牧场地上安设遮阳棚。改善兔舍通气装置，经常注意开窗换气。室内养兔，最好要少放箱笼，保持空气良好。夏、秋炎热季节长途运输时，要注意通风、遮光，饮水不间断，水中加 1% 的食盐。

六、生殖系统和产科疾病防控技术

1. 阴部炎

（1）病因

母兔发情后不及时交配，外阴唇摩擦笼底感染发炎；公母兔交配时，受患此病的对方感染；兔台地面和兔笼底不清洁而感染。本病常见于种母兔，也见于种公兔，成年兔比中兔多。

（2）症状及诊断

母兔外阴唇或公兔包皮肿大，常形成表面溃疡。病兔常于笼舍或箱角等处擦痒，破伤处结痂，严重时发炎溃烂，母兔不接受交配，公兔雄性减弱，有的交配不受孕。

（3）防治措施

① 用 2％硼酸水或 3％食盐水洗患部，然后擦油剂青霉素。每日1 次，数次后效果显著。

② 用紫药水深擦患处。同时，酌量内服青霉素片或磺胺制剂。

③ 重病者，肌内注射青霉素 100000IU，每日 2 次。口服磺胺噻唑也可，每千克体重给药 0.1g，每日 2 次。

2. 阴道炎

（1）病因

母兔阴部被不清洁的兔笼、兔台地面感染或配种时感染。

（2）症状及诊断

比阴部炎严重。患兔从阴道流出黏液或脓液，有时阴部溃烂。解剖可见阴道充血、肿胀，有黏液或脓液分泌。

（3）防治措施

用注射器（取下针头）注入高锰酸钾水（0.1％）冲洗阴道，每日 2～3 次，其他治疗用药方法与前病"阴部炎"相同。

3. 膀胱炎

（1）病因

化脓杆菌和大肠杆菌感染，或继阴道炎、子宫炎之后病菌感染了膀胱。

（2）症状及诊断

患兔排尿次数增多，排尿困难，尿液混浊，恶臭，严重时尿中带有脓汁、血液或白色黏膜。

（3）防治措施

改善饲养管理，同时进行下列治疗：

① 内服消炎片。

② 肌内注射青霉素、链霉素各 100000IU，每日 2 次。

③ 口服磺胺噻唑，每千克体重给药 0.1g，加入等量小苏打，每

日 2 次，连续数日。

4. 肾炎

（1）病因

潮湿受凉、伤风感冒、长途运输过度疲劳、气候突变、温差过大等，都能发生此病。

（2）症状及诊断

① 临床症状　急性炎症时，病兔表现精神沉郁，体温升高，食欲减退或废绝。常蹲伏，不愿活动，强行运动时，跳跃小心，背腰活动受限。压迫肾区时，表现不安，躲避或抗拒检查。排尿次数增加，每次排尿量减少，甚至无尿。病情严重的可呈现尿毒症症状，体质衰弱无力，全身呈阵发性痉挛，呼吸困难，甚至出现昏迷状态。慢性肾炎多由急性转化而来。病兔全身症状不明显，主要表现排尿量减少，体重逐渐下降，眼睑、胸腹或四肢末端出现水肿。

② 实验室检查　尿中蛋白含量增加。检查尿沉渣可发现红细胞、白细胞、肾上皮细胞和各种管型。

（3）防治措施

保持舍内温暖、干燥，饮温水，水中加 1% 食盐。

① 青霉素肌内注射，按每千克体重 5000～10000IU，每日 2 次。

② 青霉素 50000IU，溶解于 1% 葡萄糖注射液，静脉注射每日 1 次，连续 5 次。

③ 内服磺胺制剂，每次 0.5g，每 4h 一次。或内服土霉素，每次 0.5g，每 4h 一次，连续数日。

5. 流产

（1）病因

流产原因很多。如母兔饮的水冰冷，剧烈运动，受惊吓，检查妊娠（摸胎）时用力过大，产箱洞门太小，捕捉母兔方法不当，冬末初春饲料中缺乏维生素，饲料中霉菌毒素超标中毒，患有其他严重疾病等，都可以造成流产。

（2）症状及诊断

交配受孕第十五天后，有的衔草拉毛，产出没有成形的胎儿；有的母兔提早三五天产仔，产后仔兔死亡；有的母兔东产一只，西产一

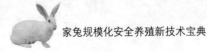

只，无固定地方，边产边吃，延续两三天；产后母兔精神不振，吃食不好。

（3）防治措施

保持安静，让母兔休息，同时喂给营养充足的饲料，严格控制饲料原料质量。

6. 难产

（1）病因

母兔难产很少发生。但胎儿过大、骨盆狭窄、患病、运动和日光浴不足等都可能引起难产。

（2）症状及诊断

母兔伏于产窝内，不吃不喝，有的轻声吟叫。母兔难产有的持续一两天，有的持续几天，甚至最后胎儿死于母兔腹内。

（3）防治措施

① 对怀胎儿数量较少（4只以下）的母兔，可在妊娠29～30天实行皮下注射"脑垂体后叶"制剂1mL，提前催产，可有效预防难产发生。

② 条件许可时，可行剖宫产。家兔剖腹手术：将兔侧卧或仰卧，用绳绑定，在腹部中线垂直切开，在肋骨后缘胰部切开。手术部位先剪毛或剃毛，用酒精和碘酒消毒后，用0.5％普鲁卡因溶液10～20mL浸润注射，做局部麻醉。切开皮肤、腹肌、腹膜、子宫壁，取出胎儿。应注意充分止血和无菌操作。用灭菌丝线依次缝合子宫壁、腹膜、肌层和皮肤。术后，为了预防感染，每天口服磺胺噻唑、青霉素片，亦可肌内注射青霉素。如早期进行，手术效果良好。如手术过迟，胎儿已腐败时，愈后不良。

7. 子宫出血

（1）病因

孕兔受到外部冲击，胎儿生长过大，分娩时间过长，子宫患其他严重疾病以及流产前后均可能发生子宫出血。

（2）症状及诊断

母兔表现不安，起卧频繁、困难。阴道流出暗褐色血块，严重时黏膜苍白、肌肉颤抖。

（3）防治措施

将病兔放在安静温暖舍内休息，同时用冷湿布敷在腰部。

① 皮下注射 0.1％肾上腺素 0.05mL。

② 口服麦角精四分之一片，促使子宫收结，并用脑垂体后叶注射液 1mL，作皮下注射。还需给服青霉素药片 1 片，以防止并发症。

③ 中药可用白茅根煎汁，或用豆科植物干燥的根瘤煎汁口服。

8. 子宫脱出

（1）病因

母兔孕期缺乏运动，饲养管理不当，孕期延长、胎儿过大等均能引起子宫脱出。多发生在母兔分娩后几小时内，子宫外部从阴道脱出，不断流血。

（2）症状及诊断

子宫部分脱出时，母兔常表现不安，常弓背、努责、举尾、做排尿姿势，可见翻入阴道的子宫角尖端；子宫完全脱出时，母兔阴门外悬挂长圆形物体，肌肉震颤，上有部分胎膜，呈粉红色，后因瘀血逐渐变为紫红色，最后干裂、结痂、糜烂等。有些病例伴有阴道脱出。

（3）防治措施

仔细清除子宫上黏附的污物，用 3％温热明矾溶液清洗子宫，待子宫收缩，再用手指轻轻推入。

① 口服磺胺制剂，每次 0.5g，每 4h 一次。

② 青霉素、链霉素各 60000IU，肌内注射，每日 3 次。

③ 内服镇痛片，每次 1 片。

9. 吞食仔兔癖

（1）病因

母兔受孕期，饲料中矿物质不足，箱笼中缺乏新鲜饮水，垫草中沾染了其他动物的气味，早配早产的母兔缺奶，母兔产仔时受惊，产后不久有人摸了仔兔，母兔产仔后口渴，有的母兔过去由于某种原因吞食过仔兔，均可导致母兔吞食仔兔。

（2）症状及诊断

母兔产后仔兔全不见了；有的母兔产后吞食了一部分仔兔；有的仔兔耳朵或脚被咬去了。有的在产窝边见到血迹，但大部分见不到血迹。

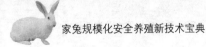

（3）防治措施

母兔怀孕期间给以足够的矿物质，产前给足够的温水喝，最好产后立即给一碗温淡盐水，并经常保持清水供应。母兔产仔时或产后保持环境安静，禁止围观和大声喧哗，避免噪声产生。防止动物闯入，更不得用手去摸仔兔，不要用旧衣、旧棉絮做产仔箱垫。带奶仔兔，要事先处理好母兔的气味，把母兔的粪尿涂抹在带奶的仔兔身上。

10. 假妊娠

（1）病因

多发生于成年母兔，有的由于条件反射引起，有的由于生殖系统的某些疾病引起。

（2）症状及诊断

成年母兔未经实际妊娠而发生分泌乳汁现象，称为假妊娠。假妊娠多见于交配后未受孕的母兔。即在发情配种后 16d 左右，母兔做窝、乳房肿大，将干草放在笼内，拔腹部下的毛，一如正常分娩现象。

（3）防治措施

公兔精液品质不良是母兔假孕的主要原因，夏季和初秋多发。因此，夏季注意公兔的降温工作。配种前进行公兔精液品质的检查，不合格的精液弃之不用；采取复配和双重配的方法，可有效降低假孕率，提高受胎率。其他因生殖系统疾病引起的，可对症下药。

11. 产后瘫痪

（1）病因

母兔产前缺乏日光浴和足够的运动，兔笼、兔台长期潮湿，饲料中缺钙，产仔窝次过密，产仔只数过多，母兔体质消耗过大，受惊吓，饲料中毒等，都可能发生产后瘫痪。此外，母兔患球虫病、梅毒、子宫炎、脊髓空洞症和膀胱、肾脏等疾病时也能引起产后瘫痪。

（2）症状及诊断

部分轻患母兔食欲减退，重患母兔食欲废绝。常常便秘，小便减少或不通，产仔后四肢或后肢突然麻痹。有的同时子宫脱出，流血过多而死亡。

（3）防治措施

针对发病原因采取有效预防措施可大幅度降低本病发生。对价值较大的母兔，采取补钙、日光浴和支持疗法，可以缓解症状，甚至治愈。

12. 不孕症

（1）病因

母兔过分肥胖或过分瘦弱时，交配不易受孕。饲料中缺乏维生素E，也会造成不妊娠和丧失生殖能力。在换毛期多不受孕。患有子宫炎、阴部炎、阴道炎、卵巢炎等常不受孕，或受孕后流产。

（2）症状及诊断

母兔发情周期不规律，甚至不发情，有的拒绝交配。但肥胖兔大多数迎合交配。大多数不孕母兔食欲时好时差，不好活动。

（3）防治措施

多喂给维生素E含量丰富的饲料，如发芽小麦和青饲料。母兔过瘦时，应喂给泡过的黄豆，让母兔获得充足的日光浴和充分运动。避免换毛期交配。患有子宫疾病和其他严重疾病的母兔应淘汰。

13. 仔兔黄尿病

（1）病因

哺乳母兔由于乳汁太多，仔兔不能吸吮干净，因而乳腺肿胀，乳腺管扩大，葡萄球菌侵入后在剩余的乳汁中酿成肠毒素，仔兔吮食后发生急性肠炎。仔兔吃乳过多，引起中毒或消化不良。

（2）症状及诊断

仔兔黄尿病主要发生于开眼前的仔兔，往往全窝发生，患病仔兔整日酣睡，体软如绵，肢体发凉，后肢及肛门周围污染黄色尿液，腥臭难闻，一至两天死亡。

（3）防治措施

防止母兔乳汁浓稠，可给母兔投喂青绿多汁饲料。发病初期，仔兔口滴庆大霉素，每次3～4滴，每日2～3次。母兔产后皮下注射多西环素1mL，有较好的预防效果。

14. 干奶

（1）病因

母兔不到成熟月龄提前交配，产仔后绝大多数无奶或缺奶。母兔产仔前后受惊，产后互相咬斗生气，以及患其他疾病，饲料营养缺

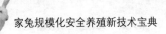

乏，饮水或运动不足等，也可发生无奶或缺奶症。

（2）症状及诊断

哺乳母兔不按时哺乳，检查母兔乳头时挤不出乳汁或挤出很少。患兔采食一般较少，精神不振，不爱运动。

（3）防治措施

夏季可多给母兔喂食蒲公英、青菜、青草和块根类。有甘蔗的地方，每天加甘蔗一段。也可以每天给饮豆浆一碗，内加少量红糖。发奶药处方：王不留行粉 0.1g，穿山甲片粉 0.1g，酵母粉 0.5g，研末拌在精饲料中，早晚各 1 次，连服数日。

七、维生素缺乏病防控技术

1. 维生素 A 缺乏症

（1）病因

饲料中维生素 A 或胡萝卜素不足或缺乏是本病原发性病因，主要见于以下几种情况。

① 长期饲喂维生素 A 或胡萝卜素含量低的饲料，如谷类（黄玉米除外）及其加工副产品，又不补加青绿饲料和维生素 A，极易引起本病的发生。

② 饲料加工、贮存不当，以及存放过久、陈旧变质，可使其中的维生素 A 的前体化合物（胡萝卜素或维生素 A 原）遭到破坏。如黄玉米存放 1 年以上，约有 60％的胡萝卜素被破坏；粉碎加工过程中，胡萝卜素的损失可达 32％以上。长期饲用这样的饲料，也易发本病。

③ 母乳中维生素 A 含量过低。哺乳仔兔所需要的维生素 A 全部从母乳中获得，若母乳中维生素 A 含量过低或过早断奶，可引起本病。

④ 患有慢性消化道疾病或肝胆疾病时，由于胆汁生成减少和胃肠功能紊乱，可使胡萝卜素转化为维生素 A 的过程受阻和对维生素的吸收产生障碍，同时肝脏功能障碍也不利于维生素 A 的贮存，这是本病的继发性（内源性）病因。大量用药或霉菌毒素超标，对肝脏造成重大损伤，可严重影响肝脏功能，可诱发本病。

⑤ 饲料中脂肪含量低，影响维生素 A 和胡萝卜素的吸收。

（2）症状及诊断

家兔发病后的典型变化是黏膜上皮细胞萎缩，出现不同程度的炎症。如果呼吸道黏膜和消化道黏膜受侵，则出现咳嗽、腹泻等症状，生长发育缓慢，严重病例体重减轻，神经功能紊乱，听觉迟钝，视力减弱，角膜混浊、干燥，眼周围堆积结痂，眼结膜边缘有色素沉着，如果进一步恶化，可导致永久性失明。走路摇晃或转圈，四肢麻痹，有时出现惊厥。病兔失去控制身体姿势的能力。

母兔发生维生素 A 缺乏时，可造成繁殖能力降低或不孕，怀孕的母兔出现早产、死产或产出体弱、畸形胎儿。

（3）防治措施

① 预防　保证日粮中含有足够的维生素 A 和胡萝卜素，多喂青绿饲料，必要时应给予维生素 A 添加剂；也可肌内注射维生素 A，每千克体重 2000～4000IU，每隔 50～60d 注射 1 次。谷类饲料存放不宜过久，配合饲料要及时喂用，不要存放。应及时治疗兔的肝脏疾病和肠道疾病。

② 治疗　首选药物是维生素 A 制剂和富含维生素 A 的鱼肝油，可内服维生素 AD 滴剂，每次 0.2～0.5mL，每日 1 次，连用数日；内服鱼肝油，每次 0.5～1mL，每日 1 次，连用数日；肌内注射维生素 A，每次 10000～20000IU，每日 1 次，连用 5～7d。

2. 维生素 B$_1$ 缺乏症

（1）病因

① 日粮中硫胺素含量不足。

② 家兔在消化过程中有一个特点，即能在盲肠内利用微生物制造复合维生素（含有维生素 B$_1$），但在盲肠内被吸收得甚少，而呈黑鞋油状或松散黏糊状的球形体（其表面比通常粪球亮的软粪）被排出体外，称之为盲肠粪，因其含有丰富的维生素，所以也叫维生素粪。这种粪排出后，家兔具有立即吞食的本能（不能视为病态），从而获得生命所必需的维生素。如果家兔不吃盲肠粪，就容易发生维生素 B$_1$ 缺乏症。

（2）症状及诊断

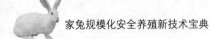

维生素 B_1 缺乏的家兔，首先出现消化分泌功能低下，食欲不振，便秘或腹泻。继而出现泌尿功能障碍，发生渐进性水肿，最终导致严重的神经系统损害，呈现运动失调、麻痹、痉挛和抽搐、昏迷，甚至死亡。

（3）防治措施

① 预防　维生素 B_1 存在于所有植物性饲料中，干燥的啤酒酵母、饲料酵母中及谷物胚芽中的含量特别丰富，在日粮中适当添加酵母、谷物胚芽等可预防本病的发生。

② 治疗　发病兔，可内服维生素 B_1，每次 1 或 2 片（每片含 10mg）；或肌内注射维生素 B_1 制剂，如肌内或静脉注射盐酸硫胺素注射液，每千克体重 $0.25\sim0.5mL$，每日 1 次，连用 $3\sim5d$。一般来说，对症的疗效十分显著。

3. 维生素 E 缺乏症

（1）病因

① 饲料中维生素 E 含量不足。

② 饲料中不饱和脂肪酸含量过高时，对维生素 E 的需要量也相对增高，若长期饲喂含不饱和脂肪酸的饲料，容易引起维生素 E 缺乏症。

③ 肝脏患病时（如肝球虫感染），由于维生素 E 贮存减少，而利用和破坏增加，也易发本病。

（2）症状及诊断

患维生素 E 缺乏症的家兔，首先表现肢体强直，继而呈现进行性肌肉无力。不爱运动，喜欢卧地，全身紧张性降低。饲料消耗减少，体重减轻。肌肉呈现进行性萎缩，并引起运动障碍，步样不稳，平衡失调。食欲由减退到废绝，体重逐渐减轻，最终导致骨骼肌和心肌变性，全身衰竭，直至死亡。幼兔维生素 E 缺乏的临床过程分 3 个阶段：第一阶段以肌酸尿、停止增重和吃食减少为特征。第二个阶段是一些兔前肢强直，头微微缩起，有时达数小时；而另一些兔前肢置于身体下部、两后肢之间。第三阶段病兔完全不吃，急性营养不良持续 $1\sim4d$，最终死亡。

维生素 E 缺乏时，母兔受胎率降低，出现流产或死胎，公兔可导致睾丸损伤和障碍精子的产生。

（3）防治措施

① 预防 平时要多补充青绿饲料，加大麦芽、苜蓿等补充，植物油（如花生油）也含有丰富的维生素 E。据报道，1 只每千克体重日消耗 50～60g 饲料的生长兔，在每千克饲料中至少应含右旋 α-生育酚 19～22mg，或混旋 α-生育酚 24～28mg。及时治疗肝脏疾病，对预防治疗维生素 E 缺乏症是必要的。

② 治疗 治疗主要是补充维生素 E，由于维生素 E 和硒有协同作用，也可同时补硒。可肌内注射维生素 E，每兔按 1000IU 用量，每日 2 次，连用 2～3d；或在饲料中补加维生素 E（按每千克体重每日 0.32～1.4mg），让兔自由采食，也可肌内注射亚硒酸钠维生素 E 注射液，按每兔 0.5～1mL，每日 1 次，连用 2～3d。

4. 胆碱缺乏症

（1）病因

胆碱通常被列入在 B 族维生素之中，如果饲料中的蛋白质在质和量两方面都得到保证，动物一般是不会发生胆碱缺乏的。因为在动物细胞中很容易从丝氨酸合成磷脂酰胆碱。胆碱以乙酰胆碱的形式存在于某些神经（胆碱神经）末梢中，完成传导神经冲动的作用。胆碱又是磷脂酰胆碱的组成部分，而磷脂酰胆碱是用来运输三磷酸甘油酯的脂蛋白的一部分。磷脂酰胆碱也是细胞膜的重要的磷脂结构成分。所以一旦发生胆碱缺乏，就会表现出临床症状。有时也表现出与维生素 B₁ 缺乏相类似的症状。引起胆碱缺乏的主要原因是长期蛋白质含量供给不足或供给蛋白质质量不佳的饲料。

（2）症状及诊断

病兔食欲减退，生长发育缓慢，体重逐渐减轻，呈中度贫血。肌肉萎缩、无力。有可能导致衰竭死亡。剖检可见脂肪肝或肝硬化，肌肉萎缩，呈灰白色。在显微镜下可见肝细胞脂肪变性，胆管增生。骨骼肌纹理消失，呈透明样变。

（3）防治措施

主要是加强饲养管理，平时要喂给质量优良的、富有蛋白质的饲料。每吨饲料中补充氯化胆碱 100g，可很快缓解症状。

5. 佝偻病

（1）病因

先天性佝偻病，是因为母兔在怀孕期间营养失调或缺乏光照，运动不足，饲料中缺乏无机盐、维生素 D 和蛋白质，以致胎儿发育不良而发病。后天性佝偻病主要由以下几种情况造成：断乳过早；饲料中无机盐、蛋白质和维生素 D 不足，光照不足；胃肠道疾病，维生素 D 吸收不足或根本不吸收。

（2）症状及诊断

① 先天性佝偻病 仔兔出生后表现体质软弱，肢体异常、变形，与同龄兔相比，能站立起来的时间延迟，而且站立不稳，走路摇摇晃晃。四肢向外倾斜或向内弯曲。

② 后天性佝偻病 首先表现异嗜，舔啃墙壁、石块，采食垫草、泥沙或其他异物。精神不振，食欲减退，逐渐消瘦，生长发育缓慢，随着病情的发展出现骨骼的改变。主要表现是弯腰凹背，四肢关节疼痛，出现跛行。在体重的负荷之下，四肢骨骼逐渐弯曲。肋骨与肋软骨结合处肿大，出现特征性的佝偻病性"骨串球"。由于肋骨内陷，胸骨凸出，形成"鸡胸"。骨质疏松，易发生骨折。严重的病例，由于血钙降低而出现抽搐，随后死亡。

（3）防治措施

① 预防 对孕兔、哺乳母兔和幼兔要加强饲养管理，保证充足的光照和适当的运动，注意饲料要多品种全价配合，尤其是钙、磷比例要适当，要补给无机盐，如骨粉、石粉等。

② 治疗 对病兔要加强护理，多晒太阳，在日粮中除保证充足的维生素 D（一般为 50～100IU）外，还要拌入骨粉、贝壳粉或石粉（日粮中 1.5～3g），钙、磷比以 1：（0.9～1）为宜。

药物治疗：

a. 10% 葡萄糖酸钙注射液，每千克体重 0.5～1.5mL，每日 2 次，连用 5～7d，静脉注射。

b. 维生素 D_2 胶性钙注射液（骨化醇胶性钙注射液），每次 1000～2000IU，肌内或皮下注射，每日 1 次，连用 5～7d。

c. 维生素 D_3 注射液，每千克体重 1500～3000IU，肌内注射，应用本品前后要给动物补充钙剂。

d. 碳酸钙每次 0.5～1g，内服，每日 1 次。

e. 维丁钙片，每次 1 或 2 片，内服，每日 1 次。

八、矿物元素缺乏症防控技术

1. 全身性缺钙

（1）病因

① 长期饲喂贫钙饲料，逐渐引起钙亏空，特别是怀孕泌乳的母兔，由于钙的需要量增加，更易引起本病。

② 长期喂给单一的块根类饲料，因块根饲料中富含草酸，而草酸可产生脱钙作用，因此常出现钙缺乏。

③ 维生素 D 不足是钙缺乏的诱因，因维生素 D 具有促进钙吸收的作用。

④ 肠道疾患，影响钙的吸收。

⑤ 饲料来源于土壤中钙贫乏的地区。

（2）症状及诊断

① 临床症状　病兔食欲减退，异嗜，啃吃被粪尿污染的垫草或吞食被毛。由于血钙不足，便动用骨骼中的储备钙，钙质从骨骼中溶解出来，致使骨骼软化、膨大，并易发生骨折。成年兔表现面骨、长管骨肿大，跛行。幼兔可出现骨骼弯曲。最后可导致痉挛、麻痹或衰竭而死亡。

② 实验室检查　血清钙含量降低，严重的可下降至 70mg/L 以下（正常含量为 250mg/L）。

（3）防治措施

① 预防　a. 饲料应使用多品种组成的混合料，一种饲料贫钙时可由另一种高钙饲料来补充使之平衡。b. 对妊娠和哺乳期的母兔，应在口粮中补加无机盐，如骨粉、石粉、贝壳粉或市售钙制剂等。据记载，家兔乳中的钙含量为 0.65%（磷为 0.44%），约为牛乳中含量的 5 倍。1 只泌乳母兔，每天随乳汁排出的钙约 1.3g，这些流失的钙绝对需要从饲料中补充。c. 及时治疗肠道疾病。

② 治疗　静脉注射 10% 葡萄糖酸钙注射液，每千克体重 0.5～

1.5mL，每日1或2次，连用5～7d；口服碳酸钙或医用钙片；肌内或皮下注射维生素制剂，如维生素D_2胶性钙注射液或维生素D_3注射液，用法、用量参照佝偻病的治疗。

2. 磷缺乏症

（1）病因

① 土壤缺磷，所生长的植物也缺磷，作为饲料不能满足兔对磷的需要，特别是幼兔、妊娠或哺乳母兔的需要。

② 饲料中的钙、磷比例失调。良好的比例应该是钙2份、磷1份。钙比例低时，影响磷的吸收利用。在饲料中磷的总量约占饲料的0.5%为宜。

（2）症状及诊断

① 临床症状 患磷缺乏症的家兔生长发育不良，体重减轻，面骨和长管骨骨端肿大，幼龄兔骨骼变形，与缺钙相类似。

② 实验室检查 血清中磷大大低于正常值（54.7mg/L）。

（3）防治措施

① 预防 保证饲料中钙与磷有足够的含量及合理的搭配比例。适当增补维生素D。

② 治疗 对已发病的家兔，可内服磷酸二氢钠，每次0.5～1g，每日2或3次。

3. 镁缺乏症

（1）病因

镁的主要功能是作为很多酶的激活剂，此外，镁在蛋白质的合成中也起某种作用，镁还参与神经冲动的传导和肌肉的收缩与松弛过程。据估计，生长兔对饲料中镁的需要量为每千克饲料0.3～0.4g。

（2）症状及诊断

临床表现与兔的年龄和饲料中的镁含量有关。成年兔主要表现为局部脱毛，整个被毛粗乱、无光泽。严重的有过度兴奋现象，以致体重减轻，食欲下降，最后不吃。仔兔表现过度兴奋、惊厥和生长缓慢，严重的极度消瘦，常发生死亡。幸存者如在饲料中添加硫酸镁，症状可显著好转以至消失。

镁缺乏症最特征性的变化是血清镁浓度下降，而血清钙的浓度变化很小。正常兔血清的镁含量为每 100mL 2.61～3.79mg。

（3）防治措施

在饲料中适当补充硫酸镁（0.03%）进行防治。

4. 铜缺乏症

（1）病因

铜缺乏症的主要原因是饲料中含铜量不足或缺乏。饲料中的铜含量与饲料产地土壤中的铜含量多少密切相关。调查证明沼泽地土壤和沙土地土壤含铜量低。若长期饲用低铜土壤生产的饲料，易发生本病。

（2）症状及诊断

① 病史调查　饲料来源于贫铜地区，而且饲喂时间较长。

② 临床症状　病初食欲不振，体况下降，衰弱，贫血（低色素性、小细胞性贫血）。继而被毛褪色和脱毛，并伴有皮肤病变。后期长管骨经常出现弯曲，关节肿大变形，起立困难，跛行。严重的出现后躯麻痹。

（3）防治措施

按照营养需要，在饲料中添加复合微量元素预混剂，可预防和治疗本病。

5. 锌缺乏症

（1）病因

长期使用来自缺锌地区的植物性饲料喂兔，是引起锌缺乏的主要原因。日粮中钙过剩，会影响锌的吸收和利用。此外，铜、铁、镉也影响锌的吸收和利用，可促进本病的发生。

（2）症状及诊断

① 病史调查　饲料中锌不足或缺乏，以及有影响锌吸收、利用的因素存在。

② 临床症状　病兔食欲减退，被毛无光泽，而且部分被毛脱落。口角肿胀、溃疡，有痛感。幼兔生长发育迟滞，成年后繁殖能力降低或完全丧失。孕兔发病后，分娩时间延长，胎盘停滞，而且仔兔多半死亡。

（3）防治措施

① 预防　调整日粮，饲料中的钙限制在 0.5％以内，增添糠麸、饼粕、酵母等富含锌的饲料。日粮中可补加适量的硫酸锌，一般不超过 0.3％。

② 治疗　主要补锌。可内服硫酸锌或碳酸锌，每兔每次 0.01～0.05g，混于饲料中或加于水中给予，每日 1 次，连服 3～4 周，有很好的疗效。

九、兔中毒病防控技术

1. 霉菌中毒

（1）病因

在自然环境中，有许多霉菌（如镰刀菌、黄曲霉菌、赤霉菌、棕霉菌、黑霉菌等）寄生于含淀粉的青粗饲料、糠麸和粮食上，如果温度（28℃左右）和湿度（80％～100％）适宜，就会大量地生长繁殖。这些霉菌在其代谢过程中能产生毒性很强的毒素，家兔采食后即可引起中毒。特别是吃霉变的玉米发病率最高。其中尤以幼龄兔和老龄体弱兔发病率、死亡率均高。霉菌中毒的病例临床上不易确定是何种霉菌毒素中毒，常常是多种毒素协同作用的结果。

（2）症状及诊断

① 病史调查　有饲喂发霉饲料的病史。

② 临床症状　常呈急性发作，中毒家兔出现流涎、腹泻，粪便恶臭，有的兔先便秘、后拉稀，粪便中带有黏液或血液。病兔精神沉郁，体温升高，被毛干燥粗乱，呼吸促迫，运动不灵活，或倒地不起；口唇、皮肤发紫，可视黏膜黄染，流涎，最后衰竭死亡。妊娠母兔常引起流产、死胎或死产。

③ 病理变化　肝脏明显肿大，表面呈淡黄色，肝实质变性，质地脆。胸膜、腹膜、肾、心肌出血。胃肠道有出血性坏死性炎症，胃与小肠充血、出血，肠黏膜容易剥脱。肺充血、出血、水肿，表面有霉菌小结节，肾瘀血。

（3）防治措施

① 预防　严禁饲喂发霉变质饲料是防止霉菌中毒的根本措施。

应当重视饲草、饲料的保管，采取必要的防霉措施。

② 治疗 本病无特效解毒方法。疑为霉菌中毒时，应立即停喂发霉饲料，饥饿 1d，而后换喂优质饲料和清洁饮水，大剂量使用微生态制剂，饮水中添加电解多维葡萄糖，可以缓解症状。同时采取对症疗法。

2. 有毒植物中毒

（1）病因

家兔的饲料除来源于农作物秸秆、果实外，还广泛来源于自然界野生植物。在自然环境中生长的一些植物种类，有个别植物对家兔具有毒害作用。常见的有毒植物中毒主要有阔叶乳草中毒、毒芹中毒、曼陀罗中毒、三叶草中毒、毛茛中毒及夹竹桃中毒等。

（2）症状及诊断

有毒植物中毒的症状多种多样，缺乏特征性的症状。有毒植物的种类不同，中毒的表现也不一样。

有一种阔叶乳草的叶和茎，不论是新鲜的还是干枯的都有毒，其所引起的中毒表现为兔的前、后肢及颈部肌肉麻痹，头常贴到笼底而不抬头，故称"低头病"。此外，还可出现流涎、被毛粗乱、体温低于正常、排出柏油样粪便等症状。病兔死后剖检时可发现很多器官都有局灶性出血。

毒芹引起的中毒，主要表现为腹部膨大，痉挛（先由头部开始，逐渐波及全身），脉搏增速，呼吸困难；曼陀罗中毒，初期兴奋，后期变为衰弱，痉挛及麻痹；三叶草中毒，致兔的排卵和受精卵不能在子宫内植入，这可能与三叶草中雌激素的含量很高有一定的关系，主要是引起母兔的生殖功能障碍，配不上种等；毛茛中毒，则呈现欠伸、流涎、呼吸缓慢、腹泻、血尿；夹竹桃中毒可引起心律失常和出血性胃肠炎等。

（3）防治措施

① 预防 进行草原和饲草调查，了解本地区的毒草种类以引起注意；饲养人员要学会识别毒草，防止误采有毒植物；为防止误食有毒植物，凡不认识的草类或怀疑有毒的植物，都要禁喂。

② 治疗 怀疑有毒植物中毒时，必须立即停喂可疑饲料；对发

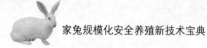

病的家兔，可内服1％鞣酸液或活性炭，并给予盐类泻剂，清除胃肠内毒物；再对症处理，根据病兔表现给予补液、强心、镇静解痉等药物，以缓解全身症状。

3. 棉籽饼中毒

（1）病因

棉籽饼是良好的精料之一，常作为日粮的辅助成分饲喂家兔。但棉籽饼中含有一定的有毒物质，其中主要成分是棉酚及其衍生物，能降低血液对氧的携带能力，加重呼吸器官的负担。棉酚对脑膜、腹膜和胃肠有刺激作用，能引起这些组织发炎，增强血管壁的通透性，促进血浆和血细胞渗到外围组织，使受害组织发生浆液性浸润和出血性炎症。若长期过量喂给家兔，即可引起中毒。

（2）症状及诊断

① 病史调查　有长期饲喂棉籽饼史。

② 临床症状　病初精神沉郁，食欲减退，有轻度的震颤。继而出现明显的胃肠功能紊乱，病兔食欲废绝，先便秘后腹泻，粪便中常混有黏液或血液。体温正常或略升高。脉搏急速，呼吸促迫，尿频，有时排尿带痛，尿浓呈红色。慢性中毒可使公兔精液品质下降，母兔受胎率降低，产仔数减少，流产和死胎。初生仔兔出现脑积水。

③ 病理变化　胃肠道呈出血性炎症。肾脏肿大、水肿，皮质有点状出血，肺瘀血水肿。

④ 实验室检查　尿蛋白阳性，尿沉渣中可见肾上皮细胞及各种管型。

（3）防治措施

① 预防　平时不能以棉籽饼作为主饲料喂给家兔。适当添加时，为安全起见可采取下述方法处理，使之减毒或无毒：按质量比向棉籽饼内加入10％大麦粉或面粉后，烧水煮沸1h，可使游离棉酚变为结合状态而失去毒性。在含有棉籽饼的日粮中，加入适量的碳酸钙或硫酸亚铁，可在胃内减毒。

② 治疗　发现中毒立即停喂棉籽饼。根据病情对症处理，如补液、强心以维护全身功能。补充维生素A或胡萝卜素，补充钙和铁，配合青绿饲料等可以提高疗效。

4. 菜籽饼中毒

（1）病因

菜籽饼是油菜籽榨油后剩余的副产品，是富含蛋白质（32%～39%）的饲料，是玉米、高粱的4～5倍。我国西北部地区广泛用以饲喂各种动物。在菜籽饼中含有芥子苷、芥子酸等成分。芥子苷在芥子酶的作用下，可水解形成噁唑烷硫酮、异硫氰酸盐等毒性很强的物质，这些物质对胃肠黏膜具有较强的刺激和损害作用，若长期饲喂不经去毒处理的菜籽饼，即可引起中毒。可使甲状腺肿大，新陈代谢紊乱，出现血斑，并影响肝脏、肾脏等器官的功能。

（2）症状及诊断

① 病史调查　有长期饲喂菜籽饼史。

② 临床症状　呼吸增速，可视黏膜发绀，肚腹胀满，有轻微的腹痛表现，继而出现腹泻，粪便中带血。严重的口流白沫、瞳孔散大，四肢末梢部发凉，全身无力，站立不稳。孕兔可能发生流产。病兔常因虚脱而死亡。

③ 病理变化　胃肠黏膜充血，有点状或片状出血。肾、肝等实质脏器肿胀、质地变脆。

④ 毒物定性检查　取菜籽饼20g，加等量蒸馏水混合搅拌，静置过滤，取上清液5mL，加浓硝酸3～4滴，若迅速显示红色反应，证明有异硫氰酸盐存在。

（3）防治措施

① 预防　喂饲前，对菜籽饼要进行去毒处理。目前国内推广应用的去毒方法有：a. 坑埋法，即将菜籽饼用土埋入容积约1m³的土坑内，经放置2个月后，据测定约可去毒99.8%。b. 发酵中和法，即将菜籽饼经过发酵处理，以中和其有毒成分，本法可去毒90%以上，且可用工厂化的方式处理。c. 浸泡煮沸法，即将菜籽饼粉碎后用热水浸泡12～24h，弃掉浸泡液，再加水煮沸1～2h，使毒素蒸发掉后再饲喂家兔。这是最简便的方法。

② 治疗　无特效解毒药。发现中毒后，立即停喂菜籽饼。根据病兔的表现，可实施对症治疗，应着重于保肝，维护心、肾功能；在用药过程中，可配服维生素C制剂。

5.灭鼠药中毒

（1）病因

灭鼠药中毒皆因家兔误食灭鼠毒饵所致。主要有以下几种情况：一是对灭鼠药管理不严格，污染饲料或饲养环境。二是在兔合成饲料间投放灭鼠毒饵时，当事人责任心不强，防止家兔接触和防止污染饲料的措施不力。三是饲喂用具被灭鼠药污染。

（2）症状及诊断

① 病史调查　了解近期内是否在兔舍和饲料间放置过灭鼠毒饵。

② 临床症状　不同种类的灭鼠药中毒，其临床表现各异。

a.磷化锌中毒：潜伏期为 0.5～1h。病初表现拒食、作呕或呕吐，腹痛、腹泻，粪便带血，呼吸困难，继而发生意识障碍，抽搐，以致昏迷死亡。

b.毒鼠磷中毒：潜伏期 4～6h。主要表现为全身出汗，心跳急促，呼吸困难，大量流涎，腹泻，肠音增强，瞳孔缩小。肌肉呈纤维性颤动（肉跳），不久陷入麻痹状态，昏迷倒地。

c.甘氟中毒：潜伏期 0.5～2h。病兔呈现食欲不振，呕吐，口涎，心悸，大小便失禁，呼吸抑制，皮肤发绀，阵发性抽搐等。

d.敌鼠钠盐和杀鼠灵中毒：中毒 3d 后开始出现症状，表现为不食，精神不振，呕吐，进而呈现出血性素质，如鼻、齿龈出血，血便、血尿，全身皮肤紫癜，并伴发关节肿大。严重的病例可发生休克。

（3）防治措施

① 预防　凡买进灭鼠药，都必须弄清药物种类、药性，并由专人保管。不购买禁止使用的氟乙酰胺、氟乙酸钠、毒鼠强、毒鼠药；在兔舍及饲料间投放毒饵时，一定要将药物放在家兔活动不到的地方，距饲料堆要有一定的距离，同时要注意及时清理；严禁使用饲喂用具盛放灭鼠药。

② 治疗　a.洗胃与缓泻。中毒不久，毒物尚在胃内时，用温水、0.1%高锰酸钾液、5%小苏打水反复洗胃；食物已进入肠道时，内服盐类泻剂，以促进毒物排出。b.对症处理。根据病情可适当采取补液、强心、镇静解痉等疗法。c.应用特效解毒剂。有些灭鼠药中毒，

有特效解毒药物可及时应用。如毒鼠磷中毒，可皮下或肌内注射硫酸阿托品注射液，每次 0.5mg；肌内或静脉注射碘解磷定，每千克体重 30mg；也可应用氯解磷定或双复磷注射液，用量及用法同碘解磷定。氟乙酰胺（已禁用）中毒，可肌内注射乙酰胺（解氟灵注射液），剂量为每千克体重 0.1mg，每日 2 次，连用 5～7d；氟乙酸钠（已禁用）中毒，可肌内注射乙二醇乙醛酸，剂量为每千克体重 0.1mg，每日 2 次，连用 7d。敌鼠钠盐中毒，用维生素 K_1 具有特效，每千克体重 0.1～0.5mg，每日 2 或 3 次，连用 5～7d 肌内注射。

参考文献

［1］ De Blas，C，Mateos GG. Feed formulation. In：de Blas C & Wiseman J，editors. Nutrition of the Rabbit. Wallingford (UK)：CAB International，1998：222-232.

［2］ De Blas，C，Wiseman J. The nutrition of the rabbit ［M］，Cambridge：CABI Publishing，1998：344.

［3］ Meuwissen T H，Hayes B J，Goddard M E. Prediction of total genetic value using genome-wide dense marker maps ［J］. Genetics，2001，157 (4)：1819-1829.

［4］ Parigi-Bini，R，Xiccato，G and Cinetto，M. Energy and protein retention and partition in rabbit does during the first pregnancy ［J］. Cuni Sciences，1990，6：19-29.

［5］ Taboada E，Mendez J，Mateos G. G and De Blas J. C. The response of highly productive rabbits to dietary lysine content Réponse de lapins hautement productifs au contenu de l′aliment en lysine Antwort von Kaninchen mit hohen leistungen auf diäten mit verschiedenen niveaus an lysine ［J］. Livestock Production Science，1994，40 (3)：329-337.

［6］ Xiccato G，Parigi-Bini R，Dalle Zotte A，et al. Effect of dietary energy level，addition of fat and physiological state on performance and energy balance of lactating and pregnant rabbit does ［J］. Animal Science，1995，61 (2)：387-398.

［7］ 蔡兴芳.肉兔的养殖技术 ［J］.猪业观察，2006，(14)：14-15.

［8］ 陈岩锋，谢喜平，孙世坤.我国养兔业现状与发展对策 ［J］.中国养兔杂志，2009，(5)：24-26.

［9］ 崔鼎.养兔实用知识 ［M］.南京：江苏人民出版社，1960.

［10］ 丁轲，薛帮群.兔场卫生防疫 ［M］.郑州：河南科学技术出版社，2013.

［11］ 杜玉川.实用养兔大全 ［M］.北京：中国农业出版社，1993.

［12］ 段栋梁，郭春燕.肉兔标准化规模养殖技术 ［M］.北京：中国农业科学技术出版社，2013.

［13］ 范光勤.工厂化养兔新技术 ［M］.北京：中国农业出版社，2001.

［14］ 扶晋，尤明珍.兔舍环境调控技术 ［J］.黑龙江畜牧兽医，2012，(22)：105-106.

［15］ 高文玉.关于家兔毛色遗传规律的探讨分析 ［J］.中国农学通报，2012，28 (8)：19-23.

［16］ 谷子林，薛家宾.现代养兔实用百科全书 ［M］.北京：中国农业出版社，2007.

［17］ 谷子林，秦应和，任克良.中国养兔学 ［M］.北京：中国农业出版社，2013.

［18］ 谷子林，任克良.中国家兔产业化 ［M］.北京：金盾出版社，2010.

［19］ 谷子林，张宝庆主编.养兔手册 ［M］.石家庄：河北科学技术出版社，2009.

［20］ 谷子林.规模化生态养兔技术 ［M］.北京：中国农业出版社，2012.

[21] 谷子林.肉兔饲养技术 [M].2 版.北京：中国农业出版社，2006.

[22] 谷子林.实用家兔养殖技术 [M].北京：金盾出版社，2009.

[23] 谷子林.现代獭兔生产 [M].石家庄：河北科学技术出版社.2006.

[24] 何兴胜.规模化兔场兔舍兔笼的建造 [J].中国养兔杂志，2006，(1)：39-41.

[25] 衡江鸿，李桂平.兔场的环境控制 [J].中国养兔杂志，2004，(6)：12-13.

[26] 胡源，刘昌良.引进国外优良兔种 建设肉兔供种高地 [J].中国养兔，2014，
(01)：23，44.

[27] 加冷·哈布尔哈克.引种需要注意的事项 [J].黑龙江动物繁殖，2016，
(03)：42.

[28] 赖松家.养兔关键技术 [M].成都：四川科学技术出版社，2003.

[29] 李福昌，秦应，谷子林.兔生产学 [M].北京：中国农业出版社，2009.

[30] 李建国，莫放，桑润滋，等.畜牧学概论 [M].北京：中国农业出版社，2002.

[31] 李宁，陈宏，赵兴波，等.动物遗传学 [M].北京：中国农业出版社，2003.

[32] 林云盛.如何选购种兔 [J].辽宁畜牧兽医，1994，(06)：22-23.

[33] 龙继蓉.中国家兔遗传多样性研究 [D].四川农业大学，2001.

[34] 卢芳伸.动物福利与兔场建设 [J].福建畜牧兽医，2008，30 (1)：48-49.

[35] 陆桂平，刘海霞，李巨银.肉兔生产配套技术手册 [M].北京：中国农业出版
社，2012.

[36] 马希景，李中利.醋糟饲喂肉兔的效果试验 [J].中国养兔，2003，04：14-15.

[37] 那志军，徐彦申.家兔兔舍的环境 [J].养殖技术顾问，2010，(3)：178.

[38] 宁洽，刘文国，杨伟光，等.SNP 标记在玉米研究上的应用进展 [J].玉米科学，
2017，25 (1)：57-61.

[39] 潘学华，陈文川.伊拉兔与新西兰、加利福尼亚、比利时肉兔对比试验报告
[J].畜禽业，2014，(08)：48-50.

[40] 潘雨来.家兔高效规模养殖技术 [M].南京：河海大学出版社，2006.

[41] 庞本，初安庭，马秀芹.实用养兔技术图说 [M].2 版.郑州：河南科学技术出版
社，2008.

[42] 秦应和.家兔饲养员培训教材 [M].北京：金盾出版社，2008.

[43] 任家玲.养兔技术 [M].北京：中国农业出版社，2001.

[44] 任克良，梁全忠，侯福安.引进肉兔品种的观察与比较 [J].中国牧业通讯，
1998，(09)：40.

[45] 任克良，石永红.种草养兔技术手册 [M].北京：金盾出版社，2010.

[46] 单永利，张宝庆.现代养兔新技术 [M].北京：中国农业出版社，2004.

[47] 邵元健.质量性状和数量性状含义的辨析 [J].生物学杂志，2006，23 (4)：
55-57.

[48] 沈代福.伊拉配套系兔推广应用介绍 [J].植物医生，2017，30 (05)：31.

[49] 沈幼章，王启明.现代养兔实用新技术［M］.北京：中国农业出版社，1999.

[50] 宋金昌，芮萍主编.养兔实用新技术［M］.北京：中国农业大学出版社，1999.

[51] 孙润忠.兔舍场地选择与兔笼的建造［J］.安徽农业，2001，(12).

[52] 孙效彪，郑明学.兔病防控与治疗技术［M］.北京：中国农业出版社，2004.

[53] 唐良美.我国家兔育种工作的成效及新的使命［J］.中国畜牧业，2010，(13)：12-13.

[54] 陶改鸣，薛帮群.规范化兔舍和新型笼具配套使用技术［J］.中国养兔杂志，2013，(1)：43-45.

[55] 陶改鸣.新型兔舍和新式笼具配套使用必须遵循的几个原则［J］.中国养兔杂志，2015，(1)：41.

[56] 陶岳荣.家兔良种引种指导［M］.北京：金盾出版社，2003.

[57] 田烈，李现国，李中利.麦芽根做饲料效果观察［J］.中国养兔，2000，05：13-14.

[58] 汪志铮.肉兔养殖技术［M］.北京：中国农业大学出版社，2003.

[59] 王丰强，于新元，王爱琴.兔病防治关键技术［M］.北京：中国农业出版社，2005.

[60] 王福强.兔健康养殖技术［M］.北京：中国农业大学出版社，2013.

[61] 王建民.养兔手册［M］.北京：中国农业大学出版社，1999.

[62] 王克健.国内外养兔业发展概况［J］.甘肃农业，2002，(2)：24-29.

[63] 王琳，张健.肉兔养殖实用技术［M］.北京：中国农业科学技术出版社，2014.

[64] 王庆熙，王永忠，冷和荣，等.实验兔场的建筑和设备［J］.畜牧与兽医，1981，(4).

[65] 魏刚才，范国英.怎样科学办好兔场［M］.北京：化学工业出版社，2010.

[66] 吴峰洋，陈宝江，李冲，等.饲粮魔芋甘露寡糖添加水平对生长獭兔生长性能、毛皮质量、屠宰性能和肉品质的影响［J］.动物营养学报，2017，29(4)：1265-1271.

[67] 吴占福.规模化生态养兔技术［M］.北京：中国农业大学出版社，2013.

[68] 武拉平，颉国忠，刘强德，等."十三五"以来中国兔产业发展报告（2016—2018）［J］.中国养兔，2019，(01)：14-24.

[69] 谢晓红，易军，赖松家.兔标准化规模养殖图册［M］.北京：中国农业出版社，2013.

[70] 邢玲.种猪引种常见误区及科学引种方法［J］.现代畜牧科技，2016，(12)：68.

[71] 熊碧波.伊普吕配套系兔及发展模式［J］.植物医生，2016，(09)：39.

[72] 杨德成.浅谈如何搞好家畜种群选配［J］.图书情报导刊，2011，21(2)：180-181.

[73] 杨正.现代养兔［M］.北京：中国农业出版社，1999.

[74] 张恒业.良种肉兔高效生产技术［M］.郑州：中原农民出版社，2000.

[75] 张恒业.兔健康高产养殖手册 [M].郑州：河南科学技术出版社，2010.

[76] 张京和.家兔养殖与防病技术 [M].北京：科学技术文献出版社，2013.

[77] 张延翔，杜森有.谈种猪的科学引种 [J].现代农业科技，2009，(16)：277-278.

[78] 赵辉玲，程广龙，朱秀柏，等.适宜安徽省发展养兔的牧草及利用技术 [J].中国养兔，2002，(4)：5-9.

[79] 赵玉侠.大中型养兔场场址选择与科学布局 [J].河南畜牧兽医：综合版，2013，34 (1)：35.

[80] 郑军.养兔技术指导 [M].第 3 次修订版.北京：金盾出版社，2006.

[81] 郑军.养兔技术指导 [M].北京：金盾出版社，2001.

[82] 郅永伟，谷子林.獭兔规模化优质高效养殖技术 [M].石家庄：河北科学技术出版社，2018.

[83] 朱贞友.猪场引种的几项措施 [J].四川畜牧兽医，2013，(03)：38，40.

[84] 邹春丽.猪引种的方法和原则 [J].畜牧兽医科技信息，2017，(01)：89.